U0362881

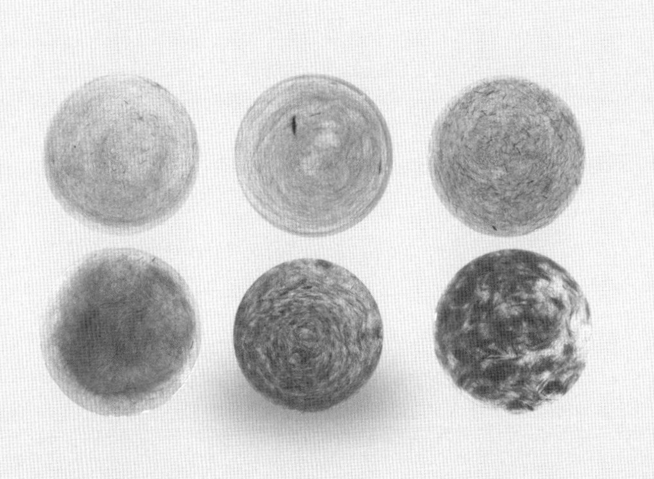

Efficient Recycling and High Value Reutilization of Recycled Carbon Fiber

再生碳纤维高效回收与高值再利用

成焕波　钱正春　著

中国·武汉

内容简介

本书立足可持续设计与制造领域，涉及再生碳纤维高效回收和高值再利用工艺方法、技术及装备开发。内容包括再生碳纤维回收与再利用技术现状、氧化物半导体热活化回收工艺及技术、再生碳纤维高值再利用技术及装备、生命周期环境影响评价等。

本书可供从事高性能纤维增强树脂基复合材料废弃物处理的科研技术人员使用，也可供高等学校的教师、研究生参考。

图书在版编目(CIP)数据

再生碳纤维高效回收与高值再利用/成焕波，钱正春著. —武汉：华中科技大学出版社，2023.10
ISBN 978-7-5772-0130-6

Ⅰ.①再… Ⅱ.①成… ②钱… Ⅲ.①人造纤维-碳纤维-复合材料-废物综合利用 Ⅳ.①TB334

中国国家版本馆 CIP 数据核字(2023)第 197206 号

再生碳纤维高效回收与高值再利用 成焕波 钱正春 著
Zaisheng Tanxianwei Gaoxiao Huishou yu Gaozhi Zailiyong

策划编辑：万亚军
责任编辑：程 青
封面设计：原色设计
责任监印：周治超
出版发行：华中科技大学出版社(中国·武汉) 电话：(027)81321913
武汉市东湖新技术开发区华工科技园 邮编：430223
录 排：武汉市洪山区佳年华文印部
印 刷：湖北新华印务有限公司
开 本：710mm×1000mm 1/16
印 张：15 插页：2
字 数：308 千字
版 次：2023 年 10 月第 1 版第 1 次印刷
定 价：128.00 元

序

材料是人类生存和生活不可或缺的部分，是人类文明的物质基础，是直接推动社会发展的动力。材料的发展及其应用是人类社会文明进步的重要里程碑。基于材料对人类社会发展的重要作用，可将材料、信息和能源并列为现代文明和生活的三大支柱。当前，随着应用领域的不断拓展及科学技术的快速发展，对材料性能的要求日益严苛，先进复合材料已成为影响各行各业发展的关键材料之一。自20世纪60年代问世以来，先进复合材料的研究和开发始终是世界各国关注和支持的重点，近年来更是备受青睐与重视，在世界各国的军用及民用领域，尤其是航空航天领域发挥了至关重要的作用。在政府支持、研发机构和企业等的共同努力下，我国的先进复合材料无论是产业规模、技术水平、创新能力还是应用水平等方面均取得了重大进展，自主的产业体系逐步形成，具备了良好的发展基础。

然而，资源、能源和环境问题日益突出，促使人们探索新的发展理念和可持续发展模式。随着技术不断进步，先进复合材料性能更为优异，成本也在不断降低，其使用量必然大幅提升，其废弃淘汰后如何进行高效环保的回收再利用也成为必须面对的课题。因而，对先进复合材料及其产业而言，必须从产品设计、材料提取和选用、加工制造、服役和使用、回收再生的整个生命周期过程实现绿色化和生态化，即实现从传统的"从摇篮到坟墓"向"从摇篮到再生"的根本性转变。

因此，出版面向先进复合材料可持续发展的学术著作就显得非常必要。本书作者成焕波在攻读研究生期间就开始从事复合材料的回收再利用技术方法研究，工作后继续在此领域做了大量研究工作，取得了一系列的成果。该书系统地论述了作者在先进复合材料可持续发展领域的研究内容和成果，并指明了未来潜在的发展方向。随着越来越多的高新技术与先进复合材料的深度融合，先进复合材料的研究及产业化必将展现广阔的发展前景。由衷地希望更多的新生力量投身其中，并贡献自己的创意和才华。相信该书的出版，将为我国先进复合材料可持续发展的科学研究和工程应用提供有价值的参考。

刘志峰

2023年10月于合肥工业大学

前　　言

碳纤维增强树脂基复合材料因其优异的耐蚀性、热稳定性、高强度和抗冲击性能，在航空航天、战略武器、交通、医疗器械、体育器械、风电等多个领域得到广泛的应用。随着碳纤维复合材料应用领域的不断扩大，碳纤维复合材料废弃量也随之增长。碳纤维复合材料废弃物不仅占据工业用地，而且污染环境，已成为先进复合材料领域难以解决的关键问题。从废弃的碳纤维增强树脂基复合材料中回收高性能碳纤维具有潜在的经济价值、环境意义和社会效益。

碳纤维增强树脂基复合材料根据基体材料的不同，可以分为热固性复合材料和热塑性复合材料。长久以来，热固性复合材料的用量占据绝对主导地位，热固性树脂中又以环氧树脂为代表，被广泛用作复合材料的基体材料。然而，热固性复合材料具有三维交联网络结构，难以重塑和二次成型加工。近年来，各国学者一直致力于碳纤维增强树脂基复合材料的回收与再利用研究，早期开发的再生碳纤维回收技术例如热裂解、常压溶解、超临界等已经日趋成熟，各项新方法和技术也层出不穷。综合考虑再生碳纤维性能、回收效率、回收价值、绿色属性，开发一种环境友好、高效且高值、具有产业化应用前景的复合材料回收方法仍是亟待解决的科学问题和工程技术问题。

本书以实现碳纤维增强热固性树脂基复合材料废弃物高效回收与再生碳纤维的高值再利用为主线，首先，对废弃物的管理、回收与再利用技术进行了系统论述；其次，创新性地提出了氧化物半导体热活化回收再生碳纤维的工艺方法，重点论述了氧化物半导体的热活化回收原理、工艺及技术；再次，基于氧化物半导体热活化回收的再生碳纤维的短切特性，分别讨论了再生碳纤维增强热塑性复合材料增材再制造工艺、再生碳纤维取向毡增强热固性复合材料制造工艺，探讨了再生碳纤维增强复合材料的综合性能；最后，围绕碳纤维增强热固性复合材料闭环回收工艺，评价了氧化物半导体热活化回收再生碳纤维的生命周期环境影响。

本书由成焕波、钱正春、郭立军、周金虎、王华锋、汤明喜、王清泽撰写。在写作过程中，笔者参阅了刘志峰、黄海鸿、杨斌、贾晓龙等专家的论文及著作，并引用了他们的资料，在此表示诚挚的谢意。

感谢各级各类科研项目与平台的支持，包括国家自然科学基金、江苏省重点研发计划项目、江苏省高等学校自然科学研究项目、江苏省复合材料精密加工与再制造工程研究中心、南京工程学院绿色生产与再制造工程研究所等。

“路漫漫其修远兮”，实现再生碳纤维高效回收与高值再利用需要科研工作者不断地探索和实践。尽管笔者尽了最大努力，但由于水平有限，书中难免有不妥之处，恳请读者批评指正。

成焕波

2023 年 4 月

目　录

第1章　绪　论

1.1　概　述

1.1.1　碳纤维及其复合材料简介

碳纤维是一种丝状的碳素材料，具有轻质、高强、高弹性模量、耐高温、耐腐蚀、X射线穿透性和生物相容性等特性。早期的碳纤维可以追溯到1878年英国斯旺和1879年美国发明家爱迪生两人分别用棉纤维和竹纤维碳化制成的电灯泡灯丝，但真正实用的碳纤维直到20世纪50年代才登上历史舞台。为了解决战略武器的耐高温和耐烧蚀的问题，美国Wright-Patterson空军基地于1950年成功研制了黏胶基碳纤维。此后，在材料科学领域掀起的碳纤维研究与开发热潮至今方兴未艾。日本大阪工业研究所的近藤昭男在1959年发明了用聚丙烯腈(PAN)纤维制造碳纤维的方法，日本群马大学大谷杉郎则在1965年发明了沥青基碳纤维，各种碳纤维制备技术相继涌现。经过几十年的发展，PAN、沥青和黏胶三大碳纤维原料体系开始形成。黏胶基碳纤维具有密度低(1.7 g/cm^3)、热导率低(1.26 W/(cm·K))、易于高纯化(指碱和碱土金属杂质含量)等特点，在防热材料中大量应用，但由于生产污染问题难以解决，目前仅用在宇航业；沥青基碳纤维是一种含碳量大于92%的高性能碳纤维，具有高热导率、超高模量、低热膨胀系数、轻质、导电、高强等优势特性，被广泛应用于高超声速飞行器的热端部件、空间飞行器的大面积薄板结构、电子仪器仓的散热部件、新一代智能机器人的力臂等领域，可用于航空航天装备、尖端工业装备、电子产品等，在实现轻量化的同时，既能作为结构材料承载负荷，又能作为功能材料防热和导热，而且兼具零膨胀或负膨胀的特性；PAN碳纤维具有高强度、高模量、低密度、耐高温、耐腐蚀、耐摩擦、导电、导热、膨胀系数小、减震等优异性能，是航空航天、国防军事工业不可缺少的工程材料，同时在体育用品、交通运输、医疗器械和土木建筑等民用领域也有着广泛应用。其中，PAN碳纤维因具有生产工艺简单、生产成本较低和力学性能优良等特点，已成为发展最快、产量最高、品种最多、应用最广的一种碳纤维。

碳纤维具有十分优异的力学性能，是先进复合材料重要的增强体之一，通过与树脂、碳、陶瓷、金属等基体材料复合可制得性能优异的碳纤维增强树脂基复合材料

(carbon fiber reinforced composites,CFRP)。CFRP较大程度地保留了碳纤维的高强度和高模量性能,主要应用于建筑、化学、交通、医疗和航空航天领域,是高端行业提升设备性能和追求轻量化优势的必备材料之一。CFRP的比强度指标明显高于普通材料,且不低于2000 MPa;CFRP的抗拉强度可达3500 MPa,弹性模量也比钢材高,但其质量只有钢材的0.2倍。CFRP具有质轻、强度高、模量高、耐腐蚀、耐疲劳、可设计性强、结构尺寸稳定性好和可大面积整体成形等特点。

1.1.2　CFRP应用现状

碳纤维的优异性能使其产值不断增加,预计到2025年,CFRP全球市场规模达1231.54亿美元。除中国大陆地区以外的美国、欧盟、日本等区域的碳纤维实际产量为94850吨。据公开数据显示,2021年全球碳纤维生产商中日本三巨头产能占据全球50%的份额,其中日本东丽产能5.5万吨,日本三菱1.6万吨,日本帝人1.4万吨。美国Hexcel和德国SGL产能分别为1.6万吨和1.3万吨。

2021年,中国碳纤维用量在6.2万吨左右,对比2020年的需求量,同比增长27.7%。其中,进口量为3.3万吨,国产碳纤维供应量为2.9万吨,总体市场供不应求。2021年中国碳纤维产能达到5.3万吨,2022年达到7万吨。虽然目前中国碳纤维产能约占全球三分之一,但我国的产能利用率不高。据统计,国内碳纤维企业产能利用率不足55%,而日本、欧美等国企业产能利用率可达70%以上。虽然我国碳纤维在产能利用、碳纤维工艺制备技术、产品结构上与发达国家存在差距,但我国还是涌现出一批具有代表性、立足国内市场的优秀碳纤维企业,比如浙江宝旌、中复神鹰、江苏恒神、光威复材等。其中2021年全球碳纤维需求分布情况如图1-1所示。

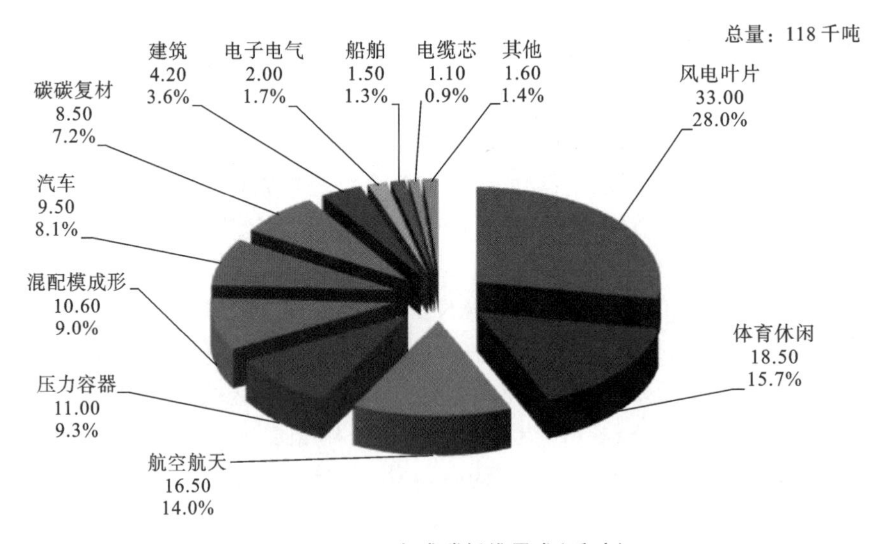

图1-1　2021全球碳纤维需求(千吨)

CFRP因具有高强度、耐化学腐蚀、抗氧化、密度小、抗高温等特点，其应用领域逐步从航空航天等军事领域向汽车工业、体育器材、轨道交通等民用领域发展。

1. 航空航天

CFRP具有质轻、性能强、耐高温等优点，满足航天飞行器高性能的要求，被大量应用于航空航天市场。在1990年美国科学家研发出的F-22战斗机中，CFRP约占飞机材料总用量的20%；7年后俄罗斯科学家制造出S-37系列战斗机，其机翼、弯曲进气道、机身、方向舵、舱门、垂尾等结构多采用复合材料。此外，CFRP也被广泛应用于民机：有着"空中客车"美誉的A380大型客机在制造过程中，CFRP的需求量达到32 t；以"梦想飞机"著称的波音B787在生产过程中使用的CFRP占机身总重的50%。

2. 汽车工业

如今的汽车设计与制造已向轻量化、高性能化方向发展。CFRP已经成为制造汽车发动机、轮毂、底盘、传动轴、车身等部件的主流材料。CFRP在车辆上的应用能够有效降低车身质量，不仅提高了整体性能，而且减少了CO_2的排放。资料显示，假如车身质量能够减轻10%，那么燃油效率将增加7%；假如车身质量减轻100 kg，则燃油量可以降低约0.5 L。Guo W等在2019年提出了一种利用回收碳纤维制备刹车片的新策略，在摩擦试验中回收碳纤维材料的刹车片和原碳纤维材料的刹车片磨损程度几乎无法分辨。就目前来看，实现汽车轻量化发展的最佳途径就是采用CFRP来替代原来的钢制件。

3. 体育器材

对于体育器材，材料起着决定性的作用，只有合理选择，提高材料的性能，才能更好地提升体育器材的品质，使其达到最优效果。体育器材的材料也随着科技的发展在不断地改进，以前大多为金属或木质材料，但其可塑性较差且使用舒适度不够，而CFRP具有质轻、韧性较强等特点，另外，CFRP属于环保材料，其安全性较强，且回收再利用的价值较高。回收CFRP能够降低生产成本，大大提高体育器材企业的经济效益，这使CFRP得到了极大的推广。

4. 轨道交通

为了减小列车运行的能耗、节约能源，车体使用CFRP作为轻量化设计的优选材料已成为当前主流方向。2000年，法国SNCF公司使用CFRP成功开发出双层TGV列车；2007年，日本采用CFRP研制出的N700系列车成功减重约10 t，提速性能增加了约62.5%；2008年，韩国利用碳纤维夹层结构制作车顶和墙面，研究出的TTX系列城轨车辆减重约39%；2014年，川崎重工利用CFRP研制出世界上第一个转向架ef WING，该转向架本身具有悬挂功能，摒弃了传统的螺旋弹簧，成功减重约40%。国内虽发展起步较晚，但是发展势头迅猛。2011年，中车四方公司利用CFRP制作头罩，质量减轻了近50%；2018年，中车长客股份公司研制出车身为CFRP的"光谷量子号"轻轨电车，整车质量比同类型电车的不锈钢车身减轻了约

30%;同年,中车四方公司研制出大规模应用 CFRP 的地铁车辆"CETROVO",如图 1-2 所示。ELG 碳纤维公司目前正在研发一个由再生碳纤维和原碳纤维组合制成的全尺寸转向架,预计其质量减小 50%。

图 1-2 "光谷量子号"轻轨电车与新一代地铁"CETROVO"

在世界范围内,CFRP 的市场需求量不断增加,据统计,2021 年的需求量已达 118.0 千吨,预测 5 年后将翻一番,至 2030 年有望达到近 400.0 千吨,如图 1-3 所示。

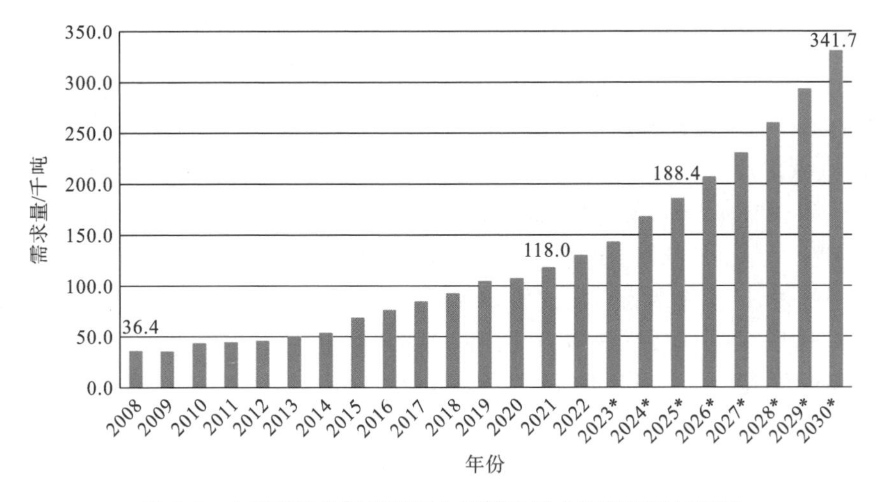

图 1-3 全球碳纤维树脂基复合材料的需求情况预测(千吨)

1.2 废弃物管理

1.2.1 废弃物的来源

温室气体的过量排放导致温室效应不断增强,对全球气候产生不良影响,二氧化碳作为温室气体中最主要的部分，减小其排放量被视为解决气候问题最主要的途径，如何减少碳排放也成为全球性议题。

为承担解决气候变化问题中的大国责任、推动我国生态文明建设与高质量发展，习近平总书记在第七十五届联合国大会上提出“力争 2030 年前二氧化碳排放达到峰值，努力争取 2060 年前实现碳中和目标”，指明我国面对气候变化问题要实现的“双碳”目标。《中共中央　国务院关于完整准确全面贯彻新发展理念做好碳达峰碳中和工作的意见》(2021 年 9 月 22 日)指出“把节约能源资源放在首位，实行全面节约战略，持续降低单位产出能源资源消耗和碳排放，提高投入产出效率，倡导简约适度、绿色低碳生活方式，从源头和入口形成有效的碳排放控制阀门”。碳纤维被誉为“黑黄金”，获得其优异性能的同时也伴随着生产过程的高耗能，实现碳纤维的循环利用遵循低碳绿色的发展方式。

我国碳纤维使用量为 4.9 万吨，其中，报废量为 0.86 万吨。按最低价 12 万元/吨来计算，报废碳纤维价值达 10.32 亿元。2020 年全球碳纤维使用量为 10.69 万吨，其中，报废量为 3.32 万吨，按最低价 12 万元/吨计算，报废碳纤维价值达 39.84 亿元。每 100 kg 航空 CFRP 废弃物中，就有 60～70 kg 碳纤维，这些碳纤维仍然具有极高的再利用价值，其力学强度有 85%以上的保持率，而电、磁、热性能几乎与原碳纤维相当，可用来重新制备高性能复合材料。

目前，CFRP 废弃物来源主要有两个方面：一是生产过程中造成的废弃预浸料、边角料及检测后的不合格产品，大约是总量的 30%～50%；二是使用寿命末端的制品废弃物，如汽车、机翼等零部件，如图 1-4 所示。一架普通的波音 787 飞机的结构中含有 18 吨碳纤维，而 2026 年空客公司约有 6400 架飞机达到寿命末期，2028 年波音公司约有 5900 架飞机达到寿命末期。CFRP 废弃量的预测如图 1-5 所示。空客公司早在 2014 年成立了顾问委员会，并制定了在 2020—2025 年期间回收 95%复合材料的战略计划。

(a) 残次品

(b) 边角料

(c) 废弃机翼

图 1-4　CFRP 废弃物

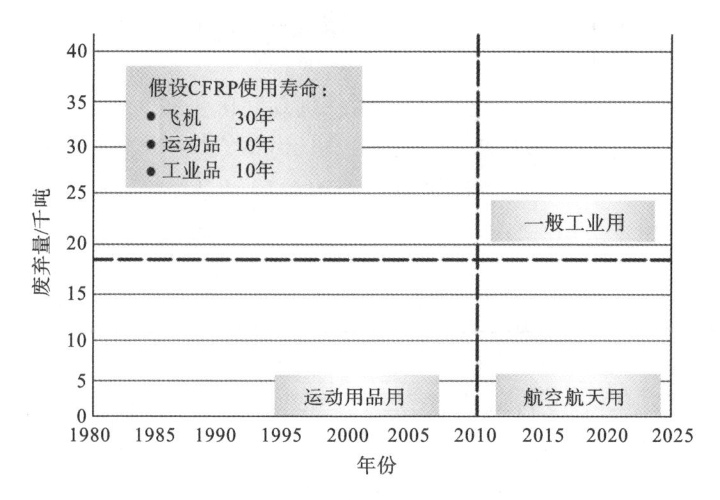

图 1-5　预测 CFRP 的废弃量(千吨)

1.2.2　国外废弃物管理

固体废弃物处理行业是一个法律法规和政策引导型行业，美国、欧盟、日本在 20 世纪 70 年代即开始固体废弃物处理行业方面的制度建设，相继推出相关法律法规，从而带来固体废弃物处理行业的蓬勃发展。固体废弃物处理产业是美国环保产业核心之一。截至 2010 年，美国环保产业年产值达到 3163 亿美元，直接创造 16.57 万个就业机会，其中，废水处理工程与水资源、固体废弃物与危废管理占比分别为 28%、20%，是美国环保领域中最为重要的两个子行业。美国固体废弃物处理产业包括生活垃圾和有害废弃物处理，该产业除 2009 年受金融危机影响出现衰退外，均处于增长态势。美国城市固体废弃物产生量在 2007 年达到峰值 25.5 亿吨，2008 年开始下降。从处理方式看，资源回收利用率逐年提高，从 1980 年的 9.56%提高到 2009 年的 33.74%；而填埋方式处理比例则明显下降。由此可见，随着美国环保投入的不断增加，城市固体废弃物产生量已趋于减少，同时，处理方式逐渐优化。

日本政府对资源与环境非常重视。城市固体废弃物处理行业属于资源与环境产业的重要组成部分，近年来在日本得到快速发展，废弃物循环利用率逐年提高。高循环利用率是日本固体废弃物处理产业发达的重要表现，2008 年日本城市固体废弃物循环利用率已超 60%。日本在固体废弃物处理方面拥有完善的法规体系，技术工艺先进，管理严格，在城市固体废弃物处理领域处于世界领先水平。

欧盟是世界上一体化程度最高的经济区域，其协调一致性的行为在城市固体废弃物处理产业得到了充分体现。在欧盟统一指导与各成员国积极努力下，欧盟各成员国城市固体废弃物处理水平不断提高。1995—2009 年的 15 年间，欧盟城市固体废弃物填埋量从 1.41 亿吨下降到 9600 万吨，填埋比例下降了 32%，而焚烧、堆肥和回收利用率则在不断提高。

进入20世纪之后，垃圾数量持续大幅增长，废弃物的产生、处置和循环成为欧盟及其成员国共同关注的问题。为寻求促进废弃物更有效的循环和处置的综合性方案，欧盟委员会提出建立一套关于废弃物循环利用的标准，同时要求成员国在该标准的基础上制定各自国家的废弃物防治规划。欧盟推出多样区域型的垃圾管理策略，如《垃圾填埋指令》(1999/31/CE)、《废弃物焚烧指令》(2000/76/EC)、《废弃物管理框架指令》(Directive 2006/12/EC)、《废弃物框架指令》(Directive 2008/98/EC)等环境改善政策，以提升城市垃圾的管理水平。欧洲国家垃圾处置有一个显著的特点，即受欧盟统一政策指令的影响。

欧盟在充分考虑自然限制的前提下，采取措施保护自然资本；提高资源利用率并促进低碳创新和转变；保障人民的健康和福祉免受环境健康问题的威胁。废弃物防治规划的发展目标是于2050年构建生态和谐的可持续发展经济模式，实现生物多样性和自然资源的可持续管理。同时，欧盟也注意到来自区域及全球层面的挑战，因此，该规划增加了两个平行附加目标，第一个目标是深化欧盟城市可持续发展进程，实现预期可持续发展和设计，完成可持续发展建设，以解决相关城市问题，如噪声污染、空气污染、水资源短缺和浪费等问题；第二个目标是将环境保护和可持续发展拓展至全球视野。此外，该规划阐述了九大优先任务、三大领域的优先发展主题及实现措施。

1.2.3 国内废弃物管理

在国家倡导供给侧改革和"绿水青山就是金山银山"的发展理念影响下，各地政府通过严格的环保督查、批建收紧等措施，推动了企业对固体废弃物认识的转变，在废弃物综合利用方面逐步开始进行技术探索，这对固体废弃物尤其大宗工业固体废弃物综合利用长足发展具有重大意义。

我国整个环保机构最先是从1973年开始建立的，成立了专门的国务院环境保护领导小组办公室。1982年正式建立城乡建设环境保护部(厅局级)。2018年正式成立生态环境部。我国环保工作的几个发展阶段：1973年到1983年是起步阶段，1984年到20世纪90年代初是环保工作开拓、机构建设和制度初创阶段，1992年到2005年是环保工作机构和制度建设的发展阶段，2005年到"二十大"前是机构不断完善、制度体系成型阶段，"二十大"至今是环境全面治理、生态文明建设阶段。

党的十九届五中全会做出了"能源资源配置更加合理，利用效率大幅提高，主要污染物排放总量持续减少，生态环境持续改善"的决策部署。《中华人民共和国国民经济和社会发展第十四个五年规划和2035年远景目标纲要》强调"全面提高资源利用效率，落实2030年应对气候变化国家自主贡献目标，锚定努力争取2060年前实现碳中和"。国务院印发的《关于加快建立健全绿色低碳循环发展经济体系的指导意见》提出"建立健全绿色低碳循环发展的经济体系，确保实现碳达峰、碳中和目标"。实现碳达峰、碳中和，大幅减少温室气体排放，不仅要加快实现能源利用结构优化和能效提升，还要促进经济社会发展的全面绿色转型，全面提高资源利用效率。开展资源综合利用是我国深入实施可持续发展战略、建立健全绿色低碳循环发展经济体系、实现碳达峰碳中和目标的重要途径之一。

党的二十大报告提出尊重自然、顺应自然、保护自然，是全面建设社会主义现代化国家的内在要求。必须牢固树立和践行“绿水青山就是金山银山”的理念，站在人与自然和谐共生的高度谋划发展。深入推进环境污染防治，持续深入打好蓝天、碧水、净土保卫战。提升环境基础设施建设水平，推进城乡人居环境整治。

我国现行的环境保护方面的法律主要有：《中华人民共和国环境保护法》《中华人民共和国水污染防治法》《中华人民共和国大气污染防治法》《中华人民共和国核安全法》《中华人民共和国环境保护税法》等。我国现行的环境保护方面的规章制度主要有：《建设项目环境保护管理条例》《水污染防治法实施细则》《排污费征收使用管理条例》《危险废物经营许可证管理办法》《医疗废物管理条例》《自然保护区条例》《环境行政处罚办法》等。其中，《中华人民共和国水污染防治法》《中华人民共和国大气污染防治法》《建设项目环境保护管理条例》自 2015 年以来均相继进行过修订。

《中华人民共和国固体废物污染环境防治法》（简称《固废法》）于 1995 年 10 月 30 日第八届全国人民代表大会常务委员会第十六次会议通过，1995 年 10 月 30 日中华人民共和国主席令第五十八号公布，自 1996 年 4 月 1 日施行。《固废法》一共经历了五次修订，最新修订（以下简称新《固废法》）是在 2020 年 4 月 29 日第十三届全国人民代表大会常务委员会第十七次会议，自 2020 年 9 月 1 日起施行。新《固废法》存在以下十大亮点：① 应对疫情加强医疗废弃物监管；② 逐步实现固体废物零进口；③ 加强生活垃圾分类管理；④ 限制过度包装和一次性塑料制品使用；⑤ 推进建筑垃圾污染防治；⑥ 完善危险废弃物监管制度；⑦ 取消固废防治设施验收许可；⑧ 明确生产者责任延伸制度；⑨推行全方位保障措施；⑩ 实施严格法律责任。

自 1996 年我国《固废法》正式实施至今，国家颁布了若干固体废弃物处理政策法规，对这些政策法规的研究表明，我国固体废弃物发展历程主要包括认识阶段（1995—2004 年）、管控阶段（2005—2015 年）和治理阶段（2016 年至今）三大阶段，我国固体废弃物政策导向也主要分为制定规划、政策引导、监督落实三步。近五年以来，尤其是 2020 年以来，固体废弃物污染治理和管控顶层设计方面表现出两大特点，即支持力度不减、涉足领域愈微。

复合材料固体废弃物回收再利用建设项目涉及若干环境保护相关法规文件，主要的文件是《建设项目环境保护管理条例》。该条例自 1998 年开始实施，现行的是 2016 年新修订的《建设项目环境保护管理条例》（以下简称新《条例》）。新《条例》主要关注以下几方面：一是创新环境影响评价制度，突出重点；二是减少部门职能交叉和环评审批事项，提高效率；三是规范环评审批管理，明确环评审批要求；四是取消竣工环保验收行政许可，强化“三同时”和事中事后环境监管。此外，新《条例》进一步强化了信息公开和公众参与，进一步加大了违法处罚和责任追究力度。

新《条例》对建设项目环境保护方面的规定主要包括以下内容：

(1) 对环境影响评价文件的要求。要求环境影响评价文件的登记符合《建设项目环境影响评价分类管理名录(2021 年版)》的规定；环境影响报告书要达到《环境影响评价技术导则》规定的要求。

(2) 建设项目概况介绍中，除包括建设规模，生产工艺水平，产品、原料、燃料及总用水量外，还包括污染物排放量、环保措施，以及进行工程环境影响因素分析等。

(3) 建设项目周围环境现状要求。要求包含社会环境调查；评价区大气环境质量现状调查；地面水环境质量现状调查；环境噪声现状调查；经济活动污染、破坏环境现状调查等；根据排放污染物性质，要求工业项目与周围敏感建筑保持一定的防护距离，具体的防护距离需根据环评文件结论确定。

(4) 环境影响经济损益分析要求。要求包括建设项目的经济效益、环境效益、社会效益分析等。

(5) 建设项目竣工环境保护验收工作应按《建设项目竣工环境保护验收暂行办法》(国环规环评〔2017〕4 号)执行。建设项目竣工环境保护验收行政许可事项已取消，改由建设单位自主验收。

总之，在项目开工建设之前，要首先遵循环境保护许可制度，即必须向有关管理机关提出申请，经审查批准，发给许可证后方可进行该活动的一整套管理措施。

环境保护许可证作用可以分为两大类：一是防止环境污染许可证；二是保障自然资源合理开发和利用的许可证。其中防止环境污染许可证主要有：① 排污许可证，其在水污染防治法实施细则和大气污染防治法中做出了规定。② 海洋倾废许可证，其在海洋环境保护法第 55 条第二款、海洋倾废管理条例中做出了规定。③ 危险废物收集、储存、处置许可证，其在固体废物污染环境防治法中做出了规定。④ 废物进口许可证，其在固体废物污染环境防治法中做出了规定。⑤ 放射性同位素与射线装置的生产、使用、销售许可证，其在放射性污染防治法中做出了规定。

国内外针对固体废弃物处理出台了一系列法律法规，如表 1-1 所示。

表 1-1　世界主要国家或组织关于废弃物处理相关法律法规

国家或组织	时间	法律法规
欧盟	1973 年	《第一环境行动规划》
	1975 年	75/442/CEE 框架指令
	1977 年	《第二环境行动规划》《欧洲联盟条约》
	1983 年	《第三环境行动规划》
	1987 年	《第四环境行动规划》
	1993 年	《第五环境行动规划》
	1996 年	《综合污染预防与控制指令》(96/61/EC)

续表

国家或组织	时间	法律法规
欧盟	2002 年	《第六环境行动规划》
	2006 年	Directive 2006/12/EC
	2008 年	《废弃物框架指令》(Directive 2008/98/EC)
	2011 年	《转变为有竞争力的低碳欧洲的路线图》
	2014 年	《第七环境行动规划》《资源高效路线图》
日本	1967 年	《公害对策基本法》
	1991 年	《资源有效利用促进法》
	1991 年	《废弃物处理法》
	2000 年	《推进循环型社会基本法》
	2013 年	《固废回收处理》专项法
美国	1965 年	《固体废弃物处置法》(《Solid Waste Disposal Act,简称 SWDA》)
	1970 年	《固体废弃物处置法》修订为《资源回收法》
	1976 年	《资源保护及回收法》(RCRA)
	1980 年	《资源保护及回收法》(RCRA)第一次修订
	1984 年	《资源保护及回收法》(RCRA)第二次修订
	1988 年	《资源保护及回收法》(RCRA)第三次修订
	1990 年	《污染预防法》
	1996 年	《资源保护及回收法》(RCRA)第四次修订
	2006 年	《普通有害废弃物法》
中国	2005 年	《中华人民共和国固体废物污染环境防治法》(简称《固废法》)
	2011 年	《关于加强环境保护重点工作的意见》《国家环境保护“十二五”规划》
	2012 年	《建立完整的先进的废旧商品回收体系重点工作部门分工方案》 《“十二五”节能环保产业发展规划》 《“十二五”国家战略性新兴产业发展规划》
	2016 年	《“十三五”生态环境保护规划》《“十三五”国家战略性新兴产业发展规划》 《“十三五”节能减排综合工作方案》
	2017 年	《循环发展引领行动》

续表

国家或组织	时间	法律法规
中国	2018 年	《工业固体废弃物资源综合利用评价管理暂行办法》 《“无废城市”建设试点工作方案》
	2019 年	《关于推进大宗固体废弃物综合利用产业聚集发展的通知》 《关于加快推进工业节能与绿色发展的通知》 《关于开展危险废物专项治理工作的通知》
	2020 年	《关于加快建立绿色生产和消费法规政策体系的意见》 《中华人民共和国固体废物污染环境防治法》(2020 年修订版)
	2021 年	《关于“十四五”大宗固体废弃物综合利用的指导意见》 《关于开展大宗固体废弃物综合利用示范的通知》 《2030 年前碳达峰行动方案》 《关于全面禁止进口固体废物有关事项的公告》
	2022 年	《关于加快推动工业资源综合利用的实施方案》 《关于加快推进大宗固体废弃物综合利用示范建设的通知》

1.2.4　废弃物回收再利用的意义

回收的目的是通过以可持续的方式重复使用材料来减少对环境的影响。一般来说，在回收操作中尽可能多从废料中回收具有经济价值的材料，因为这种材料的价值在很大程度上代表了生产这种材料所需的资源投入或材料稀缺性。回收这种材料可最大限度地减小对环境的影响，具有成本效益。为此世界各国积极采取措施，加强对废弃物的管理。下面分别从经济、社会、环境方面加以阐述。

1. 经济意义

CFRP 作为固体废弃物的一种，由碳纤维与热固性树脂基体复合生产而成。在过去的 2011—2020 年中，全球碳纤维的年需求量从约 1.6 万吨增加到 10.7 万吨，预计到 2030 年增加到 40 万吨。2020 年全球碳纤维树脂基复合材料的收入约为 151 亿美元，我国 CFRP 的产值为 489 亿美元。然而，与传统的钢和铝相比，原碳纤维的高成本限制了轻量化的净效益。再生碳纤维可以以较低的成本提供与原碳纤维类似的产品。

另外，随着 CFRP 产业的发展，CFRP 废弃物不断增加。据估计，服役期满的报废产品当前约有 200 万吨，并逐年大量增长。原碳纤维是一种能耗高且昂贵的材料，回收再利用 CFRP 的废弃物，可以在减少废弃物的同时获取可观的经济价值。原碳纤维的制造成本为 20～54 美元/千克，直接耗能 183～286 MJ/kg，约是玻璃纤维生产的 10 倍和传统钢材生产的 14 倍，而商业化回收碳纤维成本仅为 1.34 美元/千克。

制造过程中 CFRP 废料率高达 40%,同时报废产品/组件也将增加废料量。例如,预计到 2030 年,将有 6000～8000 架商用飞机结束使用寿命,与原碳纤维制造相比,回收零部件中的碳纤维成本可降低 30%,电力消耗可降低 95%。高效回收处理废弃物可以获得低成本的再生碳纤维,经过处理可重新应用于各种高性能复合材料的制备中,这有助于构建循环发展的碳纤维产业,还可以缓解碳纤维供不应求的局面。

2. 社会效益

碳纤维及其复合材料作为我国七大战略性新兴产业"新材料"的重点发展方向之一,是整个制造业转型升级的产业基础。CFRP 因其优异的性能,被誉为当今世界的"新材料之王",在航空航天、战略武器、交通、医疗器械、体育器械、风电等多个领域得到了广泛的应用,始终是美、日、德等发达国家多年来重要的国家战略物资,用于制造航天飞船、飞机、通信卫星和尖端武器等。随着碳纤维大规模产业化条件的日渐成熟,其应用潜力正在被不断开发,2020 年全球 CFRP 的需求量接近 250 万吨。

随着 CFRP 应用领域的不断扩大,CFRP 废弃物量也随之增长。CFRP 废弃物主要来源于两方面:一是生产及成形过程中产生的废弃物,占 CFRP 总废弃量的 30%～50%,主要包括废弃预浸料、固化和未固化的边角料、性能检测后的残次品和不合格品等;二是较为集中的使用寿命结束制品类废弃物,如飞机、汽车、体育器械等使用的 CFRP 制品废弃物。

据悉,2020 年全球 CFRP 制品废弃物达 5 万吨,其中碳纤维 2.5 万吨以上,按平均价格 200 元/千克计算,价值约合人民币 50 亿元以上。每 100 kg 航空 CFRP 废弃物中,就有 60～70 kg 的碳纤维,这些碳纤维仍然具有极高的再利用价值,其力学强度和电、磁、热性能几乎与原有碳纤维相当,可用来重新制造高性能复合材料。

CFRP 主要由碳纤维和热固性树脂复合而成,具有不溶不熔的特性。对其进行回收与再利用非常困难,已经成为阻碍复合材料可持续发展的瓶颈问题。以前 CFRP 用量少,相应的法律法规不完善,CFRP 废弃物都通过掩埋或者焚烧方法处理,既污染环境,又造成严重的资源浪费,各国政府均已立法禁止。随着 CFRP 的广泛应用,报废的产品是否能如钢铁、铝合金材料那样经过简单处理再次利用是复合材料产业面临的重要挑战。因此,针对 CFRP 废弃量大、不能自然降解及高值再利用难的问题,研发低成本、高效、高值化的 CFRP 废弃物再资源化与再制造成套化装备,实现 CFRP 废弃物精细回收与精深再利用,同时将废弃物中的热固性树脂以能源或材料方式回收,并初步开展工程示范,对复合材料产业的可持续发展具有重要的社会效益。

3. 环境意义

欧洲、亚洲和北美是复合材料生产和应用最大的三个地区,全球树脂基复合材料的年平均增长率为 5%以上,而复合材料制品的使用寿命一般为 20～50 年。到目前为止,焚烧和填埋是处理复合废弃物的主要方法,但热固性树脂基复合材料废弃物在常规条件下具有不熔不溶的特性,简单填埋的办法会浪费大量的土地资源,还会造成水土污染。简单焚烧不仅会产生大量的黑烟和臭气，对大气环境造成严重污染，焚烧后的残渣也会对环境造成严重污染，且复合材料的基体树脂是有机高分子化合物，其碳排放系数相当于燃料油的碳排放系数，约为 3.1705 $kgCO_2/kg$，不符合我国“双碳”目标的发展理念。机械回收是采用机械撕碎、粉碎的方式将叶片等复合材料固体废弃物做成块状、纤维状、粉末状等进行综合利用的方法，运行成本较低，且无有毒有害物质产生。来自工业界的报告表明，使用热解方法从 CFRP 废弃物中回收碳纤维仅消耗生产原碳纤维所需能量的 5%～10%。原碳纤维生产过程中的温室气体排放量约为 31 $kgCO_2eq/kg$，是钢铁生产 CO_2 排放量的 10 倍，所以 CFRP 废弃物的回收可以有效降低原碳纤维生产过程对环境的影响。

1.3　复合材料废弃物回收技术

废弃 CFRP 的回收方法主要有化学回收、机械回收和热分解回收三大类，根据反应介质的不同和加热方式的不同又可细分为有氧热裂解、流化床、超/亚临界流体等方法。图 1-6 给出了废弃 CFRP 的回收方法分类。由于碳纤维价格昂贵，采用热处理或热化学方法分解环氧树脂回收碳纤维材料是目前研究开发的热点。本节将重点介绍目前主要的回收技术，并对不同工艺的优缺点进行对比分析。

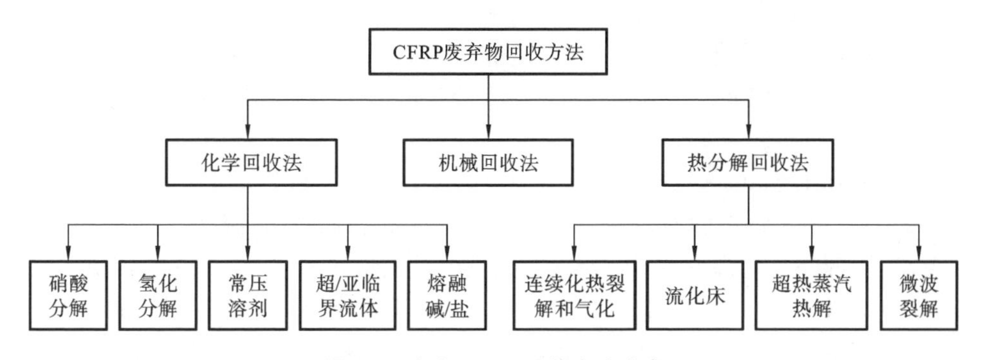

图 1-6　废弃 CFRP 回收方法分类

1.3.1　机械回收法

机械回收又称物理回收，是指采用机械的方法将复合材料废弃物进行切割、破碎、研磨和分离，分离出纤维后加以利用，在利用过程中不发生化学反应。机械回收工艺流程如图 1-7 所示。

首先将原料低速粉碎到 100 mm 以下，然后用磁场除去其中的金属，再用高速粉碎机将其磨成细产品（5～10 mm），最后使用振动筛分离，处理后的物料通过筛分得到富含树脂和纤维的粉末。得到的产品可以作为制备新的热固性聚合物基复合材料

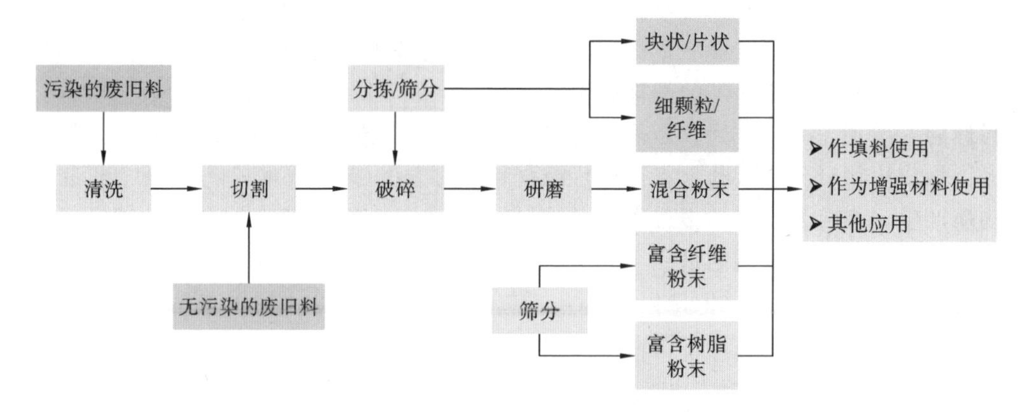

图 1-7 机械回收工艺流程

的填料,或者直接用来增强热塑性树脂。Palmer 等采用 Z 型空气分级技术来分离锤磨后的玻璃纤维,分级器可以利用重力分离密度、形状和大小不同的物料。分离效果可以通过调节空气的流速控制,集束的纤维在与器壁摩擦的过程中打开,最终得到粗细不同的两种产品,物料可以进行多次分离。Howarth 等模拟了物理回收过程中需要的能量,发现在研磨过程中处理量为 10 kg/h 时,需要的能量为 2.03 MJ/kg;处理量为 150 kg/h 时,需要的能量为 0.27 MJ/kg;可见处理规模越大,消耗的能量越少。采用研磨方法所需要的能量远低于制备碳纤维所需的能量(183～286 MJ/kg)。Howarth J. 采用机械破碎的方法回收再生碳纤维,结果表明,在 10 kg/h 的加工(再循环)速率下,比能量明显低于原碳纤维的隐含能量(此方法消耗的能量为 2.03 MJ/kg,原碳纤维含有能量约为 200 MJ/kg)。

机械回收工艺简单、生产成本低且回收的废旧料几乎能全部重新利用,对环境无二次污染,是最有工业化应用前景的方法之一。但机械回收法也存在较大的局限性:一是 CFRP 材料力学强度大、硬度高,对其进行机械粉碎处理具有一定的难度,当前主要的研磨机械如锤磨机、球磨机、针磨机等对 CFRP 废料的精细加工仍有一定的难度;二是机械回收法适用于 CFRP 边角废料与未受污染的 CFRP 回收废料,对于被涂料、油漆、黏结剂等污染的 CFRP 废料,要对其分类清洗后才能使用。另外,机械回收工艺破坏了长纤维的原始尺寸,导致树脂或纤维最有价值的性能无法被利用,同时产生大量的粉尘;较硬的复合材料使得工具磨损严重。

机械回收工艺也存在安全问题,若在复合材料生产中加入的催化剂和促进剂没有消耗完,剩余的部分在撕裂破碎过程中有燃烧的危险。

机械回收法在某些方面的应用是不成功的,主要有如下原因:

(1) 添加回收料对新的复合材料制品的力学性能有负面影响;

(2) 存在成本平衡问题,在某些地方分拣和机械回收的成本高于原产品的市场价格。

1.3.2　热分解回收法

热分解回收是指在加热条件下使聚合物断链分解。聚合物基复合材料所用基体树脂种类很多,还包含各种附属组分,如热塑性聚合物、纸、油漆、泡沫等,而这些有机物质均可以在加热条件下分解成小分子化合物,因而热分解是目前聚合物复合材料回收的主要方法,也是目前回收 CFRP 唯一商业化的方法。在热分解反应过程中,环氧树脂被分解为低相对分子质量的化合物,用作化学原料或精细化学品,也可作为燃料油为整个回收过程提供能量。在热分解过程中,积炭的生成是不可避免的,而表面积炭会使碳纤维的接触电阻增加,降低与树脂的界面作用,影响回收碳纤维的再次使用。在空气中复合材料的分解分为三个阶段:第一阶段的温度为 300～500 ℃,以树脂基体热分解并产生积炭为主,其分解过程并没有因为氧化作用而明显加快;第二阶段的温度为 500～600 ℃,主要为积炭的氧化反应;第三阶段的温度在 650 ℃以上,碳纤维开始氧化。各阶段的温度区间与碳纤维和树脂的类型有关,生成的积炭不易被氧化,并且积炭会和碳纤维同时发生氧化反应。热分解依据反应气氛、反应器和加热方式的不同分为连续化热裂解和气化、流化床热分解、超热蒸汽热解技术及微波裂解等方法,如图 1-8 所示。

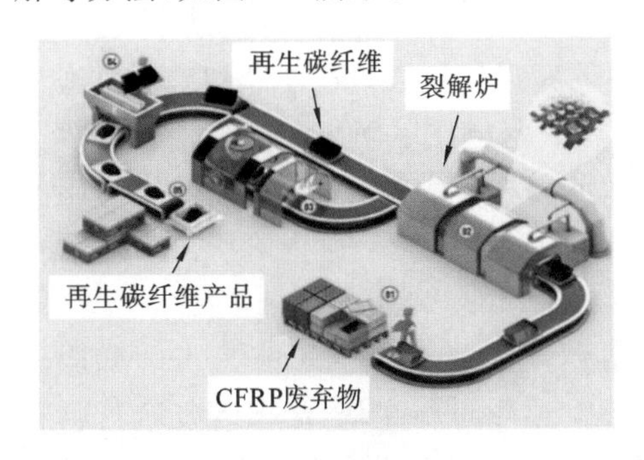

(a) 连续化热裂解技术

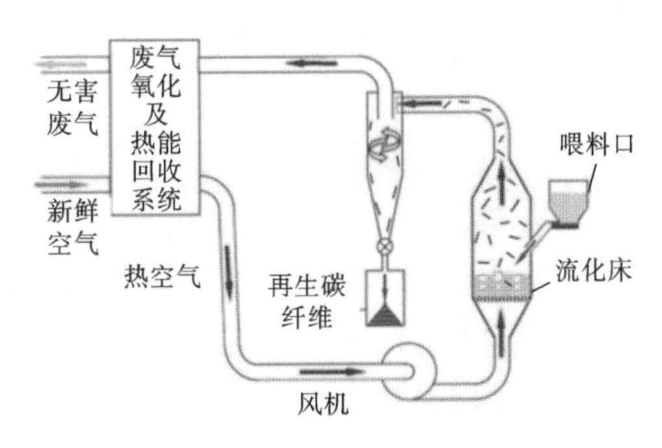

(b) 流化床热分解技术

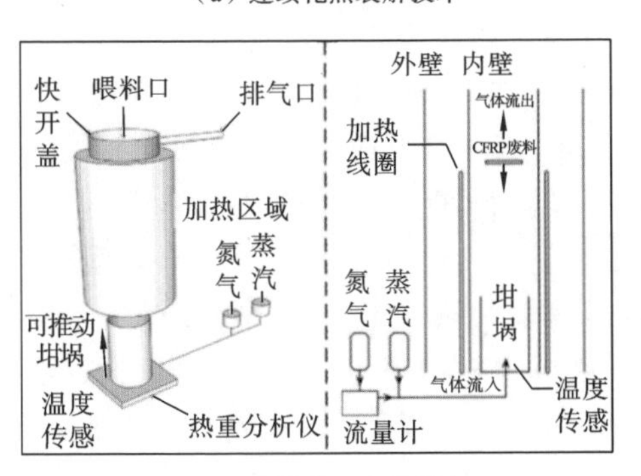

(c) 超热蒸汽热解技术

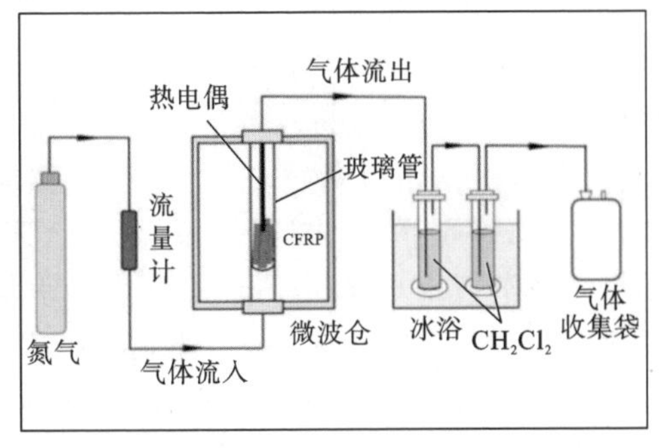

(d) 微波裂解

图 1-8　基于热分解的 CFRP 废弃物回收技术

1. 连续化热裂解和气化

连续化热裂解回收技术如图 1-8(a)所示，采用半开放的连续带式裂解炉，利用传送带将 CFRP 废弃物连续输送至裂解炉进行热裂解，裂解反应结束后，再生碳纤维由传送带送出，控制传送带速度就可实现 CFRP 废弃物连续化回收。CFRP 的热裂解过程与其他聚合物的热裂解不同，其表面往往有积炭生成，这会影响回收碳纤维的进一步应用，必须通入氧化性气氛来除掉积炭，在可控量氧气存在下进行时称为气化。氧化性气氛可以直接作为反应气氛，也可以在裂解后单独使用，这使得 CFRP 的热裂解过程实质上为热裂解与气化的耦合过程。在热裂解过程中，树脂在分解时会放出热量，也可能生成含氧物质，这些都会影响热裂解反应的进行。样品的厚度对热裂解反应和回收碳纤维的性能有较大影响，较厚样品的外部对热的阻隔作用使得内部的复合材料不能达到指定的反应温度。提高反应温度可以使复合材料内部达到指定的反应温度，但复合材料外部则会不可避免地发生氧化，这会导致回收碳纤维力学性能的均匀性降低。通常热裂解回收的碳纤维的单丝拉伸性能会降低 10%～15%，因此热裂解工艺的关键是控制温度、反应气氛和反应时间。

为了除去表面的积炭，通常在惰性气体中通入不超过 20%的氧，氧浓度过高容易导致纤维过氧化，同时也带来爆炸的风险。Ushikoshi 等早在 1995 年就开始了 CFRP 热裂解的实验室研究，在 500 ℃空气气氛中由复合材料回收的碳纤维抗拉强度仅有少量损失，但是直接将纤维在同样条件下处理抗拉强度会损失 25%，温度越高抗拉强度损失越多。Chen 等研究了未固化环氧树脂在不同氧浓度条件下的热分解动力学，并采用弗里德曼(Friedman)法计算了相关动力学参数，发现环氧树脂在有氧条件下的热分解包括两个阶段：树脂热分解和积炭氧化。两个阶段的表观活化能分别为 129.6～151.9 kJ/mol 和 103～117.8 kJ/mol。随着氧气浓度增大，两个阶段的表观活化能都相应下降。杨杰对碳纤维增强 4,4′-二氨基二苯甲烷(DDM)固化环氧树脂基复合材料在不同氧浓度下的热分解动力学进行了研究，发现复合材料在有氧条件下的热分解过程分为三个阶段：树脂基体分解并产生积炭、积炭氧化以及碳纤维氧化。而氮气条件下只有一个阶段并且最终有积炭残留。有氧条件下，复合材料在 330～500 ℃发生树脂基体分解，550～600 ℃发生积炭氧化，600 ℃以上发生碳纤维氧化。可通过分析复合材料在不同含氧气氛、不同升温速率下的热失重曲线，采用 Kissinger 法和 FWO 法计算树脂基体分解阶段的动力学参数，采用 Coats-Redfern 法确定热分解机理函数 $g(\alpha)$。氮气和有氧气氛中树脂基体热分解反应的 $g(\alpha)$函数类型相同，反应活化能大致相等，表明有氧气氛中第一阶段仍以热解为主，氧化反应并不明显。有氧条件下第二阶段(积炭氧化)的活化能随着氧浓度增加而降低，达到一定转化率所需要的反应时间也随着氧浓度的升高而缩短，表明氧气浓度升高会明显加快积炭氧化过程。根据动力学分析结果，假设有氧条件下复合材料热分解分阶段进行，即树脂基体热分解、积炭氧化和碳纤维氧化依次进行，可进一步计算得到不同气氛和温度下达到不同转化率所需要的时间。在反应最后阶段，随着转化率的增加,反应时间会大幅延长,这表明采用动力学分析树脂基体完全分解所需的时间时,转化率的取值有很大影响,一方面说明函数误差随着转化率增大而增大,另一方面也表明碳纤维表面上的残炭更难去除。

残炭的去除过程中会不可避免地发生碳纤维氧化,因此其去除过程是以牺牲碳纤维的力学性能为代价的,尤其是单丝抗拉强度。复合材料的质量损失与反应时间呈现出良好的线性关系,反应温度和氧气浓度越大,质量损失速率越大。但温度与氧气浓度的影响程度不是固定不变的,在氧气浓度低时,温度的影响更大,而氧气浓度高时,温度的影响变小。例如,反应气氛为空气时 600 ℃的失重速率与反应气氛为 10%O_2、90%N_2 时 650 ℃的失重速率接近。

2008 年,英国的回收碳纤维有限公司(Recycled Carbon Fibre Ltd.)建立了世界上第一个商业化连续回收 CFRP 的装置。该公司的前身为 Milled Carbon 集团公司,2003 年就已经在英国的西米德兰兹郡建立了以连续带式炉为反应器的 CFRP 热裂解装置。该商业化装置年处理量为 2000 吨,采用半开放的连续带式裂解炉(长 30 m、宽 2.5 m),包含热裂解炉、传送带、检测反应气氛中氧含量的检测器以及冷却系统,反应温度控制在 425～475 ℃,或者直接设定为 500 ℃。该公司专利的核心技术在于控制反应压力在－500～500 Pa,使得加热区域产生的裂解气可以可控移除,这样加热区域就会有足够高的氧浓度(体积分数为 1%～16%)使生成的裂解气充分燃烧,碳纤维表面的积炭也会被氧化除掉。在第一加热段后还有用于除去积炭的第二加热段,第二加热段的温度要高于第一加热段,其温度区间最好在 550～650 ℃。因为温度过高会使碳纤维发生氧化,所以加热温度要根据积炭确定,而积炭的类型则与所用复合材料的树脂有关。物料在第二加热段的停留时间也需要精确控制,通常不超过5 min。经过评估,该公司认为将树脂回收为材料并不经济,因而对树脂产物进行燃烧以供应回收过程的能量。加热区域中的惰性气体量也需要控制,体积分数一般不超过 10%。从反应炉中移出的裂解气在 1000～1500 ℃的燃烧器上燃烧,排出的尾气需进一步冷凝或进行其他的尾气处理措施。2011 年 9 月,该公司被德国的 ELG 公司收购,改名"ELG 碳纤维有限公司",提供的产品主要为研磨碳纤维和各种长度的短切碳纤维,表面均不含上浆剂。

Heil 对该公司的商业化回收样品进行了表征,发现回收碳纤维的测试长度越短,其力学性能损失越小。以 6 mm 回收碳纤维为例,从未交联样品中得到的回收碳纤维单丝抗拉强度降低 33%左右,拉伸模量和界面剪切强度则没有明显变化。从交联样品中得到的回收碳纤维单丝抗拉强度提高了 8%,因为交联样品环氧树脂容易生成积炭,拉伸模量没有太大变化,而界面剪切强度几乎提高了一倍以上。将未交联的 T800S 样品分别放置于回收炉左侧、中间和右侧,回收处理后发现不同位置所得回收碳纤维的力学性能有显著差异,碳纤维的单丝抗拉强度比原纤维降低了 30%～50%,拉伸模量也降低了 10%～25%,这表明炉内温度和反应气氛的均一性还需要进一步调控。Pimenta 等对 ELG 商业化传送带裂解炉在不同条件(裂解温度为 500

～700 ℃，具体条件未公开)下回收的碳纤维进行了分析。废料为美国赫氏公司的预浸料，树脂为 M56，碳纤维为美国赫氏公司的 AS4-3K 碳纤维。回收碳纤维的单丝拉伸测试结果表明，裂解条件对回收碳纤维的力学性能有较大影响，最苛刻条件下碳纤维直径损失达到 21％，碳纤维表面有大量的凹坑和损伤，单丝抗拉强度下降 84％。采用温和的条件可以使回收碳纤维的单丝抗拉强度几乎不降低，但是回收碳纤维表面有 7.6％(质量分数)的树脂残留。

以上结果表明，尽管热裂解过程经过了多年的发展，实验室和中试也都取得了很好的结果，但要在商业化的裂解炉上得到力学性能损失小、质量均一的碳纤维仍有较大难度。这主要有以下几个原因：实验室的间歇过程通常采用几克样品，处理时间也很长，而连续化的裂解炉的保留时间通常在 30 min 以下，为了在短时间内实现树脂和积炭完全分解，就必须采用较高的处理温度或加大氧气浓度，这就会不可避免地损害碳纤维的力学性能；实验室的小裂解炉反应器小，加入的样品量也少，分解的气体可以很快地吹出反应器，这使得温度和气氛很容易精确控制，而对于半开放的传送带裂解过程，要达到整个炉内均匀的反应条件则有些困难；另外，工业废弃物的复杂组成也是一个影响因素，废弃 CFRP 来源不同，树脂组成也不同，很难找到一个优化的反应条件，因此预先了解废弃物组成信息并进行分类十分必要。

日本碳纤维制造商协会(JCMA)再生委员会成员包括日本东丽、东邦特耐克丝及三菱丽阳，该协会从 2006 年开始致力于废弃 CFRP 的回收，自 2009 年起获得了日本福冈县大牟田市政府的支持，攻克了一些回收过程中的难题，主要是降低了树脂残余量、控制了纤维长度及去除了残留金属，并在日本福冈县大牟田市的生态城内建立了年处理量为 1000 t 的热裂解回收工厂，但是具体回收方法以及回收碳纤维的力学性能未公开。

在有氧热裂解过程中，由于氧的存在，树脂在高温下裂解产生的有机物氧化后会放出热量，使得炉内温度不均衡，而回收碳纤维的性能对温度较为敏感，这导致回收产品的稳定性缺乏保障。因此，一些公司开发了热解-气化两步处理方法，即首先将复合材料在惰性气体中热解，热解后向裂解器中通入空气除去碳纤维表面的残炭，得到的树脂降解产物还可以作为化工原料使用。Meyer 等将复合材料在 550 ℃氮气气氛下先处理 2 h，然后进行氧化，优化的积炭氧化温度为 500～600 ℃，低于 500 ℃积炭不能快速除掉，高于 600 ℃时碳纤维快速氧化，因此他们将经惰性气氛处理的纤维冷却到 200 ℃后，再在 550 ℃空气气氛中将积炭除去。在半工业化装置中得到的回收碳纤维表面干净、无积炭残留，且抗拉强度可以保持原碳纤维的水平。Lopez 等在热解-气化两步装置中回收了空中客车公司提供的废弃预浸料，废料中包含 83％(质量分数)的碳纤维增强聚苯并噁嗪预浸料和 17％(质量分数)的线性低密度聚乙烯(LLDPE)。LLDPE 用于防止预浸料层间黏结，但在废弃后则成为影响回收的不利因素。首先在 500 ℃下将 2 kg 废料在 9.6 L 的马弗炉反应器中热解，LLDPE 及树脂在此过程中被除去，同时碳纤维表面会生成积炭；然后在同样温度下通入流速为

12 L/h 的空气以除去碳纤维表面的积炭，并考察气化时间的影响；最后发现空气最佳停留时间为 30 min，此时回收碳纤维的单丝抗拉强度可达原碳纤维的 72%。

在商业化方面，德国的 CFK 瓦利施塔德回收有限公司（CFK Valley Stade Recycling GmbH）与汉堡-哈尔堡工业大学一起开发了一种连续热分解方法（带有氧化过程除去积炭），并在 2010 年建立了年处理量为 1000 t 的回收工厂，该方法适用于几种类型的碳纤维废料，其主要产品包括磨碎的纤维、短切纤维和纺织产品。美国材料创新科技（Materials Innovation Technologies）公司的回收碳纤维部门于 2008 年开始回收 CFRP，在 2010 年末建立了年处理量为 500 t 的商业化装置，其裂解装置可以为自主研发的三维立体预成型过程提供回收碳纤维。意大利的 Karborek 回收碳纤维公司公布了一种两步组合的专利技术，该技术在传送带炉、旋转炉或流化床中均可实现。首先升温到 250～550 ℃，恒温 20 min 后在氧化性气氛（如 CO_2、O_2、空气或水蒸气）中 550～700 ℃处理 1～2 h 以除掉积炭。该公司宣称回收的纤维保留了原纤维 90%的力学性能，其主要产品是磨碎碳纤维以及碳纤维和热塑性树脂纤维的混合无纺布，并计划建立年处理量为 1000 t 的处理工厂，为了便于收集废料，工厂位置选在意大利阿莱尼亚波音 787 飞机制造工厂的附近。

回收过程中通常会将原碳纤维表面的上浆剂除掉，而重新上浆则较为困难，同时也增加了成本。为了制备性能优异的回收 CFRP，需要进一步提高回收碳纤维的表面性质。Greco 等对 Karborek 公司的回收碳纤维进行了表征，同时比较了不同化学处理方法对表面组成和界面剪切强度的影响。首先将 CFRP 在 500 ℃下热解 20 min，然后将所得碳纤维在 550 ℃的氧化过程中处理 90 min，回收碳纤维的表面改性条件分别为空气中 450 ℃处理 90 min、空气中 600 ℃处理 90 min 和 5%（质量分数）的硝酸溶液中 100 ℃处理 30 min。回收碳纤维的平均抗拉强度和拉伸模量只有原纤维的 75%和 85%，经过不同方法的表面处理后，碳纤维力学性能损失更加明显，600 ℃空气气氛下处理 90 min 后碳纤维已经被严重氧化，采用其他两种方法处理后表面氧含量有不同程度的升高，这使得其界面剪切强度也明显提高。

水在高温下可以和聚合物的裂解产物发生水蒸气重整反应，加快聚合物基体的分解；另外，水蒸气的弱氧化作用还可以除掉碳纤维表面的积炭而不损伤碳纤维，同时还可降低在放大试验中氧含量过高带来的爆炸危险。Shi 等用水蒸气处理了 CFRP，碳纤维为日本东丽的 CO6343，树脂为 XNR6815，固化剂为 XNH6815，树脂和固化剂质量比为 100∶27，复合材料采用真空辅助树脂传递模塑成型工艺制成。他们研究了温度和反应时间对回收碳纤维力学性能的影响，处理温度为 340 ℃、390 ℃和 440 ℃，处理时间为 15 min、30 min、60 min 和 90 min。在 390 ℃和 440 ℃下处理 30 min 后碳纤维表面几乎没有积炭生成，340 ℃下处理时间越长，表面积炭越少。处理时间为 30 min 时，在 390 ℃和 440 ℃下碳纤维的抗拉强度下降 15%左右，而在 340 ℃时抗拉强度则略有升高，这可能是因为形成了表面积炭，在其他的热裂解处理中也有类似的报道，超过 60 min 则碳纤维性能开始下降。得到的回收碳纤维与树脂的界面作用较差,还需要进行进一步的表面处理。

Ye 等在水蒸气中处理了两种环氧树脂固化物,试样 A 所用的树脂为四官能环氧预聚物,固化剂为芳香胺,固化温度为 180 ℃,玻璃化转变温度为 196 ℃;试样 B 所用的树脂为双酚 A 树脂和双官能芳香环氧树脂的混合物,固化剂为烷基多胺和环胺,固化温度低于 100 ℃,玻璃化转变温度为 130 ℃。树脂的热失重曲线表明,环氧树脂固化物在惰性气氛中温度达到 500 ℃左右即不再发生失重,而在水蒸气中则继续失重,这表明水蒸气可以氧化碳纤维表面上的积炭。他们还采用田口方法分析了水蒸气热解温度、时间和水蒸气流速对环氧树脂分解率和回收碳纤维抗拉强度的影响。对于试样 A,影响因素作用大小的次序为时间>处理温度>水蒸气流速;试样 B 在第一阶段裂解后生成的积炭量很少(因为氢碳比更高),但仍需要进行高温水蒸气处理才能得到表面干净的碳纤维。然而,回收碳纤维在处理后表面上浆剂被去除,单丝变脆容易折断,而且单丝拉伸测试也存在较大的误差,因而未能模拟出工艺参数对碳纤维单丝力学性能的影响。日本精细陶瓷中心与大同大学共同开发了采用含氮气的过热蒸气处理废弃 CFRP 的方法,过热蒸气使碳纤维表面的酸度和羟基增加,从而增加了与树脂的吸附活性点,氮气使得碳纤维表面的碱度上升,与树脂的黏合性也进一步提高。在 700 ℃以上温度处理后,可获得与市售经上浆剂处理的碳纤维同等的黏合水平。

Nahil 等在固定床反应器惰性气氛中对碳纤维增强聚苯并噁嗪复合材料进行了热裂解,热裂解温度分别为 350 ℃、400 ℃、450 ℃、500 ℃和 700 ℃,得到了 70%～83.6%(质量分数)的固体产物,14%～24.6%(质量分数)的液体产物和 0.7%～3.8%(质量分数)的气体产物。热裂解液体产物主要为苯胺及其衍生物,裂解气体主要为 CO_2、CO、CH_4、H_2 和其他烷烃。为了除掉碳纤维表面的积炭,在马弗炉空气气氛中在 500 ℃和 700 ℃下对裂解后得到的碳纤维进行处理。700 ℃处理的碳纤维抗拉强度损失严重,仅为原纤维的 30%左右;500 ℃裂解后再进行 500 ℃空气处理得到的回收碳纤维抗拉强度保持最高,可以达到原纤维的 93%,但此时碳纤维表面仍有少量积炭残留。对这两步得到的样品在 850 ℃下又进行水蒸气活化处理,随着处理时间的延长,活性碳纤维的比表面积增加,在处理 5 h 后可达到 802 m^2/g,随后比表面积开始下降。将废旧复合材料中的碳纤维转化为一种吸附材料开辟了一种新的回收思路,尽管这在一定程度上降低了碳纤维的附加值。Abdou T. R. 将 CFRP 在 550 ℃高温下裂解 1 h,获得了游离碳纤维且纤维没有孔隙、断裂和碳化。

环氧树脂热裂解生成的油、气组分复杂,作为化工产品使用的经济价值不大,因此通常作为燃料为回收过程供应能量。日本的碳纤维再生工业公司采用废料燃烧时所产生的热解气作为碳纤维回收的热源,CFRP 废料在 400 ℃左右的碳化室内分解生成热解气,热解气导出后与氧在燃烧器中混合燃烧,产生的能量供给回收过程,该方法可节省能耗 60%左右。通过热蒸气使密闭容器内的温度均匀,可使回收每千克碳纤维所需的能耗下降至 6.71 MJ。从碳化炉里出来的碳纤维表面仍残留积炭,需在烧成炉中在480 ℃下加热3 h才能完全除去,碳纤维表面残留适量的碳会使碳纤维的强度更高,回收碳纤维的强度可达原碳纤维的80%以上,目前回收碳纤维已应用于汽车部件,可实现整车减重20%以上。

总体来说,采用有氧热裂解法处理废弃的CFRP不需要使用化学原料,工艺简单、处理成本低,容易实现工艺的连续化和放大化;另外,可以处理掉废弃CFRP中含有的热塑性树脂、油漆、布等污染物,环氧树脂热解产物还可以作为化工原料或燃料再次使用,与流化床工艺相比,碳纤维的力学性能保持率相对较高。因此有氧热裂解法是目前最成熟也是唯一商业化的处理工艺。其缺点是碳纤维的力学性能和表面组成对热裂解工艺的温度、反应气氛和处理时间比较敏感,尽管放大工艺比较简单,但放大后的工艺参数调节和控制比较困难,很难得到性能均一的产品。另外,环氧树脂热裂解后可能会产生有害尾气,有害尾气的处理也会增加回收的难度和处理成本。

2. 流化床热分解技术

在流化床反应器(fluidized bed reactor)中,固体颗粒在流体的冲击下不断翻转和转动,固体的流动使其所带热量在床层中快速传递,因而温度分布均匀。同时,固体物料流化后具有液体的性质,可以从高位流动到低位,可以从低流速区流动到高流速区,这很容易实现固体物料的连续进料和出料,因而也适用于废弃CFRP的回收,如图1-8(b)所示。英国诺丁汉大学的Pickering团队在利用流化床反应器回收废弃的纤维复合材料方面做了大量的工作,最初他们将玻璃纤维片状模塑料(SMC)与煤在流化床中共同燃烧,但是该方法不能回收SMC废料中的玻璃纤维。1998年,他们开发了回收废弃SMC的流化床工艺;2002年,该团队将其用于废弃CFRP的回收,因为碳纤维具有更高的价值,所以其商业化比玻璃纤维更为容易。

诺丁汉大学开发的流化床反应器由3个直径为0.3 m的不锈钢管通过法兰组装而成,高2.5 m,底部置有10 cm厚的金属气体分布筛板,筛网孔径为1.2 mm,上面放有粒径大小为0.85 mm的沙粒,沙粒静止时高度为5 cm。空气通过电加热系统(功率为43 kW)加热到指定的温度,通过不锈钢筛板上时将沙粒流化。空气流量可以通过控制阀手动调节,采用孔板流量计监测流量。废弃的复合材料被粉碎至尺寸小于25 mm,置于位于流化床反应器右侧上方的加料斗中。该工艺的主要参数为床层温度和流化速度,温度越高树脂分解越迅速,但温度过高又会损伤碳纤维。回收聚酯复合材料时的温度一般为450 ℃,而回收环氧树脂复合材料一般需要550 ℃。树脂被分解后回收碳纤维因密度小而被气流吹到顶部,然后在旋风分离器中与气体分离并被收集。如果复合材料中既含有纤维又含有粉体,则可以采用一个水平旋转的丝网分离器,纤维沉积在滤网上并被补吹的空气向下吹到收集器中,粉体断续向上流动并在旋风分离器中分离。树脂基体被氧化后的气体产物主要有H_2、H_2O、CO、CO_2以及少量的低碳烷烃和芳香化合物。尾气在1000 ℃的二次燃烧室中燃烧,产生的能量被回收用于加热空气,如果复合材料中有含氯的阻燃剂,则会产生酸性气体,需要净化后再排放。

流化床反应器回收的碳纤维杂乱蓬松，密度约为 50 g/cm^3，表面干净无树脂和积炭残留。纤维的长度与废料粉碎的长度有关，但流化处理过程也会造成一定的长度损失，长纤维比短纤维损失更严重。纤维长度通常不能超过 25 mm，过长会导致纤维缠结而不易流化，回收的纤维平均长度为 15 mm。回收碳纤维的模量与原碳纤维基本相同，而抗拉强度则明显下降，只有原碳纤维的 50%～75%。采用 X 射线光电子能谱对回收碳纤维与去除上浆剂原碳纤维的表面元素组成进行分析，可发现回收碳纤维的氧/碳比与原碳纤维相比基本没有变化，表面碳连接的一些羟基基团在氧化后生成更高氧化价态的羰基和羧基基团。另外，通过微滴方法测试回收前后 T600S、T700S 和 MR60H 碳纤维的界面剪切强度，可发现回收碳纤维与原碳纤维没有明显区别。

采用热重-质谱联用技术对树脂氧化降解产物进行分析，通过对比环氧树脂在氩气和空气气氛中的热重曲线，可发现其第一步热解行为相似。在空气气氛中，树脂分解产生的有机组分被进一步氧化成水和二氧化碳，但仍有 3%左右的有机组分不能被氧化，如乙烯、乙烷、苯、甲苯、苯乙烯等，因此含有有机组分的尾气必须经过进一步燃烧或环保处理后才能排放。

流化床反应器的优点是可以处理污染严重的废料或混合废料，油漆、泡沫夹芯、热塑性树脂以及金属对回收过程没有影响，有机组分会被分解成气体，金属会落在气体分布板的沙子上。回收过程可以实现连续的进料和出料，并得到表面干净无积炭的碳纤维，树脂基体氧化的能量可以被用于回收过程。缺点是回收碳纤维的长度不能太长（＜25 mm），回收碳纤维的力学性能损失严重，这使得该工艺一直未能商业化。

3. 超热蒸汽热解

超热蒸汽热解技术利用超热水蒸气（500～700 ℃）在常压环境下对 CFRP 中的树脂基体进行热解，如图 1-8(c)所示。超热水蒸气可有效降低热解过程中碳纤维的表面损伤，提高再生碳纤维的力学强度保持率，进而回收得到表面洁净的再生碳纤维。此外，不同于传统真空或气氛环境热解，该工艺可回收树脂热解后产生的焦油，进而减少热解过程的气体排放。Boulanghien M. 采用蒸汽热解法在氮气流量为10.8 L/min，蒸汽流量为 90 L/min，温度分别为 400 ℃、500 ℃的条件下对 CFRP 废弃物进行回收。结果表明，温度为 400 ℃时的树脂降解率为 95%，树脂未被完全去除，再生碳纤维单丝抗拉强度保持率为 86.7%；而 500 ℃时树脂降解率高于 99%，树脂完全去除，且再生碳纤维单丝抗拉强度保持率为 95.6%。

4. 微波裂解

传统加热方式是根据热传导、对流和辐射原理使热量从外部传给物料，热量总是由表及里传递，物料中不可避免地存在温度梯度，致使物料出现局部过热而温度分布不均匀。对于碳纤维回收过程，在热解过程中，外部的物料反应完全后，内部的物料还没有完全反应，而内部物料反应完全时，外部物料则氧化严重，尤其是对于体积较大的物料，这种现象更为明显。微波加热是一种物体吸收微波能并将其转换成热能，使自身整体同时升温的加热方式。与传统加热方式不同，微波加热不需要任何热传导过程就能使物料内外部同时升温，加热速度快且均匀，仅需要传统加热方式能耗的几分之一或几十分之一就可达到加热目的，如图 1-8(d)所示。Lester 等用多模微波器处理了 CFRP，将 CFRP 放置在微波反应器中的石英砂上，石英砂上面放有玻璃棉以防纤维被吹出，向腔内不断地吹入氮气使其保持惰性气氛以防止纤维燃烧。实验表明，环氧树脂在微波作用下能够很快升温分解，回收碳纤维单丝抗拉强度为原纤维的 80%，拉伸模量为原纤维的 88%。美国的火鸟先进材料（Firebird Advanced Materials）公司建立了世界上第一个连续化的微波处理中试装置。微波加热对于碳纤维增强环氧树脂聚合物的热解是一种很好的方法，但其他聚合物在微波加热下能否升温还未见文献报道。另外，碳纤维本身在微波的作用下能够升温，但其升高的温度是否能使对微波无响应的聚合物裂解也还不清楚，因而利用微波加热处理混合废弃 CFRP 还需要更深入的研究。Ren Y. 在 500 ℃微波热解 15 min，550 ℃氧化 30 min 后，再生碳纤维的最大抗拉强度为 3042.90 MPa（约为原碳纤维的 99.42%），拉伸模量为 239.39 GPa，回收率约为 96.5%。微波热解和氧化处理后，碳纤维的化学键类型没有明显变化。对于树脂分解产物，气态产物中的主要成分是 CO、CO_2、CH_4、乙烷和乙烯，主要液体成分是苯、苯酚、对异丙基苯酚、双酚 A 和甲基四氢邻苯二甲酸酐。Hao S. 在 450 ℃、550 ℃和 650 ℃的微波热解下，从固化的碳纤维/环氧树脂预浸料中成功回收碳纤维。研究发现，随着热解温度的升高，焦残留物残留在纤维表面的量减少。与原碳纤维相比，回收碳纤维的强度保持 80%以上，且强度保持率下降的情况可以通过降低热解温度来缓解，回收碳纤维表面清洁光滑，表面元素和官能团的轮廓与原碳纤维相似。主要气态产物为 CO、H_2、CO_2，而液体产品包括酚类和芳香族化合物。

1.3.3　化学回收法

化学回收法是指利用溶剂和热的共同作用使聚合物中的交联键断裂，分解成低相对分子质量的聚合物或有机小分子溶解在溶剂中，从而将树脂基体和增强体分离。溶剂法根据所用溶剂的不同分为水解、醇解、糖解和氨解等，在废弃热塑性树脂的回收中广泛应用。例如，聚对苯二甲酸乙二醇酯（PET）的溶剂分解已经是商业化的成熟方法，水解可以生成对苯二甲酸，甲醇醇解可以生成对苯二甲酸二甲酯，采用乙二醇醇解可以生成对苯二甲酸乙二醇酯，产物可以进一步聚合生成新的 PET。但对热固性聚合物来说，由于形成了三维交联网络结构，其溶剂分解过程相对困难。环氧树脂在固化的过程中环氧键发生开环反应，形成交联键后不可能恢复到初始的状态。但利用溶剂法回收 CFRP 仍得到了广泛研究，因为其最大的优势在于能够获得力学性能几乎没有任何损失的碳纤维。在复合材料中使用的环氧树脂的固化剂通常为胺类固化剂，交联键通常为 C—N 键和 C—O 键。溶剂法的关键就是根据树脂基体中的化学键，设计合适的溶剂与催化剂体系使之断裂。根据反应条件和所用试剂不同，溶剂法可以分为硝酸分解法、超/亚临界流体分解法、常压溶剂分解法和熔融碱/盐法、氢化分解法，如图 1-9 所示。

1. 硝酸分解法

硝酸具有很强的氧化性，对酸酐固化的环氧树脂分解效果较差，但可以用于降解胺类固化剂固化的环氧树脂，国际标准 ISO 14127 就是利用浓硝酸在 105 ℃下分解树脂基体来测定 CFRP 中的树脂含量的，其回收原理如图 1-9(a)所示。最早的硝酸分解工作来自日本，Dang 等发现薄荷烷二胺（MDA）固化的双酚 F 环氧树脂在 80 ℃、4 mol/L 硝酸水溶液中处理 100 h 可以完全分解。将分解产物的乙酸乙酯萃取物与双酚 F 环氧树脂混合，再加入苯甲酸酐固化可得到再生环氧树脂，当萃取物质量分数为环氧树脂的 25%时，再生环氧树脂的抗弯强度和抗拉强度甚至超过了原环氧树脂。但 MDA 是一种传统的固化剂，其固化物的力学性能在 160～200 ℃时会发生劣化，因此该研究组在硝酸水溶液中对玻璃纤维增强 DDM 固化的双酚 F 环氧树脂复合材料进行了分解实验，在 80 ℃、4 mol/L 硝酸水溶液中处理 400 h 环氧树脂可以完全分解，同样采用前面的方法制备再生树脂，弯曲模量依旧随萃取物量的增加而升高，而抗弯强度却呈现出先增加后降低的趋势，最大弯曲模量出现在萃取物质量分数为 10%时，但当萃取物质量分数不超过 30%时，抗弯强度依然高于原树脂，因而利用这一方法可以回收环氧树脂的固化物，并实现回收树脂降解产物的再应用。仙北谷英贵等采用硝酸水溶液分解了三种环氧树脂固化物，分别是 DDM 固化的双酚 F 环氧树脂、甲基纳迪克酸酐（MNA）固化的四缩水甘油二氨基二苯甲烷（TGDDM）型环氧树脂以及 4,4′-二氨基二苯砜（DDS）固化的 TGDDM 环氧树脂。结果发现，在 80 ℃下 4 mol/L 和 6 mol/L 硝酸水溶液中，DDM 固化的双酚 F 环氧树脂完全分解的时间分别为 400 h 和 80 h，MNA 固化的 TGDDM 环氧树脂完全分解的时间分别为 250 h 和 80 h，DDS 固化的 TGDDM 环氧树脂完全分解的时间分别为 50 h 和 15 h，C—N 键断裂是树脂分解的主要原因。环氧树脂在低浓度硝酸水溶液中的溶解时间较长，而在高浓度硝酸水溶液中容易产生氮氧化物气体。Lee 等采用流动的硝酸处理了碳纤维（Hankuk 纤维有限公司提供）和玻璃纤维混合增强胺固化环氧树脂复合材料，优化出的硝酸法最佳条件为：反应温度 90 ℃，硝酸水溶液浓度 12 mol/L，分解时间 6 h。在最佳的反应条件下，得到的回收碳纤维单丝抗拉强度损失 2.91%。

硝酸法利用了硝酸的强氧化性和强酸性，可以在低于 100 ℃的低温下分解 CFRP，反应器可以采用聚丙烯（PP）、聚四氟乙烯（PTFE）或搪瓷材料，价格便宜。得到的碳纤维表面干净无积炭残留，碳纤维力学性能损失不大，但处理时间较长，操作危险性比较高，同时会产生一些氮氧化物气体。

2. 超/亚临界流体分解法

超临界流体是指物质在高于其临界温度和压力以上时，气体和液体的性质会趋于类似，最后形成一个均匀流体，其回收原理如图 1-9(c)所示。超临界流体具有液体

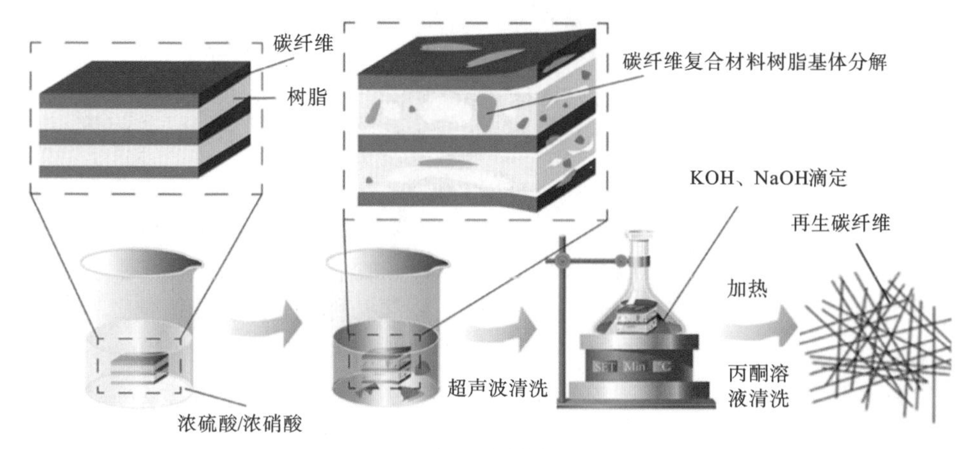

(a) 硝酸分解法

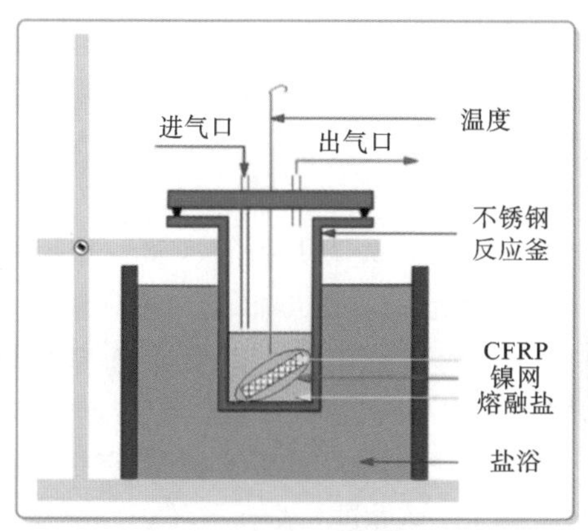

(b) 熔融碱/盐法

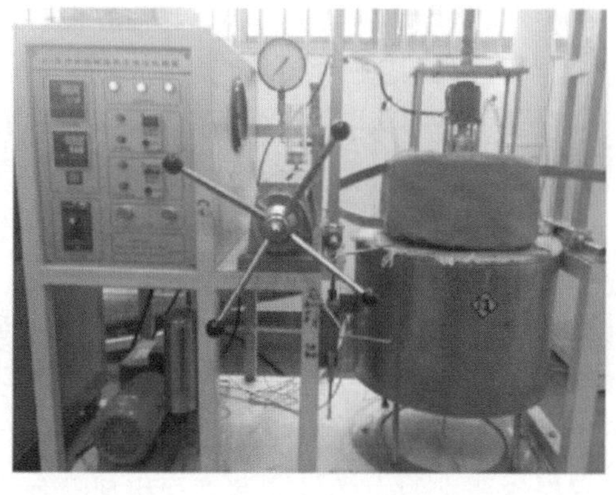

(c) 超/亚临界流体分解法

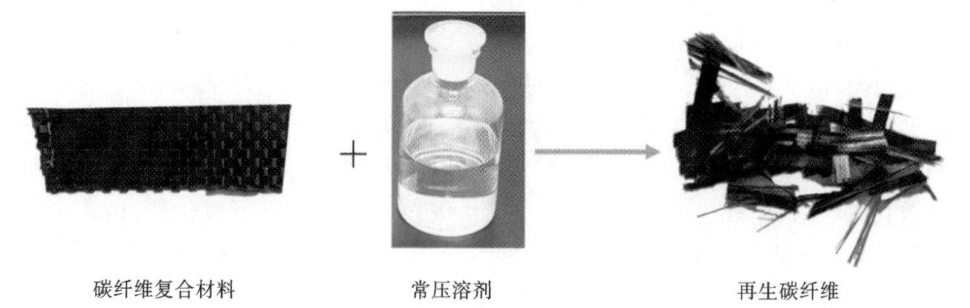

(d) 常压溶剂分解法

图 1-9　基于化学降解法的 CFRP 废弃物回收技术

和气体的综合特点，可以像气体一样压缩，发生泄流，也具有液体的流动性，其密度、黏度和扩散系数均介于气体与液体之间。改变流体的压力和温度，可以微调超临界流体的特性。例如，在温度高于介质沸点但低于临界温度，且压力低于其临界压力的条件下，形成的流体可以称为亚临界流体。超/亚临界流体具有低黏度和高扩散系数，可以促进传质过程，对于聚合物，选择合适的溶剂可以实现化学键的选择性断裂，因而近年来大量应用在聚合物的回收与降解方面。一些缩合聚合物如PET、尼龙(PA)、聚碳酸酯(PC)都可以在超临界流体中分解成单体。而在CFRP回收问题中，超临界流体用于分解环氧树脂也成为研究的热点。

超/亚临界水和醇(甲醇、乙醇、正丙醇等)是最常见的环氧树脂分解介质。超/亚临界流体不仅可用作溶剂，还可以作为反应试剂与聚合物反应，成为产物的一部分，这就避免了加入无机催化剂带来的分离问题。当然，为了进一步降低反应温度和使反应条件温和仍然会加入一些无机催化剂。

1) 超/亚临界水

超/亚临界水除了具备超/亚临界流体的一些优点外，还具有一些其他特点。随着水温的升高，其密度降低，氢键数量降低，导致介电常数迅速下降。其电离常数在近临界条件下增大，自身具备酸碱催化的功能，具有较强的溶解性，因而被认为是一种分解环氧树脂或其复合材料的绿色反应介质。

最早采用超临界水分解环氧树脂的工作是在2000年左右开始的，Fromonteil等在超临界水中通入氧气，在反应温度为410 ℃、压力为24 MPa时，成功地分解了多胺和脂肪胺混合固化的环氧树脂。该过程实质上是一个超临界水氧化过程，降解的液相产物主要有甲醇、环氧乙烷、丙酮、2-丁烯醛、正丁醛、1-丁醇、戊醇、苯酚，气体产物主要有CO_2、CO、CH_4、乙烯、乙烷、丙烯、2-丁烯、乙醇、丙酮和苯等，但没有报道该过程对碳纤维的力学性能和表面组成有何影响。白永平等进一步研究了超临界水氧化回收CFRP过程，在反应温度为440 ℃、压力为24 MPa、反应时间为30 min时可以得到干净的回收碳纤维。当环氧树脂分解率低于96.5%时，回收碳纤维的单丝抗拉强度高于原碳纤维(东丽T300)，但从碳纤维的扫描电子显微镜(SEM)和原子力显微镜(AFM)照片可以看出，其表面仍残留很多树脂。当环氧树脂分解率超过96.5%时，回收碳纤维抗拉强度开始迅速下降，在环氧树脂分解率达100%时回收碳纤维单丝抗拉强度仅为原纤维的62%，这是因为环氧树脂降解率低时表面的树脂并未暴露在氧气中，而环氧树脂被去除干净后，碳纤维在该条件下氧化严重，这也表明超临界水氧化过程并不适合用来回收CFRP。Tagaya小组一直致力于研究Na_2CO_3对超临界水分解各种树脂及其模型化合物的影响，在430 ℃下反应1 h，各种酚类单体收率可达9.9%，而不加Na_2CO_3时只有3.9%。Piñero-Hernanz等考察了温度在250～400 ℃、反应时间为1～30 min、压力为4.0～27.0 MPa时，水对交联碳纤维预浸料的分解作用，纤维为东丽T600碳纤维，基体为MTM28-2环氧树脂。对比不同参数组合的环氧树脂降解效率可发现，温度是影响环氧树脂分解的最重要因素，其次是反应时间,水的加入量影响较小,而是否加入双氧水则影响不大。在400 ℃超临界水条件下反应15.5 min,环氧树脂的去除率可达70%左右,碳纤维表面仍有大量残留树脂,再进一步加入0.5 mol/L KOH,环氧树脂的去除率可达到95.4%,碳纤维表面基本没有树脂残留且纤维没有任何物理损伤。对分解过程进行简单模拟得到的分解曲线遵循二级动力学方程,计算出的分解活化能为35.5 kJ/mol。在不加入KOH的条件下得到的回收碳纤维的单丝抗拉强度可以保持原纤维的90%~98%,远高于热裂解法和微波处理法。在加入催化剂KOH之后树脂分解率可达95.3%,但KOH对碳纤维力学性能的影响则没有提及。环氧树脂基体不同,分解条件也不相同,Knight等分解单层预浸料时,其中的碳纤维为赫氏IM7,环氧树脂基体组分为TGDDM环氧树脂,固化剂为DDS,芳环的交联结构使得在超临界水410 ℃的高温下,当压力为28 MPa、KOH浓度为0.05 mol/L时,反应30 min树脂去除率达到98.6%。

如何提高基体树脂的分解效率并尽可能地保留碳纤维的性能是利用化学方法回收CFRP面临的最主要的科学问题。不管是热分解还是溶剂法回收过程,选择设计不同的反应体系和反应条件是其中的关键。对溶剂法回收来说,针对环氧树脂基体内不同的化学交联键,可以设计不同的溶剂和催化剂来达到分解树脂的目的,因而在反应体系的设计上有了更多的选择。当然,树脂降解产物的影响也是需要考虑的重要因素,因此反应体系和反应条件的选择应该依据这几方面综合考虑。超/亚临界水作为一种绿色介质在分解环氧树脂方面展现出了巨大的潜力,但较大的压力使其间歇操作周期过长,增加了处理时间和处理成本,因此许多研究学者在超/亚临界水中加入各种添加剂或催化剂,期望可以降低环氧树脂的分解温度,提高工艺的实用性。

刘宇艳等在260 ℃的亚临界水介质中加入浓硫酸研究其对分解IPDA固化E-44环氧树脂的影响。反应45 min时,不加催化剂的环氧树脂不分解,加入浓度为1 mol/L的浓硫酸,环氧树脂分解率达到了42.6%。不加浓硫酸和加入浓硫酸时环氧树脂完全分解的时间分别为105 min和90 min,表明浓硫酸对环氧树脂的初始分解过程有较大贡献。回收的碳纤维表面干净,没有裂纹和缺陷,平均抗拉强度为原纤维的98.2%,而加入浓硫酸后回收碳纤维的单丝抗拉强度下降了4.1%,浓硫酸对碳纤维的力学性能有较小的影响。他们还对比了硫酸和KOH催化剂对分解MeTHPA固化环氧树脂的影响,发现两者都可以促进环氧树脂的分解,270 ℃时,KOH的最佳浓度为0.5~1.0 mol/L,降解产物中苯酚及其衍生物占了很大部分,其机理主要是醚键的断裂;而硫酸浓度在0.4 mol/L时效果最好,降解产物除了酚类化合物外还包含酸酐类化合物,醚键和酯键均有不同程度的断裂。但通常情况下,在碱性条件下酯键比醚键更容易发生水解反应,生成的二酸类化合物会和KOH反应生成盐溶于水。王一明等将MeTHPA固化环氧树脂在250 ℃的亚临界水中分解1 h,水相产物先酸化再用乙醚萃取,气相色谱-质谱联用仪(GC-MS)的检测结果表明,水相产物大部分为甲基四氢邻苯二甲酸。但因为是高温反应,醚键也有不同程度的断裂，水相产物中的苯酚和双酚 A 证明了这一点。含有醚键和 C—N 键的胺固化环氧树脂在这一条件下分解率极低，也说明酯键较醚键在碱性条件下更容易断裂。从工艺放大的角度来说，高温强酸反应介质对反应器材质有较高的要求，同时材质还要承受较大的压力，这使得设备的选型成本过高，不利于工业放大化。

一些研究小组和公司进行了工业放大方面的工作，法国波尔多凝聚态材料化学研究所参与了一个由法国 Innoveox 公司领导的回收废弃 CFRP 项目，旨在建立超临界流体回收 CFRP 的中试回收工厂，法国环境与能源控制署(ADEME)作为技术合作伙伴也参与了该研究项目。该研究所建立了一个半连续的超临界水流动反应器，反应温度在水的超临界温度左右，反应时间为 30 min，环氧树脂被降解成了低相对分子质量的有机化合物，SEM 和热重分析(TGA)结果表明，回收得到的碳纤维表面无树脂残留，回收碳纤维的单丝抗拉强度与原纤维相比几乎没有损失。另外，该研究所的 Princaud 等对超临界水回收 CFRP 的环境可行性进行了评估，其所有生态指标的平均数为填埋的 80%左右，当回收产品的价格低于原纤维的 80%时，回收过程具有经济效益。

日本松下电器有限公司建立了一个每批次处理 40 kg FRP(玻璃纤维/不饱和聚酯复合材料)的亚临界水解中试系统，主反应器容积为 2.9 m^3。不饱和聚酯是由二元酸和二元醇缩聚而成的具有酯键和不饱和双键的线型高分子化合物，在聚酯缩合反应结束后，趁热加入一定量的乙烯基单体，配成黏稠的液体得到最终产品。该公司在反应温度为 230 ℃、压力为 2.8 MPa、反应时间为 4 h 的条件下对比了 $CaCO_3$、K_3PO_4、NaOH、KOH 以及不加催化剂时的分解情况，发现 KOH 为催化剂时树脂降解率、二醇及苯乙烯-甲酸共聚物的收率最高，但因为成本等因素更多地使用 NaOH 催化剂。不饱和聚酯和 FRP 复合材料的材料回收率分别可以达到 70%和 80%。回收的二醇与新的二醇以 1∶9 的质量比混合后可以重新聚合生成新的不饱和聚酯。苯乙烯-甲酸共聚物与苄基氯反应后可以作为收缩剂使用，其性能与商业收缩剂相同，而价格却便宜得多。玻璃纤维的价格便宜，因此提高树脂降解产物的附加值以使收益高于处理成本是该过程商业化的关键。

尽管加入强酸或强碱可以提高环氧树脂的分解效率，但这些反应体系都不可避免地会对碳纤维的力学性能造成一定的损害；同时，苛刻的反应条件也使设备腐蚀严重。因此，开发温和且有效的催化体系一直是采用超/亚临界水体系分解 CFRP 面临的主要问题。另外，胺类固化剂尤其是芳香胺固化环氧树脂的降解难度要高于酸酐固化的环氧树脂。我们对碳纤维增强的 DDM 固化环氧树脂复合材料在亚临界水中的分解进行了研究探索，发现在亚临界水中加入 KOH 时，随着反应时间的增加，环氧树脂的分解率有一个加速升高的过程，因为环氧树脂的降解产物主要为苯酚及其同系物，所以生成的酚类物质可能起到促进环氧树脂降解的作用。进一步研究发现，同时加入苯酚和 KOH，其降解效率进一步提高，表明苯酚和 KOH 对于分解这种环氧树脂固化物具有一定的协同作用。通过对苯酚和 KOH 的含量进行优化，发现苯酚与 KOH 的质量比为 10∶1 时，DDM 固化环氧树脂的分解率达到最大值。在 315 ℃下反应 60 min 可以得到表面无积炭和树脂残留的碳纤维，对回收碳纤维进行表征，与原纤维相比，其单丝抗拉强度基本不降低，表面羟基含量增加。

2）超临界醇

尽管超/亚临界水分解环氧树脂的效果不错，但其较高的临界温度(374 ℃)和压力(22.1 MPa)限制了其应用范围。超临界醇原料丰富、价格便宜，具有较低的临界压力(2～7 MPa)和适中的临界温度(200～300 ℃)，重要的是其沸点低，很容易在反应后进行减压蒸馏回收，因而得到了更多关注。超临界醇介质中影响环氧树脂分解的主要因素有反应温度、溶剂类型、反应器类型及催化剂。

对于超临界醇分解 CFRP，研究最多的是英国诺丁汉大学的 Pickering 教授研究小组。他们在 300～450 ℃的间歇式反应器中对比了超临界甲醇、乙醇、1-丙醇和丙酮作为溶剂分解 CFRP 预浸料的效果，环氧树脂基体为双酚 A 环氧树脂与酚醛环氧树脂的混合物，固化剂为 2-乙基-4-甲基咪唑。反应温度为 300 ℃时，丙酮的分解效果最好，450 ℃时，甲醇的分解效果最差。因为环氧树脂在溶剂中与树脂的反应是整个分解反应的速率控制步骤，所以溶剂的溶剂效应是决定反应速率的关键。在这几种溶剂中，丙酮的偶极矩最大，即极性最强，而甲醇在常温下的电离常数最大，这是丙酮活性高、甲醇活性低的原因。丙酮与环氧树脂的希尔德布兰德溶解度参数最接近，这表明溶剂对分解环氧树脂十分重要。综合考虑分解效果和反应压力，发现正丙醇是一个分解环氧树脂的合适介质。对环氧树脂分解反应数据进行动力学模拟，计算出反应活化能为 95.59 kJ/mol。半连续流动反应器中正丙醇回收的东丽 T600、T700 和泰纳克斯的 STS5631 的单丝抗拉强度和拉伸模量基本没有变化，回收的 T600 和 STS5631 表面上有少许小颗粒，X 射线光电子能谱法(XPS)分析结果表明表面氧含量明显降低，尤其是 T700 和 STS5631 回收碳纤维，对 C_{1s} 峰进行分峰拟合后发现这主要是表面 C—OH 的含量降低造成的，表面氧含量降低也使回收碳纤维与环氧树脂的界面剪切强度降低。

徐平来等采用两步法从 CFRP 中回收碳纤维。首先，将复合材料用醋酸进行预处理获得更大的表面积，然后分别用 H_2O_2 和二甲基甲酰胺(DMF)或丙酮的混合溶液对复合材料进行氧化分解，70 ℃处理 30 min 即可实现环氧树脂分解 90%以上，回收碳纤维的单丝抗拉强度可达原纤维的 95%以上。

碱金属催化剂在 PET 的醇解反应中经常使用，其可以明显提高反应速率。环氧树脂固化产物中含有醚键，在醇类溶剂中可以发生醚交换反应，因而许多研究组将碱金属氢氧化物加入醇介质中以促进环氧树脂的分解。例如，Pickering 等发现，与不加催化剂相比，c(KOH)为 0.06 mol/L 时反应温度降低约 100 ℃，但催化剂并非加得越多越好。对反应数据的分析表明，温度在环氧树脂分解过程中起着重要作用，其实质是热裂解反应。超临界异丙醇/KOH 反应体系分解二乙烯三胺固化环氧树脂产物的 GC-MS 分析结果同样表明，异丙醇并没有参与反应过程。这与加入 KOH

的初衷并不相符,对于 KOH 在环氧树脂分解过程中的作用仍需要进行更深入的研究。

在间歇式反应器中,为了保护碳纤维不受损伤,通常不进行搅拌。为了改善传质过程,英国诺丁汉大学采用半连续的流动反应器替代间歇式反应器进行了分解实验,即物料在反应器中,而正丙醇连续流动经过反应器。研究发现,在反应温度为 300 ℃时,环氧树脂去除率可以由 9.4%提高到 93.2%,这也证明了传质过程在环氧树脂分解反应过程中的重要性。另外,半连续的流动反应器可以抑制环氧树脂降解产物的二次降解反应,避免搅拌过程对碳纤维的损坏。Okajima 等对比了超临界甲醇在间歇式反应器和半连续的流动反应器中分解东丽 T300-3000 碳纤维增强甲基六氢苯酐固化环氧树脂复合材料的结果。在间歇式反应器中,树脂在反应温度为 270 ℃、压力为 8 MPa、处理时间为 90 min 时完全分解,回收碳纤维的单丝抗拉强度损失 7%,单丝的界面剪切强度与不含上浆剂原纤维相比降低 20%左右。在半连续的流动反应器中处理的样品尺寸更大,树脂在反应温度为 285 ℃、压力为 8 MPa、处理时间为 80 min 时完全分解,回收碳纤维的单丝抗拉强度损失 9%,单丝的界面剪切强度与不含上浆剂原纤维相比同样降低 20%左右。环氧树脂降解产物的基质辅助激光解吸电离飞行时间质谱(MALDI-TOF/MS)结果表明,树脂主链上的化学键没有断裂,只有交联的酯键发生选择性的断裂。生成的热塑性树脂产物与新的环氧树脂混合再加入固化剂可以制备再生树脂,而树脂的三点抗弯强度却随着再生树脂的加入量增加而逐渐下降。这是因为再生树脂中部分端基反应后变成了甲氧基,不能与环氧基团和酸酐基团发生交联反应。但采用回收碳纤维布制成的复合材料的层间剪切强度与原纤维制成的复合材料相差不多。

与超临界水相比,长碳链的超临界醇(碳链长度大于或等于 3)具有更低的临界压力和更高的临界温度,因而采用超临界醇分解环氧树脂能耗更低,但缺点是醇的安全性比水低。

3. 常压溶剂分解法

采用超/亚临界水和醇处理环氧树脂尽管速度较快,但高压反应只能间歇进行,频繁地升温降温使得处理时间长,不利于工业放大化。采用一些高沸点的溶剂并加入适当的催化剂可以使复合材料中的树脂基体在常压条件下降解为可溶性的物质,避免了高压反应频繁操作的问题,工艺简便,有利于进一步实现产业化,其回收原理如图 1-9(d)所示。日立化成工业株式会社采用苯甲醇和碱金属催化剂降解了酸酐固化的环氧树脂和不饱和聚酯树脂,酯键可以通过与醇的酯交换反应断裂,并溶解在醇溶剂中。碱金属氢氧化物作为催化剂时,在发生酯交换反应的同时,也会生成碳酸盐,这样金属离子不仅起到催化的作用,而采用碱金属盐则只发生酯交换反应,金属离子可以循环使用。对于卤化的环氧树脂,其中的醚键由于卤原子的吸电子性而呈电负性,很容易受到金属离子的攻击而断键。专利 201210086004.7 提到了一种采用聚醚类溶剂或离子液体为溶剂、碱/碱土金属氢氧化物为催化剂处理废旧环氧树脂的方法。例如，将 MeTHPA 固化的环氧树脂投入含有 NaOH 的聚乙二醇中，180 ℃下处理 50 min 环氧树脂即可完全分解。Tersac 等开发了以二乙二醇为溶剂、钛酸四丁酯为催化剂的常压反应体系，反应温度为 245 ℃，反应后的溶剂可通过减压蒸馏回收。钛酸四丁酯是一种常见的酯交换反应催化剂，结果正如预期，该体系在常压下可以分解酸酐固化的环氧树脂。与乙醇胺相比，该体系的降解效率明显偏低，但乙醇胺中的氨基与酯反应生成的酰胺化合物容易结晶，使得降解产物在常温下为固体，很难再次利用。而该体系降解得到的产物为黏状的液体，很容易进行再次利用。树脂降解产物的核磁共振和 MALDI-TOF/MS 表征结果表明，反应机理为酯交换反应，同时也有其他的醇解副反应发生。令人意外的是，对于交联结构中不包含酯键的胺固化环氧树脂，该体系同样可以使其降解，只是相同的条件下需要更长的降解时间(14 h)。环氧树脂中芳基-烷基醚键的断裂是其分解的主要原因，得到的产物同样为黏状的液体，其中包含酚羟基，但有价值的双酚 A 产物很少，因此必须寻找降解产物的其他用途。降解产物中包含酚羟基和脂肪族羟基，可以用来制备聚氨酯，但得到的产物中大多数的羟基来自二乙二醇，羟基值过高(847 mg KOH/g)，因此可以蒸馏出部分二乙二醇或将降解产物作为溶剂用来降解 PET，PET 在降解产物中很快溶解，并且在室温下也没有固体析出，得到的产物羟基值降到了 503 mg KOH/g，再加入水、二甲基环己胺催化剂、泡沫稳定剂和过量的 4,4′-二苯基甲烷二异氰酸酯就可以得到刚性非常好的聚氨酯泡沫。直接用二乙二醇降解 PET 得到的产物在室温下会发生部分固化，另外多元醇产物的官能度为 2，这样得到的泡沫为半刚性的泡沫。该方法的反应条件温和，但反应时间较长。L. Ye 测试苯甲醇/碱性体系回收碳纤维增强环氧树脂，通过苄氧基选择性侵蚀进行酯交换反应，得到小分子酯，然后将酯类用碱性材料皂化；降解后，树脂和苯甲醇发生分层。研究表明，碱性物质与苯甲醇质量比为 40∶1、常压、温度为 10 ℃时最佳降解时间为 195 min，分解效率超过 90%，可获得与原碳纤维相当的氧含量的清洁碳纤维表面。再生碳纤维的抗拉强度高于原始值的 90%。张洋采用苯甲醇回收含酯键的环氧树脂基 CFRP。研究结果表明，在苯甲醇用量为 120 mL、$w(NaOH)∶w(ZnCl_2)=1∶1$、降解温度为 190 ℃的前提下，最佳降解时间为 1 h，较优的降解配方为：NaO 和树脂均为 1 g。降解得到的产物静置分层，上层清液的苯甲醇含量达 99%。环氧树脂的降解机制为：苯甲醇在碱性环境下电离生成苄氧基，苄氧基破坏环氧树脂中的酯键，发生酯交换反应，使酯键断裂实现降解，生成苯甲醇酯以及醇阴离子，苯甲醇酯在碱性环境下发生皂化反应重新生成苯甲醇，酯交换反应和皂化反应重复进行，直至最终降解完成。回收碳纤维与原碳纤维的表面氧碳比、表面光洁程度均在一个水平，回收碳纤维的强度保持率达 97%。

溶剂法回收过程需要使用大量的溶剂，因此工业放大存在许多困难，ATI 公司和日立化成工业株式会社对常压溶剂法回收 CFRP 进行了中试。ATI 开发了一种低温流体技术，采用苯酚作为溶剂并加入一定的催化剂，反应器为标准的常压反应釜，反应温度为 150 ℃，压力为 1 MPa，环氧树脂被转化为液体产物从而分离出碳纤维。利用该装置可从废弃的 F/A-18 战斗机水平稳定器部件和 C-17 运输机机翼后缘面板中回收大部分碳纤维，有痕量的金属残留，但比热裂解法的要少。回收碳纤维的抗拉强度保持率仅为 61%，模量则没有损失；另外，由于没有除掉催化剂，回收碳纤维与树脂的黏合作用非常差。此外，这一回收过程对污染物的耐受性非常差，ATI 公司利用该过程处理第二代航空复合材料时就发现有 20%左右的层间热塑性增韧剂不能溶解，这也是 ATI 公司对该过程不能进一步工业放大的主要原因。

日立化成工业株式会社在 2009 年的第五届高分子材料回收国际研讨会上报道了它们的常压处理 CFRP 成套技术。采用苯甲醇为溶剂，K_3PO_4 为催化剂，反应温度为 185 ℃，常压氮气气氛，主反应器为 2 个 200 L 的反应釜，还包括溶剂回收系统和热能循环利用系统。日本丰桥科学大学利用其提供的回收碳纤维无纺布，采用手糊工艺制备了赛车座椅。

常压分解法主要面临的问题是在处理 CFRP 时，纤维表面很难处理干净，延长反应时间又增加能耗，这可能是由于纤维表面的环氧树脂与纤维的作用力较强，分解较为困难，因此经常需要将处理后的纤维再进行高温溶剂处理或高温热裂解处理。另外，污染严重的废弃复合材料不能得到很好的处理，也使其工业放大困难。

4. 熔融碱/盐法

若一种盐在常温常压下为固体，在温度升高时熔融变成液体，则其称为熔融盐。如果盐在室温下也是液体，则称其为离子液体。事实上，熔融盐也是离子液体的一种。常见的熔融盐是由碱金属或碱土金属的卤化物、碳酸盐、硝酸盐、亚硝酸盐和磷酸盐等组成的。熔融盐在高温下具有稳定性，在较大的温度范围内蒸汽压低、热容量高、黏度低，同时具有溶解各种不同材料的能力，因而被广泛用作热及化学反应介质，其回收原理如图 1-9(b)所示。

熔融碱/盐法是一种将熔融 KOH、NaOH 作为主要组分，在其中加入各种添加剂来分解环氧树脂的方法。通过研究咪唑固化的双酚 A 和酚醛环氧树脂混合物在不同温度熔融 KOH 中的分解行为，可发现在 300 ℃以上时环氧树脂分解速度明显加快，330 ℃时只要 30 min 环氧树脂即可完全分解。回收碳纤维的单丝拉伸结果表明，其单丝抗拉强度和拉伸模量基本不降低；SEM 结果表明，回收碳纤维表面干净无树脂残留；回收碳纤维表面的 XPS 分析结果表明，表面 C—OH 含量减少，COOH 含量增加。对降解产物的分析表明，分解反应主要为热裂解。更重要的是，熔融 KOH 还可以分解废弃 CFRP 中含有的各种污染物，包括玻璃纤维、热塑性塑料、纸、油漆和聚氨酯泡沫等。将这些污染物放入 300 ℃的熔融 KOH 中，可发现玻璃纤维马上分解消失，油漆 1 min 左右消失，聚氨酯泡沫密封剂 3 min 左右消失，热塑性塑料和离型纸的完全分解时间分别为 12 min 和 25 min 左右，均小于复合材料中环氧树脂完全分解所需的时间。这表明该方法可以用来处理污染严重的废弃复合材料，尤其是含有混杂玻璃纤维和碳纤维的复合材料，这也是目前发现的唯一可以去除碳纤维中玻璃纤维的方法。

5. 氢化分解法

供氢溶剂是指能够提供活性氢的溶剂，具有稳定自由基的作用。Braun 等利用四氢化萘和 9，10-二氢蒽的氢转移作用来分解环氧树脂，苯酐固化的环氧树脂在 340 ℃ 下反应 2 h 后 99%以上被分解。环氧树脂的降解机理主要是热解使化学键发生均裂，生成的自由基从供氢溶剂中夺氢。但供氢溶剂的降解效率并不高，这是因为供氢溶剂对此类环氧树脂的化学键没有选择性。酸酐固化的环氧树脂的交联键主要为酯键和醚键，而酯键更容易在碱性条件下发生酯交换反应而断裂。使用四氢化萘与乙醇胺 1∶1(质量比)混合物作为溶剂时，280 ℃下环氧树脂即可完全分解，进一步证明了这一规律。

Sato 等考察了以四氢化萘(供氢溶剂)和十氢化萘(非供氢溶剂)为溶剂，反应温度为 380 ℃、400 ℃和 440 ℃，初始氮气压为 2 MPa，200 mL 高压釜内分解环氧树脂的情况。在 440 ℃时，产物主要为苯酚和异丙苯酚，在无催化剂时单体总收率为 19.2%，而加入 Fe_2O_3-S 催化剂时总收率达到了 36.1%。在反应温度为 380 ℃和 400 ℃时，还有大量的双酚 A 生成，双酚 A 是制备环氧树脂的重要单体。反应温度为 400 ℃时，在不加催化剂的四氢化萘溶剂中双酚 A 收率为 15.5%，而加入 $CaCO_3$、Na_2CO_3 和 Fe_2O_3-S 对于单体收率没有促进作用，在加入 $CaCO_3$ 催化剂的十氢化萘溶剂中双酚 A 收率只有 5.9%，但苯酚和异丙基酚的收率可达到 15.4%，因而控制溶剂的供氢能力十分重要。

供氢溶剂主要通过氢转移过程促进自由基反应的进行，在煤液化、稠油降解和生物质液化等过程中均起到了重要作用，但在分解 CFRP 方面由于反应温度过高，树脂不能可控断裂，其放大实用化较为困难，因而研究较少。

比较不同溶剂回收方法的特点可以看到，超/亚临界流体是一种绿色廉价的回收介质，但反应压力高，必须在高压釜内间歇操作，影响了回收效率与成本。常压溶剂法的操作压力低，可以在常规反应器中操作，但分解环氧树脂的速度较慢，同时溶剂沸点通常较高，不容易进行回收。在所有的方法中，只有熔融碱/盐法可以去除废弃复合材料中的玻璃纤维，同时处理速度较快，但熔融盐难以分离再利用。因此，还需要进一步对其不足之处进行深入研究。随着新技术的蓬勃发展，国内外已有不少公司实现工业化回收，如表 1-2 所示。国内外研究机构回收技术研究如表 1-3 所示。

表 1-2　国内外工业化回收碳纤维现状

公司	技术	年处理量/t
阿尔法复合材料回收有限公司(法国)	蒸汽热解工艺	300
碳转换株式会社(丰田通商，美国)	高温分解	2000
CFK 山谷体育场回收有限公司(德国)	高温分解	1000
库蒂股份公司(意大利)	高温分解	12
ELG 碳纤维有限公司(英国)	高温分解	2000

续表

公司	技术	年处理量/t
日立化成工业株式会社(日本)	溶剂分解	12
卡博雷克碳纤维回收公司(意大利)	高温分解	1000
西格里汽车碳纤维公司(美国)	高温分解	1500
Takayasu 公司	高温分解	60
东丽株式会社(日本)	高温分解	1000
V-Carbon(美国)	溶剂分解	1.7
南通复源新材料科技有限公司(中国)	高温热解	1500

表 1-3 国内外研究机构现有回收技术优势对比

研究机构	关键技术指标				
	研发工艺	树脂基分解率	再生碳纤维抗拉强度保持率	回收过程副产物	再生碳纤维表面清洁度
诺丁汉大学	流化床热解	90%～95%	60%～75%	H_2、CH_4、CO、CO_2、甲苯、乙苯等衍生物	残存积炭
华东理工大学	太阳能热解	80%～90%	80%～90%	H_2、CH_4、CO、CO_2、甲苯、乙苯等衍生物	残存积炭
合肥工业大学	超临界流体溶解	95.6%～99.4%	90%～95%	苯、苯酚及其衍生物	表面清洁
冈山全州大学	微波热解	90%～95%	80%～90%	H_2、CH_4、CO、CO_2、甲苯、乙苯等衍生物	表面清洁
北京化工大学	低温熔盐回收	98%以上	91.7%～95.7%	HCl 等气体	表面清洁
南京工程学院	热活化氧化物半导体回收技术	99%以上	95%以上	H_2O、CO_2	表面清洁

1.4 再生碳纤维的再利用技术

1.4.1 再生碳纤维的特性

CFRP 回收利用的最大亮点在于：回收得到的再生碳纤维可以保持其原始纤维

的大部分性能,可达到原始纤维性能的90%以上,即使在二次利用后依然如此。同时,回收利用工艺成本优势显著,能源消耗大大减少。据美国波音公司推算,回收碳纤维的成本大约是生产原碳纤维的50%～70%,电能消耗量不足生产原始纤维的5%。这些回收得到的再生碳纤维仍然具有极高的再利用价值,其力学强度和电、磁、热性能几乎与原始碳纤维相当,因此可以作为非结构材料使用,例如混凝土掺杂、电磁屏蔽、C/C复合材料、碳纤维增强树脂基高性能复合材料等。

再生碳纤维增强复合材料的性能主要受到再生碳纤维长度及再生碳纤维含量的影响。再生碳纤维长度越长,其作为增强体时性能增强效果越好。但是,长度越长其回收处理效率也越低。在一定范围内,再生碳纤维含量越高,复合材料的性能就越好。然而,再生碳纤维往往蓬松杂乱,不易制得高填料含量的复合材料。因此,在再生碳纤维二次利用过程中,需要根据碳纤维的长度、排列状态等特性选择合适的再利用技术以实现其价值的最大化。

在碳纤维增强复合材料的回收过程中,为了提高回收效率,材料会不可避免地被切割或粉碎成小块,以适合回收工艺。然而,碳纤维的有序排列结构在回收过程中被破坏,因此再生碳纤维与原碳纤维的一个显著不同之处在于:再生碳纤维通常以短簇、蓬松杂乱的形式存在,如图1-10所示。此外,回收碳纤维呈现出蓬松、松散堆积的状态,不同长度的碳纤维缠结成块,无法直接放在侧喂料系统中自动下料。因此,只能采用手动喂料方式,这需要不停地调整挤出速度以保证纤维含量的均匀性。然而,对连续制备过程来说,这是不合适的。

图1-10 原碳纤维与再生碳纤维对比

原碳纤维表面通常有一层上浆剂,以实现纤维和基体更好的界面结合,而多数回收工艺均会导致上浆层被去除,采用热回收方法得到的再生碳纤维表面还会残留少量的积炭,这些因素都造成了再生碳纤维与基体界面结合减弱,大大降低了再生碳纤维的增强效果。因此实现再生碳纤维在复合材料中的再次利用,最大化其价值和性能,是复合材料回收再利用系统中非常重要的一个课题。目前再生碳纤维常作为增强材料和功能材料进行再利用。

1.4.2　再生碳纤维作为增强材料的再利用

1. 在热塑性材料中的应用

经过磨碎机切碎或研磨的再生碳纤维可以被制成短碳纤维（长度＞2 mm）或粉末状碳纤维（长度＜2 mm）。处理后的干碳纤维或预浸渍碳纤维颗粒可以用作热塑性注射成型、挤出成型、混合材料成型、模压成型的填料，从而达到再次利用的效果。

日本研究人员 Takahashi 等使用切碎的 CFRP 废弃物与热塑性塑料制备了再生 CFRP。他们将服役到期的 CFRP 废弃物切割成 1 cm 长的碎料，并通过双轴造粒机将这些碎料与热塑性塑料纤维毡、织物料（包含 ABS 和 PP）直接复合，制备了再生碳纤维体积含量不同（7％、15％、24％、30％）的再生 CFRP 粒料。与原碳纤维增强热塑性塑料相比，这种再生 CFRP 具有几乎相同的力学性能。通过调整注射成型的工艺，生产的再生 CFRP 可用作二级汽车零部件。这种快速、高效、低成本的再利用回收 CFRP 的方法展现出巨大的应用潜力。

在拉挤成型工艺中，首先需要准备原料，选择合适的增强纤维与基体树脂材料。常用的增强纤维包括玻璃纤维、碳纤维、金属纤维等，而常用的基体树脂包括不饱和聚酯树脂、环氧树脂等。由增强纤维制成的连续纤维束通过熔融状态的树脂液，使树脂浸渍后的连续纤维束在牵引装置的牵引力作用下，通过挤压模具进行产品定型，然后进行加热、固化，连续生产长度不限的线性制品。

美国南达科他州矿业技术学院纳米复合材料先进制造中心（CNAM）开发了一种新的再生碳纤维增强 PP 热塑性板材（DiFTs）工艺。该工艺能够生产含有不连续再生碳纤维的板材，并成功地制备出了由 30％再生碳纤维/PP 制成的汽车差速器盖。

通常情况下，热塑性树脂基体的熔体黏度较大，因此碳纤维的浸润和分散都比较困难。这使得实现再生碳纤维在树脂基体中的良好分散成为决定复合材料最终性能的重要因素。为了解决这一问题，热塑性纤维可以预先与再生碳纤维混合，以大大缩短浸润时间，改善基体和再生碳纤维的浸润效果，从而实现再生碳纤维增强体在基体中的良好分散。

日本研究人员 Wei 等采用了一种类似于湿法造纸的技术，将再生碳纤维和尼龙6（PA6）纤维混合制备成碳纤维纸。该技术先将 PA6 纤维和再生碳纤维在水中充分混合搅拌，再经由滤网滤出水后加以干燥，将干燥好的混合纤维层层铺垫制备出最终成品。采用此方法制备的 rCF/PA6 复合材料表现出稳定的抗弯强度和弯曲模量。其中，再生 T300 级碳纤维的复合材料在纤维体积含量为 20％时，抗弯强度和弯曲模量分别达到了 300 MPa 和 15 GPa。

根据研究，再生碳纤维通常来自不同种类碳纤维的产品，因此回收后的再生碳纤维组成较为复杂，不是单一的组分。研究不同种类碳纤维的混合法则具有重要意义。该研究团队采用 T300 级和 T800 级两种再生碳纤维制备复合材料，并研究了混合纤维的增强效果。研究结果表明，混合再生碳纤维和PA6复合材料的弹性模量与弹性强度计算公式如下：

$$\sigma_c = \varphi_f [c_3 \beta \sigma_{T800} + c_4 (1-\beta) \sigma_{T300}] + (1-\varphi_f) E_r \varepsilon_c$$

$$E_c = \varphi_f [c_1 \beta E_{T800} + c_2 (1-\beta) E_{T300}] + (1-\varphi_f) E_r$$

式中：E_c、E_{T800}、E_{T300}、E_r 分别是再生复合材料、T800级再生碳纤维、T300级再生碳纤维和PA6的弹性模量；σ_c、σ_{T800} 和 σ_{T300} 分别是再生复合材料、T800级再生碳纤维和T300级再生碳纤维的强度；ε_c 是PA6最大应力下的应变；φ_f 是混合再生碳纤维的体积分数；β 是T800级再生碳纤维在混合再生碳纤维中的体积分数；c_1（值为0.270）和 c_2（值为0.270）分别是T800级和T300级再生碳纤维在混合增强体中的弹性模量拟合系数；c_3（值为0.340）和 c_4（值为0.398）分别是T800级和T300级在混合增强体中的强度拟合系数。

在复合材料生产中，模压成型工艺是一种古老且拥有无限创新可能的成型工艺。该工艺的流程包括以下步骤：首先准备模具并进行预热，然后将脱模剂均匀涂抹在模具槽内，以防止产品与模具粘连；接下来选择增强纤维、基体树脂与固化剂等原料，并计算所需数量，将原料层层堆叠并预压成形状规整的密实体；随后，在模具内放入塑料气囊与原料密实体，将模具合模并密封紧固，对模具进行加压使原料塑化、树脂固化，将模具放置一段时间冷却后进行脱模，对制品进行清理、打磨。

Szpieg等研究人员使用模压方法制备了PP/rCF复合材料。回收碳纤维由德国Hadeg回收股份有限公司提供，废料在大约1200 ℃的条件下裂解，得到了碳纤维质量分数在95%以上的回收产品，另外约5%为积炭。采用湿法成型造纸工艺制备了回收碳纤维毡，制成的毡与PP膜叠层成三明治结构后进行模压得到PP/rCF复合材料，短纤维无规分布。模压过程会对纤维的长度造成破坏，回收碳纤维的平均长度由0.41 mm变成了0.16 mm。由于树脂不能很好地浸润纤维，样品中存在一定的孔隙，在纤维质量分数为40%的样品中，平均孔隙体积分数为0.58%，另外还存在少量的树脂富集区域。对0°、90°和±45°四个方向截取的样条进行拉伸性能测试，发现材料在面内具有各向同性，抗拉强度约为70 MPa，拉伸模量约为13 GPa，这也与微观模拟的结果一致，蠕变实验表明，材料遵循非弹性材料模型。

在利用模压成型工艺制备碳纤维增强热塑性树脂复合材料的过程中，短碳纤维采用干法或湿法工艺与热塑性树脂成毡。但湿法成型的碳纤维不能过长，干法成型过程同样会对碳纤维的长度造成损害，碳纤维损失较多。另外，热塑性树脂黏度较大，不能很好地浸润纤维，使得复合材料的孔隙率较高，影响了材料的力学性能。为了制备高度对齐的短纤维复合材料，除了使用湿法工艺制备取向毡之外，还可以将短再生碳纤维与热塑性连续纤维进行混纺，制备连续纱线。这种工艺可以利用连续纤维辅助再生碳纤维的取向和定位，在定向方向上获得更好的力学性能。

德国研究人员Hengstermann等报道了使用短碳纤维与连续热塑性纤维（PA6）混合制备复合纱线，如图1-11所示。短碳纤维长度及其与热塑性纤维的混合比例对梳棉工艺及短碳纤维在梳棉网中的取向有重要影响。短碳纤维长度的增加可以改善梳理效果，提高取向度。

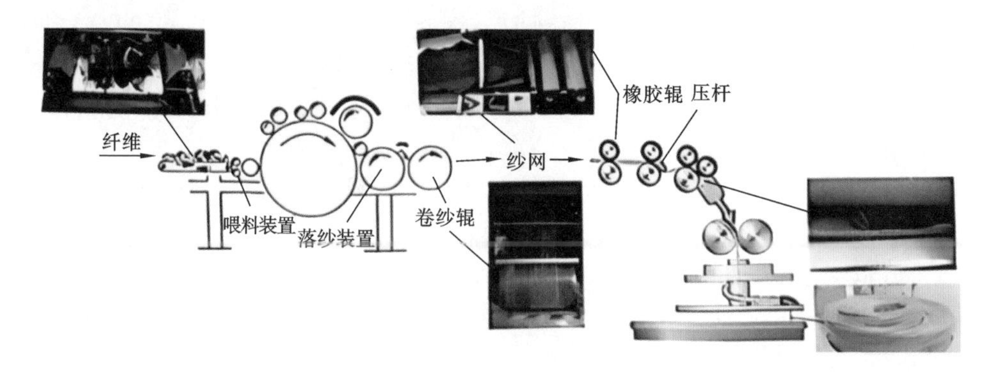

图 1-11　短碳纤维与 PA6 热塑性纤维制备复合材料

混合纱线强度试验结果表明，使用 60 mm 短碳纤维的混合纱线强度增加，捻度增加，纤维体积含量增加。通过研究碳纤维长度、碳纤维类型（即原始或再生碳纤维）、碳纤维体积含量和纱线捻度对单向热塑性复合材料的力学性能的影响，研究人员发现，复合材料中碳纤维长度、纱线捻度和碳纤维体积含量对拉伸性能起着重要作用，纱线捻度的增加会降低抗拉强度。在纤维体积含量为 50% 的条件下，由 40 mm 和 60 mm 的短碳纤维混合纱线制造的 UD 热塑性复合材料的抗拉强度分别为(838±81) MPa 和(801±53) MPa。与长度为 40 mm 的短碳纤维混合纱线相比，由 60 mm 短碳纤维制造的纱线具有更高的取向、更少的毛羽、更高的韧性和更小的伸长率。

较长的纤维排列程度较好，会导致较少的纤维损伤和损失。这将直接增加短碳纤维在纱条和纱线中的总含量，从而提高纱线的力学特性。此外，长碳纤维的存在以及棉条中 PA6 的含量提高，会增强纤维之间的内聚力，从而提高棉条的可纺性。研究表明，纱线中碳纤维的取向、碳纤维的长度以及纱线的捻度会影响 UD 复合材料的最终抗拉强度。总体而言，纤维长度和纱线捻度与开发的复合材料的整体强度成反比关系，因为它们对复合材料中碳纤维的含量和长度以及热压过程中聚合物渗透有影响。

英国研究人员 Akonda 等对传统的梳理和包裹纺纱工艺进行了改进，将再生碳纤维与 PP 纤维混纺制备成纱线，并通过热压方式制备热塑性复合材料。通过调节再生碳纤维和 PP 纤维的比例，可以控制由混纺纱线制成的热塑性复合材料试样中再生碳纤维的体积含量在 15%～27.7% 之间，其中超过 90% 的再生碳纤维取向于同一轴线方向。对于再生碳纤维体积分数为 27.7% 的复合材料试样，其抗拉强度和抗弯强度分别达到 160 MPa 和 154 MPa。由再生碳纤维混纺制备的纱线制成的热塑性复合材料具有良好的力学性能，这种工艺可作为许多非结构应用材料的低成本解决方案。

除了树脂和碳纤维之间的界面作用外，碳纤维的长度、体积分数以及加工工艺参数也会对复合材料的性能产生影响。例如，如果碳纤维长度太短，那么它就无法发挥增强作用。在挤出成型过程中，为了达到最佳的混合效果，需要施加较高的剪切力并保证充分的混合时间，同时要控制温度以避免树脂降解。但是，过高的剪切力会使碳纤维变短，碳纤维在聚合物中的长度就不再是初始长度。此外，碳纤维长度过长会面临喂料和分散的问题，因此合适的长度分布对于复合材料的性能非常重要。通常，在碳纤维增强热塑性复合材料中，碳纤维的长度应该在3～6 mm之间。当然，螺杆组合也需要相应的设计，以在保留碳纤维长度和实现均匀混合之间达到平衡。

目前，在复合材料3D打印技术中，使用较多的是短切纤维增强的热塑性材料。因此，回收碳纤维特别适合应用在3D打印的复合材料体系中。在各种3D打印技术中，能够进行复合材料3D制造的主要有激光选区烧结(selected laser sintering, SLS)、熔融沉积成型(fused deposition modeling, FDM)、分层实体制造(laminated object manufacturing, LOM)以及立体光刻(stereo lithography, SL)。绝大多数回收碳纤维在研磨或切碎后与热塑性树脂混合，被用于注射模塑、团状模塑和片状模塑等成型工艺。由于原理相似，在热塑性树脂中掺杂碳纤维作为增强体进行3D打印的技术也已经日趋成熟，但是把回收得到的碳纤维混合热塑性树脂进行3D打印制造产品，目前只有少量的国外企业进行了验证。

美国Shocker Composites公司将回收得到的碳纤维与ABS复合成颗粒，如图1-12所示，通过挤出成型及3D打印实现了再生纤维制品的大规模打印。他们在商用3D打印机中试用了这种技术，成功制备了立方体、花瓶等多种精美工艺制品，如图1-13所示。

图1-12　再生纤维与热塑性树脂包覆颗粒

图1-13　3D打印立方体及花瓶

3D打印复合材料的树脂以热塑性树脂为主流；增强纤维根据其长度分为短纤维和连续长纤维。其中，热塑性树脂具有加热变软、冷却固化的工艺特性，更易于实现3D打印。而热固性树脂基复合材料的3D打印仍停留在探索阶段。短纤维复合材料虽然在力学性能上不如连续长纤维复合材料，但其 3D 打印技术发展更为成熟。目前，复合材料 3D 打印技术仍以短纤维/热塑性复合材料为主，材料和设备已经实现了商业化。该技术已经成熟地应用于航空复合材料模具制造领域。

美国 Vartega 公司利用航空航天、汽车、风能和体育用品制造过程中产生的废料，生产再生碳纤维，并将回收的碳纤维与热塑性塑料相结合制造出定制的材料。该材料可用于 3D 打印和注塑成型，以生产体育用品和汽车零件为主。目前，Vartega 公司已经研制出了 ABS 基和 PLA 基两款面向业余爱好者的消费级 3D 打印丝束，两款丝束的增强材料均是 Vartega 回收的碳纤维。图 1-14 所示是 Vartega 展示的回收碳纤维 3D 打印丝及其打印机。

图 1-14　回收碳纤维 3D 打印丝及其打印机

2. 在热固性材料中的应用

回收碳纤维与热固性树脂复合可以很好地体现碳纤维的增强作用。为了降低研发成本，回收碳纤维增强热固性树脂基复合材料的成型技术都是基于现有的 CFRP 复合成型技术，并针对回收碳纤维的特点进行开发的。

块状模塑料（bulk molding compound，BMC）是一种利用半干法制备碳纤维增强热固性制品的模压中间材料，由热固性树脂、碳纤维和各种填料在捏合机中预混成糊状物，形成的块状中间体再经模压或注塑形成制品。德国研究人员 Saburow 等基于传统 BMC 生产工艺使用再生碳纤维制备了 rCF-BMC，其生产工艺流程如图 1-15 所示。干碳纤维编织物废料被裁剪成 100 mm×100 mm 的碎块作为增强体，以不饱和片材聚酯-聚氨酯杂化树脂（UPPH）为树脂体系，并加入相应的填料。在 BMC 制备过程中，同时加入 BMC 溶剂，实现树脂基体和碳纤维更均匀的混合，最终通过模压工艺制备了平均纤维体积含量为 42%的再生 CFRP（工艺参数：143.5 ℃，15 MPa，112 s）。将这种再生 CFRP 的力学性能与采用相同纤维、纤维体积含量和树脂体系的原始纤维增强SMC进行比较，结果表明，rCF-BMC复合材料的力学性能与vCF-SMC复合材料相当，但是rCF-BMC复合材料在加工成型过程中需要更高的压力。破坏断面微观形貌分析表明，rCF-BMC复合材料的破坏机制与vCF-SMC复合材料类似，即整个碳纤维束从基体中被拉出或碳纤维与树脂之间的界面受损。rCF-BMC产品如图1-16所示。

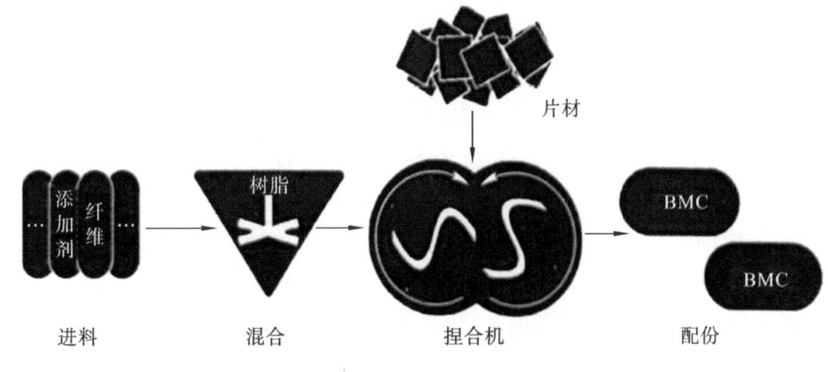

图1-15　rCF-BMC生产工艺流程

图1-16　rCF-BMC产品

该工艺的主要优点在于投资少、生产干扰小，可直接引入现有的生产线。从废弃物产生到再利用的整个生产路线简单且经济合理，有望成为解决碳纤维废料再利用问题的可行方案。未来，可以通过优化纤维废料的尺寸和种类、填料的配方、切割参数、捏炼参数等工艺条件来进一步提升该技术的稳定性和可靠性。

再生碳纤维的应用范围越来越广泛，从粉末碳纤维用于热塑性塑料颗粒注塑，到短纤维作为增强体用于制备无纺布，再到再生连续碳纤维用于制备复材，再生碳纤维的再利用价值越来越高，再生碳纤维制品的性能也越来越好。研究表明，与随机取向的短纤维复合材料相比，高度对齐的短纤维复合材料的抗拉强度可提高90%，在排列方向上的抗拉强度提高超过100%。当将高度对齐的短纤维复合材料与连续纤维复合材料进行比较时，可发现高度对齐的短纤维复合材料保留了94%的抗拉强度，连续纤维复合材料保留了80%的抗拉强度。因此,获得具有与连续纤维复合材料相当的力学性能的短纤维增强复合材料的关键在于纤维排列,迫切需要开发一种普遍适用于再生碳纤维的复材制备工艺方法,以提高纤维的连续性、纤维在复材中的体积含量,控制纤维的取向,使再生碳纤维复材能够用于更高价值的结构件。

碳纤维的取向方法可分为干法取向和湿法取向两大类。干法取向包括使用磁场或电场,而湿法取向则利用流体动力。传统的磁场或电场取向方法虽然能够取得一定的取向效果,但是这些方法不能制备具有足够高取向度的碳纤维和高纤维体积分数的复合材料,这限制了它们在高性能材料中的应用。湿法取向有望成为解决这些问题的方法。湿法取向是利用流体动力学方法将碳纤维悬浮在液体中,并通过会聚喷嘴加速混合物,碳纤维经受流体时速度会产生差异,由此实现取向。

英国的 Pickering 等采用流体法取向技术制备了再生碳纤维取向毡,将不连续的碳纤维分散在甘油中形成悬浮液,通过调整短纤维长度、纤维浓度和分散体系黏度,获得了分散良好的纤维悬浮液。该团队将悬浮液泵送至具有渐缩结构的取向装置,在悬浮液通过渐缩头时速度梯度的作用下,纤维发生取向,制备工艺示意图及渐缩喷嘴细节如图1-17所示。最后,通过抽滤和干燥步骤得到再生碳纤维取向毡。该方法获得的取向毡碳纤维取向度较好,超过90%的碳纤维在±15°范围内。但是,该工艺的连续化程度和生产效率较低,制备的取向毡厚度也较低。在使用0.7 MPa的低成型压力制备复合材料的过程中,再生碳纤维制备的取向毡增强复合材料的纤维体积含量可达46%,比拉伸模量和比抗拉强度分别达到0.057 GPa/(kg/m^3)和0.42 MPa/(kg/m^3)。

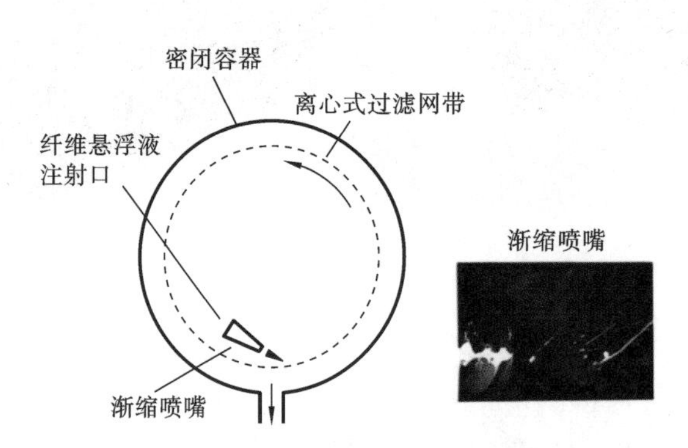

图1-17　制备工艺示意图及渐缩喷嘴细节

英国研究人员 Yu 等开发了一种新的高性能不连续光纤(HiPerDiF)制备方法,进一步提高了不连续碳纤维的取向度。该方法直接将不连续碳纤维分散在水中,然后将碳纤维悬浮液引导到具有窄间隙的平行取向板上,通过液体的动量变化使碳纤维横向于液体流动方向排列,最终可通过集成多个对齐的丝束预成型件来制造预成型件。采用该方法制得的不连续碳纤维取向度较高,67%的碳纤维排列在±3°的范围内。此外,使用低黏度介质水代替甘油作为流体介质,大大缩短了再制造时间,降低了成本,提高了生产效率。他们使用长度为3 mm的碳纤维制备的预制件,成功生产出取向短碳纤维增强环氧复合材料,这些样品的拉伸模量在碳纤维排列方向上可达115 GPa,抗拉强度为1.509 MPa,纤维体积分数为55%。研究结果表明,HiPerDiF方法可以生产高度对齐的短CFRP,其力学性能与连续CFRP相比具有竞争力。

以上两种方法都显示出湿法取向在制备不连续碳纤维取向毡方面的潜力,但其制备的取向毡尺寸和生产效率都未能达到可以工业化的水平。造纸工艺具有路线简单、成本低和可实现大批量生产等优点,其产品碳纤维纸具有广泛的工业应用,如抗静电、电磁干扰(EMI)屏蔽、电阻加热等。

北京化工大学贾晓龙研究团队发明了一种绿色高效的方法,可以制备出具有高取向度的短切碳纤维连续取向毡。该方法使用取向头将短切碳纤维悬浮液分散在传送网带上,并借助传送网带下方的负压抽吸箱,使悬浮液中的水分和分散剂分离,获得湿态的短切碳纤维连续取向毡后再进行干燥和收卷。该装置具有高度自动化程度、可控性强,可以制备出具有高取向度和均匀结构的短切碳纤维连续取向毡,同时具有节能环保、高质量和高效率等优点。这一技术解决了传统制备方法效率低、无法连续和规模化生产的问题,为短切碳纤维取向毡的工业化应用提供了重要的技术保障。

为了支持再生碳纤维取向毡在高性能复合材料中的应用,贾晓龙研究团队提出了一种回收碳纤维预浸料的制备方法。该方法旨在解决回收碳纤维再利用的难题,采用回收碳纤维和生物基有机物分散剂组成的回收碳纤维布,并且使用该分散剂改善回收碳纤维的润湿性,使其更容易被树脂浸渍。此外,该分散剂还能与树脂基体发生反应并形成三维网络结构,从而在纤维增强体附近与树脂基体形成良好的界面结合。制备半浸渍预浸料的过程是先将树脂膜涂覆在回收碳纤维取向布上,然后进行含浸。该过程采用梯度控制温度和压力来有效减小对回收碳纤维布的压力影响,保持碳纤维的长度和取向,并成功制得半浸渍预浸料。半浸渍预浸料能够有效提高气体渗透性,在固化成型阶段可将干碳纤维作为排出气体的通道,在较低压力的成型条件下也能达到较低孔隙率的效果,从而很好地保持回收碳纤维布中短纤维的长度和取向状态,并且能有效控制复合材料的生产成本。该方法为低压成型工艺提供了一种适用的回收碳纤维预浸料制备方法,解决了回收碳纤维制备高性能复合材料的难题,实现了回收碳纤维的二次高效利用。

欧洲研究人员Andrea Fernández等采用树脂膜熔渗工艺(RFI)制备了再生碳纤维增强环氧树脂基复合材料。他们将从碳纤维织物预浸料中热回收到的再生碳纤维作为原料,通过气流展纱技术将再生碳纤维充分展纱,将再生纤维丝束铺放成薄纤维层,然后将其与半固体环氧树脂膜交替铺放,最后放入模具并在热压机中固化。制造的层压板的平均层间剪切强度为(64.3±1.8) MPa,与原始CFRP层压板此项力学性能的下限相当(60 MPa)。

欧洲的研究人员 Oliveux 等使用手工制备方法制备了准单向再生碳纤维增强环氧树脂复合材料。他们从热固性 CFRP 中回收溶剂,得到碳纤维丝束,并将其单向地铺放在模具中,然后使用手工涂布法浸渍环氧树脂,最后进行热压成型。由于再生碳纤维束形态的不规则性,再生碳纤维束并不是完全单向的,如图 1-18 所示。他们评估了不同取向度再生碳纤维束复合材料的力学性能。结果表明,取向度的提高有利于纤维体积含量的提高,纤维抗拉强度也得到提高。对于纤维束角度标准偏差为 ±6°的复合材料,纤维体积分数可达 57.9%,抗拉强度大于 750 MPa。然而,这种手工涂布法制备的准单向再生碳纤维丝束复合材料的层间剪切强度普遍较低,仅约为 40 MPa。

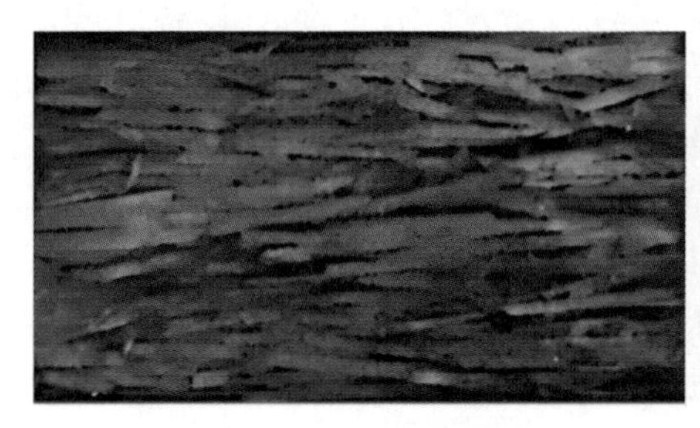

(a) 准单向再生碳纤维丝束

(b) 准单向再生碳纤维丝束取向方向示意

图 1-18　准单向再生碳纤维增强环氧树脂复合材料

德国研究人员 Wölling 等采用短切再生碳纤维制备了无纺毡,并通过热固性树脂传递成型(RTM)工艺与环氧树脂复合成复合材料。RTM 工艺是一种低压液体闭模成型技术,首先准备模具,将加入适量固化剂的液态胶衣树脂均匀涂刷在模具内表面,接着将准备好的增强材料(碳纤维及其织物)通过编织、缠绕等方式制成预成型体放置于模具中,将模具上模与下模合拢并密封紧固,通过静态混合器注入混合均匀的热固性树脂和固化剂溶液到密封模具内,再对其进行固化、脱模,然后加工成制品。研究团队分别通过干法和湿法两种成型工艺来制备再生碳纤维无纺毡。干法成型工艺采用机械梳理原理制备无纺毡,加入少量聚酯黏合剂黏合纤维,以交叉铺网的方式铺垫无纺毡,加以针刺工艺进行最后的无纺毡收卷。湿法成型工艺则采用类似造纸的方法,加入羧甲基纤维素以促进纤维悬浮液分散并作为纤维干燥后的黏结剂。采用干法成型工艺可以实现较高的纤维取向度,因此,这种基于热固性环氧树脂和干法成型再生碳纤维无纺毡的再生复合材料具有优异的力学性能(抗拉强度最大为317.0 MPa,弹性模量为 26.6 GPa,其中纤维体积分数为 25.8%)。

RTM 成型工艺有以下优点:投资较小,使用低吨位压机就能生产规模较大的制品;产品设计灵活,性能稳定,表面光滑;产品生产周期短,劳动强度低;RTM 是闭模生产工艺,制造过程中有毒有害气体挥发小,环境污染小。其缺点是树脂对增强碳纤维的浸渍率不高，可能使产品存在气孔、干斑、富树脂等缺陷，影响制品使用性能和质量；模具型腔中的增强碳纤维需要经受带压树脂的流动和充模过程的压力，可能会被带动甚至冲散，造成制品碳纤维量分布不均，影响力学性能；生产大型制品时，模具模腔面积较大，可能出现树脂溶液流动不均现象，注胶流程工艺参数较难控制。RTM成型工艺常用于制作叶片、机匣、舱门等产品，广泛应用于建筑、交通、电信、卫生、航天航空等领域。该方法生产的CFRP制品在使用过程中容易被污染，适用的CFRP回收技术为热分解法、流体法、流化床氧化法。

1.4.3 再生碳纤维作为功能材料的再利用

1. 电磁屏蔽复合材料

英国的研究人员Wong等采用造纸工艺将再生碳纤维加工成不同面密度的无纺毡，并研究了其在电磁屏蔽方面的应用。相比于双螺杆挤出成型工艺，造纸工艺能够最大限度地保留再生碳纤维的原始长度，使纤维随机分散并相互搭接，更容易形成导电网络，从而提高材料的导电性能。

研究结果显示，将再生碳纤维加工成不同面密度的无纺毡后，其电磁屏蔽效率仅比由原碳纤维制成的毡小12%。采用造纸工艺加工可以最大限度地保持纤维的长度，纤维随机分散并相互搭接，形成导电网络，从而建立良好的纤维分散的互连纤维网络。在一定范围内，纤维长度的变化对屏蔽效果影响不大。当纤维长度在6.4～14.4 mm之间时，只要纤维分散良好，屏蔽效率就不受纤维长度的影响。然而，纤维过长会发生缠结，影响纤维分散。随着面密度的增加，屏蔽效率呈线性增加。此外，相同面密度的双层毡结构至少可以使屏蔽效率提高12%，这是由于薄毡中纤维分散性更好，也存在双波反射机理。

然而，回收碳纤维制成的毡纤维分散性不如原纤维毡。在面密度低于60 g/m^{2}时，屏蔽效率与面密度有很好的线性关系，但当面密度继续增加时，屏蔽效率不再增加甚至减小。这可能是由回收碳纤维长度分布不均匀，其中有较多的长纤维所致。与使用14.4 mm原纤维制成的复合材料相比，使用数均长度为10.8 mm的回收CFRP的屏蔽效率降低了约12%。然而，使用80 g/m^{2}的回收碳纤维毡制成的复合材料的电磁干扰衰减达到了40 dB，完全可以满足美国联邦通信委员会的B级要求。提高电磁屏蔽效率可以通过除去回收碳纤维中的长纤维或改变薄毡的结构实现。此外，将再生碳纤维无纺毡分别布置在玻璃纤维复材的两侧会大大提高其电磁屏蔽性能，并且会发生双波反射机制。这种夹层结构层压板的电磁屏蔽性能至少提高12%，在某些频率下，会达到80%。

北京化工大学贾晓龙研究团队采用造纸法制备了再生碳纤维无纺毡，并将其与环氧树脂复合成高性能复合材料应用于电磁屏蔽材料。该研究中，研究团队通过对多巴胺进行温和氧化聚合，成功制备出聚多巴胺表面改性的再生碳纤维。在再生碳纤维表面引入大量的胺基和酚羟基，可以改善再生碳纤维的亲水性，使其在水中更容易被润湿和分散。因此，使用造纸方法可以轻松获得结构均匀性高的再生碳纤维无纺毡。此外，研究团队还使用多种定量表征手段（如拥挤系数 N、分散系数 β 和分形维数 D）对再生碳纤维在悬浮液中的分散性进行了深入细致的研究，并确定了分散最佳的工艺条件。

通过这种方法制备出的再生 CFRP 具有出色的电磁屏蔽性能，屏蔽效能达到了 40 dB。这主要归因于均匀分散的再生碳纤维形成了良好的导电网络，进一步提升了复合材料的导电率。此外，均匀分散的再生碳纤维与环氧树脂形成了较多的界面，使得微波进入材料内部后发生多次反射，进一步促进了再生 CFRP 的电磁屏蔽的吸收损耗。

西安交通大学田小永研究团队通过 3D 打印工艺制备了碳纤维增强聚乳酸复合材料，并通过改变工艺参数来控制复合材料的屏蔽效能（SE），可控性的关键机制是碳纤维含量、空间分布和取向在加工过程中容易被控制。使用这种方法可以容易地实现合适的屏蔽效能，这有助于保持高的资源利用率。电磁干扰屏蔽（EMIS）材料的复杂几何形状可以在没有模具的情况下快速而廉价地获得，这对于传统工艺是困难的。这些优势使得 3D 打印的碳纤维增强复合材料与其他 EMIS 材料和传统工艺材料相比具有竞争力。为了证明连续碳纤维增强 EMIS 复合材料可以通过这种方法制造复杂的几何形状，研究团队用 3D 打印机器人制造了一个帽子状的外壳，外壳的俯视图和透视图如图 1-19 所示。

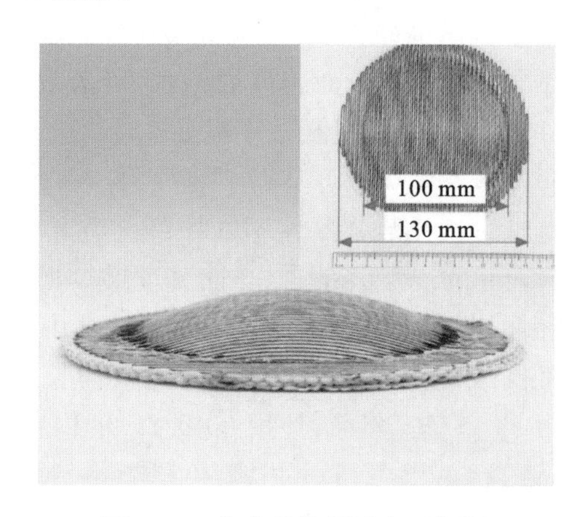

图 1-19　外壳的俯视图和透视图

2. 碳-碳复合材料

为了高效地再利用再生碳纤维，研究人员提出了一种基于再生碳纤维制备 C/C-SiC 刹车片的新方法，如图 1-20 所示。实验结果表明，再生碳纤维与原碳纤维具有相似的晶体结构和抗拉强度，经过热解后，热解炭能够附着在再生碳纤维表面，通过进一步的热解浸渍可将再生碳纤维转化为 C/C 复合材料。热解炭对 C/C 复合材料的致密化率没有明显的负面影响。基于再生碳纤维制备的 C/C-SiC 复合材料在微观结构和抗弯强度方面与原碳纤维组相比没有显著差异。基于再生碳纤维的 C/C-SiC 复合材料在摩擦试验中表现出与原碳纤维组相当的稳定摩擦系数，无论是在 25 ℃下还是在 300 ℃下都保持在 0.4 左右。基于再生碳纤维的 C/C-SiC 复合材料的磨损率为 3.8 μm/min，与基于原碳纤维的 C/C-SiC 复合材料的耐磨损性能相当(4.5 μm/min)。基于再生碳纤维的 C/C-SiC 复合材料可用作制动衬垫应用于自动制动系统。这一研究开辟了再生碳纤维高价值再利用的新途径。

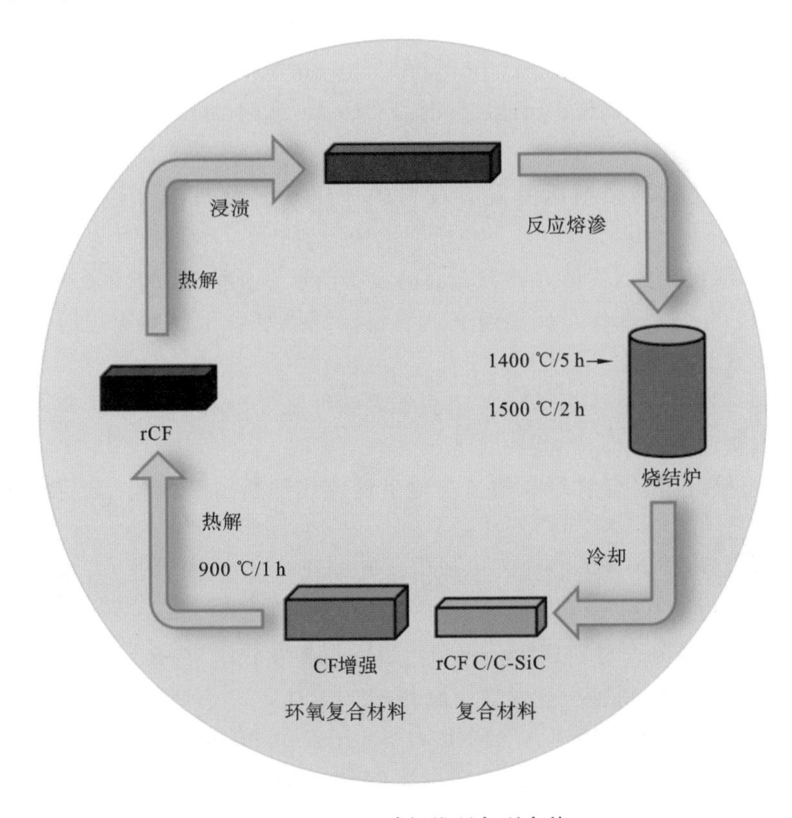

图 1-20　再生碳纤维制备刹车片

参考文献

[1] 贺福. 碳纤维及石墨纤维[M]. 北京：化学工业出版社，2010.

[2] MORGAN P. Carbon fibers and their composites[M]. New York：Taylor &Francis Group，2005.

[3] 周洁，秦琴，王彩. 树脂基复合材料的研究现状及发展趋势[J]. 黑龙江科技信息，2017(13)：50-51.

[4] 邢丽英,包建文,礼崇明,等.先进树脂基复合材料发展现状和面临的挑战[J].复合材料学报,2016,33(7):1327-1338.

[5] 高禹,李洋洋,王柏臣,等.先进树脂基复合材料在航空发动机上的应用及研究进展[J].航空制造技术, 2016(21):16-21.

[6] 张宇,张丽丽.碳纤维复合材料在现代汽车工业领域的应用[J].纤维复合材料,2019,36(3):53-57.

[7] GUO W, BAI S, YE Y, et al. A new strategy for high-value reutilization of recycled carbon fiber: Preparation and friction performance of recycled carbon fiber felt-based C/C-SiC brake pads[J]. Ceramics International,2019,45(13):16545-16553.

[8] 张君红.碳纤维增强树脂基复合材料的应用现状分析[J].建材与装饰,2019(30): 63-64.

[9] 史岩峰.碳纤维在当代体育器材方面的发展前景[J].粘接,2019,40(6):79-81.

[10] 贺冠强,刘永江,李华,等.轨道交通装备碳纤维复合材料的应用[J].机车电传动,2017(2):5-8.

[11] 丁叁叁,田爱琴,王建军,等.高速动车组碳纤维复合材料应用研究[J].电力机车与城轨车辆,2015,38(S1):1-8.

[12] 王媛媛.碳纤维复合材料在轨道车辆上的应用浅析[J].现代制造技术与装备,2019(7): 97-99.

[13] 杨斌.碳纤维产业发展及回收再利用技术现状与展望[R].北京:首届复合材料回收国际论坛暨分会成立大会,2018, 11.

[14] 杨斌. 碳纤维复合材料回收及再利用研究与产业化进展[R]. 上虞: 2016 废塑料及其再生循环利用产业发展交流会, 2016, 1.

[15] WONG K, RUDD C, PICKERING S, et al. Composites recycling solutions for the aviation industry[J]. Science China Technological Sciences, 2017, 60(9): 1291-1300.

[16] GAETA G L, GHINOI S, SILVESTRI F, et al. Innovation in the solid waste management industry: Integrating neoclassical and complexity theory perspectives[J]. Waste Management, 2021, 120: 50-58.

[17] PALMER J, GHITA O R, SAVAGE L, et al. Successful closed-loop recycling of thermoset composites[J]. Composites Part A: Applied Science and Manufacturing, 2009, 40(4): 490-498.

[18] HOWARTH J, MAREDDY S S R, MATIVENGA P T. Energy intensity and environmental analysis of mechanical recycling of carbon fibre composite[J]. Journal of Cleaner Production, 2014, 81: 46-50.

[19] USHIKOSHI K, KOMATSU N, SUGINO M. Recycling of CFRP by

pyrolysis method[J]. Journal of the Society of Materials Science, Japan, 1995: 44(499):428-431.

[20] CHEN K S, YEH R Z, WU C H. Kinetics of thermal decomposition of epoxy resin in nitrogen-oxygen atmosphere[J]. Journal of Environmental Engineering, 1997, 123(10): 1041-1046.

[21] 杨杰.碳纤维增强环氧树脂复合材料在不同氧浓度下热分解行为的研究[D].哈尔滨:哈尔滨工程大学,2014.

[22] HEIL J. Study and analysis of carbon fiber recycling[D]. Raleigh: North Carolina State University,2011.

[23] HEIL J, CUOMO J. Recycled carbon fiber composites[R]. Hamburg: IntertechPira,2009.

[24] PIMENTA S, PINHO S T. The effect of recycling on the mechanical response of carbon fibres and their composites[J]. Composite Structures, 2012,94:3669-3684.

[25] WOOD K. Carbon fiber reclamation:Going commercial[J]. High Performance Composites, 2010,18(2):30.

[26] MEYER L O,SCHULTE K,GROVE-NIELSEN E. CFRP-recycling following a pyrolysis route: Process optimization and potentials[J]. Journal of Composite Materials,2009,43(9):1121-1132.

[27] LÓPEZ F A, MARTÍN M I, ALGUACIL F J, et al. Thermolysis of fibreglass polyester composite and reutilisation of the glass fibre residue to obtain a glass-ceramic material[J]. Journal of Analytical and Applied Pyrolysis, 2012, 93:104-112.

[28] LÓPEZ F A, RODRÍGUEZ O, ALGUACIL F J, et al. Recovery of carbon fibres by the thermolysis and gasification of waste prepreg[J]. Journal of Analytical and Applied Pyrolysis, 2013, 104: 675-683.

[29] TOMMASO C, GIACINTO C, SERGIO G. Method and apparatus for recovering carbon and/or glass fibers from a composite material: WO2003089212[P]. 2003-4-17.

[30] CORNACCHIA G, GALVAGNO S, PORTOFINO S, et al. Carbon fiber recovery from waste composites: An integrated approach for a commercially successful recycling operation[C]. International SAMPE Technical Conference,Baltimore,2009.

[31] GRECO A,MAFFEZZOLI A,BUCCOLIERO G,et al. Thermal and chemical treatments of recycled carbon fibres for improved adhesion to polymeric matrix[J]. Journal of Composite Materials, 2012,47(3):369-377.

[32] SHI J,KEMMOCHI K,BAO L M. Research in recycling technology of fiber reinforced polymers for reduction of environmental load: Optimum decomposition conditions of carbon fiber reinforced polymers in the purpose of fiber reuse[J]. Advances in Materials Research,2012, 343-344:142-149.

[33] SHI J,BAO L M,KEMMOCHI K, et al. Reusing recycled fibers in high-value fiber-reinforced polymer composites: Improving bending strength by surface cleaning[J]. Composites Science and Technology,2012,72:1298-1303.

[34] YE S Y,BOUNACEUR A,SOUDAIS Y,ct al. Parameter optimization of the steam thermolysis: A process to recover carbon fibers from polymer-matrix composites[J]. Waste and Biomass Valorization,2013,4:73-86.

[35] 罗益锋.碳纤维复合材料废弃物的回收与再利用技术发展[J].纺织导报,2013,12:6-39.

[36] MIZUGUCHI J,TSUKADA Y,TAKAHASHI H. Recovery and characterization of reinforcing fibers from fiber reinforced plastics by thermal activation of oxide semiconductors[J]. Materials Transactions,2013,54(3) :384-391.

[37] NAHIL M A, WILLIAMS P T. Recycling of carbon fibre reinforced polymeric waste for the production of activated carbon fibres[J]. Journal of Analytical and Applied Pyrolysis,2011,91: 67-75.

[38] ABDOU T R, JUNIOR A B B, ESPINOSA D C R, et al. Recycling of polymeric composites from industrial waste by pyrolysis: Deep evaluation for carbon fibers reuse[J]. Waste Management, 2021, 120:1-9.

[39] CUNLIFFE A M,JONES N,WILLIAMS P T. Recycling of fibre-reinforced polymeric waste by pyrolysis: Thermo-gravimetric and bench-scale investigations[J]. Journal of Analytical and Applied Pyrolysis, 2003, 70: 315-338.

[40] YIP H L H,PICKERING S J,RUDD C D. Characterisation of carbon fibres recycled from scrap composites using fluidised bed process[J]. Plastics Rubber and Composites, 2002,31(6):278-282.

[41] PICKERING S J,KELLY R M, KENNERLEY J R, et al. A fluidised-bed process for the recovery of glass fibres from scrap thermoset composites[J]. Composites Science and Technology, 2000,60:509-523.

[42] BOULANGHIEN M, MILI M R, BERNHART G, et al. Mechanical characterization of carbon fibres recycled by steam thermolysis[J]. Advances in Materials Science and Engineering, 2018, 2018:1-10.

[43] JIANG G,PICKERING S J,WALKER G S,et al. Surface characterisation of carbon fibre recycled using fluidised bed[J]. Applied Surface Science,2008,

254:2588-2593.
[44] JIANG G, PICKERING S J, WALKER G S, et al. Soft ionisation analysis of evolved gas for oxidative decomposition of an epoxy resin/carbon fibre composite [J]. Thermochimica Acta,2007,454:109-115.
[45] LESTER E,KINGMAN S,WONG K H,et al. Microwave heating as a means for carbon fibre recovery from polymer composites: A technical feasibility study[J]. Materials Research Bulletin,2004,39:1549-1556.
[46] HUNTER T. A recycler's perspective on recycling CFRP production scrap [R]. Hamburg:IntertechPira,2009.
[47] REN Y, XU L, SHANG X, et al. Evaluation of mechanical properties and pyrolysis products of carbon fibers recycled by microwave pyrolysis[J]. ACS Omega, 2022, 7(16):13529-13537.
[48] HAO S, HE L, LIU J, et al. Recovery of carbon fibre from waste prepreg via microwave pyrolysis[J]. Polymers, 2021, 13(8): 1231.
[49] DANG W R, KUBOUCHI M, YAMAMOTO S, et al. An approach to chemical recycling of epoxy resin cured with amine using nitric acid[J]. Polymer,2002,43:2953-2958.
[50] DANG W R,KUBOUCHI M,SEMBOKUYA H, et al. Chemical recycling of glass fiber reinforced epoxy resin cured with amine using nitric acid[J]. Polymer,2005,46:1905-1912.
[51] 仙北谷英贵,山本秀朗,党伟荣,等.环氧树脂及固化剂的化学结构对环氧树脂回收的影响[J].网络聚合物材料通讯,2002,23(4):178-186.
[52] LEE S H,CHOI H O,KIM J S,et al. Circulating flow reactor for recycling of carbon fiber from carbon fiber reinforced epoxy composite[J]. Korean Journal of Chemical Engineering, 2011,28(1):449-454.
[53] BRAUN D,GENTZKOW W,RUDOLF A P. Hydrogenolytic degradation of thermosets[J]. Polymer Degradation and Stability,2001,74:25-32.
[54] SATO Y,KONDO Y,TSUJITA K, et al. Degradation behaviour and recovery of bisphenol-A from epoxy resin and polycarbonate resin by liquid-phase chemical recycling[J]. Polymer Degradation and Stability,2005,89:317-326.
[55] GOTO M. Chemical recycling of plastics using sub- and supercritical fluids [J]. Journal of Supercritical Fluids,2009,47:500-507.
[56] FROMONTEIL C,BARDELLE P,CANSELL F. Hydrolysis and oxidation of an epoxy resin in sub- and supercritical water[J]. Industrial &Engineering Chemistry Research,2000,39:922-925.
[57] BAI Y P, WANG Z, FENG L Q. Chemical recycling of carbon fibers

reinforced epoxy resin composites in oxygen in supercritical water[J]. Materials and Design, 2010,31:999-1002.
[58] SHIBASAKI Y, KAMIMORI T, KADOKAWA J, et al. Decomposition reactions of plastic model compounds in sub- and supercritical water[J]. Polymer Degradation and Stability,2004,83:481-485.
[59] TAGAYA H, SHIBASAKI Y, KATO C, et al. Decomposition reactions of epoxy resin and polyetheretherketone resin in sub-and supercritical water[J]. Journal of Material Cycles and Waste Management, 2004, 6: 1-5.
[60] PIÑERO-HERNANZ R, DODDS C, HYDE J, et al. Chemical recycling of carbon fibre reinforced composites in nearcritical and supercritical water[J]. Composites Part A—Applied Science and Manufacturing,2008,39:454-461.
[61] KNIGHT C C, ZENG C C, ZHANG C,et al. Recycling of woven carbon-fibre-reinforced polymer composites using supercritical water[J]. Environmental Technology,2012,33(6):639-644.
[62] LIU Y Y, SHAN G H, MENG L H. Recycling of carbon fibre reinforced composites using water in subcritical conditions[J]. Materials Science and Engineering A—Structural Materials Properties Microstructure and Processing,2009,520:179-183.
[63] LIU Y Y, KANG H J,GONG X Y,et al. Chemical decomposition of epoxy resin in near-critical water by an acid-base catalytic method[J]. RSC Advances,2014,4:22367-22373.
[64] 王一明,刘杰,吴广峰,等.亚临界水介质回收酸酐固化环氧树脂/碳纤维复合材料[J].应用化学,2013,30(6):643-647.
[65] MORIN C, LOPPINET-SERANI A,CANSELL F,et al. Near- and supercritical solvolysis of carbon fibre reinforced polymers (CFRPs) for recycling carbon fibers as a valuable resource: State of the art[J]. Journal of Supercritical Fluids, 2012,66:232-240.
[66] PRINCAUD M, AYMONIER C, LOPPINET-SERANI A, et al. Environmental feasibility of the recycling of carbon fibers from CFRPs by solvolysis using supercritical water[J]. ACS Sustainable Chemistry & Engineering,2014,2:1498-1502.
[67] NAKAGAWA T. FRP recycling technology using sub-critical water hydrolysis[J]. JEC Composites,2008,40:56-59.
[68] LIU Y,LIU J,JIANG Z W,et al. Chemical recycling of carbon fibre reinforced epoxy resin composites in subcritical water: Synergistic effect of phenol and KOH on the decomposition efficiency[J]. Polymer Degradation and Stability,

2012,97:214-220.
[69] PIÑERO-HERNANZ R, GARCÍA-SERNA J, DODDS C, et al. Chemical recycling of carbon fibre composites using alcohols under subcritical and supercritical conditions[J]. Journal of Supercritical Fluids,2008,46:83-92.
[70] JIANG G,PICKERING S J,LESTER E H, et al. Characterisation of carbon fibres recycled from carbon fibre/epoxy resin composites using supercritical *n*-propanol[J]. Composites Science and Technology,2009,69:192-198.
[71] LI J,XU P L,ZHU Y K,et al. A promising strategy for chemical recycling of carbon fiber/ thermoset composites:Self-accelerating decomposition in a mild oxidative system[J]. Green Chemistry,2012,14:3260-3263.
[72] XU P L,LI J,DING J P. Chemical recycling of carbon fibre/epoxy composites in a mixed solution of peroxide hydrogen and N,N-dimethylformamide[J]. Composites Science and Technology,2013,82:54-59.
[73] JIANG G,PICKERING S J,LESTER E H,et al. Decomposition of epoxy resin in supercritical isopropanol[J]. Industrial & Engineering Chemistry Research, 2010,49:4535-4541.
[74] OKAJIMA I,HIRAMATSU M,SHIMAMURA Y,et al. Chemical recycling of carbon fiber reinforced plastic using supercritical methanol[J]. Journal of Supercritical Fluids,2014,91:68-76.
[75] 柴田胜司,清水浩,松尾亚矢子,等. 处理环氧树脂固化产物的方法:CN1434838A[P]. 2000-10-05.
[76] 周茜,杨鹏,李小阳,等. 用溶剂回收废旧热固性树脂及其复合材料的方法:CN102617885B[P]. 2014-08-13.
[77] YANG P,ZHOU Q,YUAN X X,et al. Highly efficient solvolysis of epoxy resin using poly (ethylene glycol)/NaOH systems[J]. Polymer Degradation and Stability,2012,97: 1101-1106.
[78] GERSIFI E K, DESTAIS-ORVOEN N, DURAND G, et al. Glycolysis of epoxide-amine hardened networks I—Diglycidyl ether/aliphatic amines model networks[J]. Polymer,2003,44: 3795-3801.
[79] DESTAIS-ORVOEN N,DURAND G, TERSAC G. Glycolysis of epoxide-amine hardened networks II—aminoether model compound[J]. Polymer,2004, 45:5473-5482.
[80] GERSIFI E K,DURAND G,TERSAC G. Solvolysis of bisphenol A diglycidyl ether/anhydride model networks[J]. Polymer Degradation and Stability, 2006,91:690-702.
[81] YE L, WANG K, FENG H, et al. Recycling of carbon fiber-reinforced epoxy

resin-based composites using a benzyl alcohol/alkaline system[J]. Fibers and Polymers, 2021, 22: 811-818.

[82] 张洋,张隽爽,马崇攀,等.碳纤维增强含酯键环氧树脂基复合材料的化学降解与回收[J].复合材料学报,2023,40(9):4397-4405.

[83] NAKAGAWA M,KURIYA H,SHIBATA K. Characterization of CFRP using recovered carbon fibers from waste CFRP[C]//5th International Symposium on Feedstock and Mechanical Recycling of Polymeric Materials, Chengdu, 2009:241-244.

[84] 唐涛,刘杰,姜治伟,等.一种熔融浴及用其回收热固性环氧树脂或其复合材料的方法:CN102115547A[P].2011-07-06.

[85] NIE W D, LIU J, LIU W B, et al. Decomposition of waste carbon fiber reinforced epoxy resin composites in molten potassium hydroxide[J]. Polymer Degradation and Stability,2015,111:247-256.

[86] WANG D W W, WANG B M,DUAN C B. Current status of carbon fiber fishing rod production and status of recycling technology [J]. Synthetic Fiber in china, 2019,48(1):25-27.

[87] SARKER M, HADIGHEH S A,DIAS D C, et al. A performance-based characterization of CFRP composite deterioration using active infrared thermography[J]. Composite Structures,2020,241:12134.

[88] HADIGHEH S A, WEI Y, KASHI S,et al. Optimization of CFRP composite recycling process based on energy consumption, kinetic behavior and thermal degradation mechanism of recycled carbon fiber [J]. Journal of Cleaner Production, 2021, 292: 125994.

[89] ZHAO Q, JIANG J, LI C B, et al. Efficient recycling of carbon fibers from amine-cured CFRP composites under facile condition[J]. Polymer Degradation and Stability,2020,179:109268.

[90] JIANG G, PICKERING S J. Structure-property relationship of recycled carbon fibres revealed by pyrolysis recycling process[J]. Journal of Materials Science,2016,51(4):1949-1958.

[91] TAKAHASHI J, MATSUTSUKA N, OKAZUMI T, et al. Mechanical properties of recycled CFRP by injection molding method[C]//ICCM-16, Japan Society for Composite Materials,Kyoto,Japan,2007.

[92] WEIL H, NAGATSUKA W, LEE H, et al. Mechanical properties of carbon fiber paper reinforced thermoplastics using mixed discontinuous recycled carbon fibers[J]. Advanced Composite Materials, 2018,27(1):19-34.

[93] SZPIEG M, WYSOCKI M, ASP L E. Reuse of polymer materials and carbon

fibers in novel engineering composite materials[J]. Plastics Rubber and Composites, 2009,38(9/10):419-425.

[94] GIANNADAKIS K, SZPIEG M, VARNA J. Mechanical performance of a recycled carbon fiber/PP composite[J]. Experimental Mechanics, 2011, 51: 767-777.

[95] SZPIEG M, GIANNADAKIS K, ASP L E. Viscoelastic and viscoplastic behavior of a fully recycled carbon fiber-reinforced maleic anhydride grafted polypropylene modified polypropylene composite[J]. Journal of Composite Materials,2012, 46(13):1633-1646.

[96] HENGSTERMANN M, HASAN M B, ABDKADER A, et al. Development of a new hybrid yam construction from recycled carbon fibers(r-CF)for high-performance composites. Part-Ⅱ: Influence of yarn parameters on tensile properties of composites [J]. Textile Research Journal, 2017, 87 (13): 1655-1664.

[97] HENGSTERMANN M, RAITHEL N, ABDKADER A, et al. Development of new hybrid yarn construction from recycled carbon fibers for high performance composites. Part-I: basic processing of hybrid carbon fiber/polyamide 6 yarn spinning from virgin carbon fiber staple fibers[J]. Textile Research Journal,2016,86(12):1307-1317.

[98] HENGSTERMANN M, HASAN M, ABDKADER A, et al. Influence of fiber length and preparation on mechanical properties of carbon fiber/polyamide 6 hybrid yarns and composites[J]. Fibers & Textiles in Eastern Europe, 2016(5):55-62.

[99] AKONDA M H, LAWRENCE C A, WEAGER B M. Recycled carbon fiber-reinforced polypropylene thermoplastic composites[J]. Composites Part A: Applied Science and Manufacturing,2012,43(1):79-86.

[100] YI X,TAN Z J,YU W J,et al. Three-dimensional printing of carbon/carbon composites by selective laser sintering[J]. Carbon,2016,96:603-607.

[101] EAFKA J,ACKCRMANN M,BOBEK J,et al. Use of composite materials for FDM 3D print technology[J]. Materials Science Forum, 2016, 862: 174-181.

[102] ZHANG F,WEI M,VISWANATHAN V V,et al. 3D printing technologies for electrochemical energy storage [J]. Nano Energy,2017,40:418-431.

[103] PAN Y,ZHAO X,ZHOU C, et al. Smooth surface fabrication in mask projection based stereolithography [J]. Journal of Manufacturing Processes, 2012,14:460-470.

[104] PERRIN D, LEROY E, CLERC L. Treatment of SMC composite waste for recycling as reinforcing fillers in thermoplastics [J]. Macromolecular Symposia, 2005, 221: 227-236.

[105] ZHOU W D, CHEN J S. 3D printing of carbon fiber reinforced plastics and their applications[J]. Materials Science Forum, 2018, 913: 558-563.

[106] GARDINER G. Sustainable, inline recycling of carbon fiber[EB/OL]. http://www.compositesworld.com/blog/post/sustainable-inline-recycling-of-carbon-fiber.

[107] 明越科,段玉岗,王奔. 高性能纤维增强树脂基复合材料 3D 打印[J]. 航空制造技术,2019,62(4):34-38.

[108] 毕向军,田小永,张帅,等. 连续纤维增强热塑性复合材料 3D 打印的研究进展[J]. 工程塑料应用,2019,47(2):142-146.

[109] BLOK L G, LONGANA M L, YU H, et al. An investigation into 3D printing of fiber reinforced thermoplastic composites [J]. Additive Manufacturing, 2018, 22: 176-186.

[110] SABUROW O, HÜTHER J, MAERTENS R, et al. A direct process to reuse dry fiber production waste for recycled carbon fiber bulk molding compounds [J]. Procedia CIRP, 2017, 66: 265-270.

[111] PICKERING S J, TURNER T A, MENG F, et al. Developments in the fluidised bed process for fiber recovery from thermoset composites[C]// 2nd Annual Composites and Advanced Materials Expo, CAMX 2015, Dallas, 2015: 2384-2394.

[112] YU H, POTTER K D, WISNOM M R. A novel manufacturing method for aligned discontinuous fiber composites(high performance-discontinuous fiber method)[J]. Composites Part A: Applied Science and Manufacturing, 2014, 65: 175-185.

[113] 贾晓龙,李燕杰,罗国昕,等. 一种短切纤维分散体及其制备方法: CN105818398A[P]. 2016-08-03.

[114] 贾晓龙,李燕杰,罗国昕,等. 一种短切纤维取向毡的制备方法: CN105178090A[P]. 2015-12-23.

[115] 贾晓龙,罗国昕,李燕杰,等. 一种制备短切纤维连续取向毡的方法及装置: CN106758481A[P]. 2017-05-31.

[116] 贾晓龙,还献华,罗锦涛,等. 一种回收碳纤维预浸料的制备方法: CN109651635A[P]. 2019-04-19.

[117] FERNÁNDEZ A, LOPES C S, GONZÁLEZ C, et al. Characterization of carbon fibers recovered by pyrolysis of cured prepregs and their reuse in new

composites[J]. Recent Developments in the Field of Carbon Fibers, 2018:103.

[118] OLIVEUX G,BAILLEUL J L,GILLET A, et al. Recovery and reuse of discontinuous carbon fibers by solvolysis realignment and properties of remanufactured materials[J]. Composites Science and Technology, 2017, 139:99-108.

[119] WÖLLING J,SCHMIEG M,MANIS F, et al. Nonwovens from recycled carbon fibers comparison of processing technologies[J]. Procedia CIRP, 2017,66:271-276.

[120] WONG K H,PICKERING S J,RUDD C D. Recycled carbon fiber reinforced polymer composite for electromagnetic interference shielding[J]. Composites Part A:Applied Science and Manufacturing, 2010,41(6):693-702.

[121] HUAN X, SHI K, YAN J, et al. High-performance epoxy composites prepared using recycled short-carbon fiber with enhanced dispersibility and interfacial bonding through polydopamine surface-modification [J]. Composites Part B:Engineering,2020:107987.

[122] YIN L X. Characterizations of continuous carbon fiber-reinforced composites for electromagnetic interference shielding fabricated by 3D printing[J]. Applied Physics A, 2019, 125(4):1-11.

[123] GUO W,BAI S,YE Y, et al. A new strategy for high-value reutilization of recycled carbon fiber preparation and friction performance of recycled carbon fiber felt-based C/C-Si C brake pads[J]. Ceramics International,2019,45(13):16545-16553.

第2章　氧化物半导体热活化回收机理、工艺及技术

现有CFRP废弃物回收方法存在树脂基体分解率低、再生碳纤维力学性能下降严重、回收过程对环境造成二次污染等问题。为了实现CFRP废弃物高效、高值、绿色回收，本章提出并系统性研究了氧化物半导体热活化回收工艺。首先，阐明了氧化物半导体的热活化特性，分析了回收环境下CFRP废弃物的结构破坏；然后，将热活化态的氧化物半导体用于CFRP废弃物的回收，分析其回收机理。为了实现回收过程中工艺参数的预估，建立了回收动力学模型并在此基础上进一步讨论了回收工艺参数对树脂分解率、再生碳纤维性能的作用规律，建立了树脂分解率与工艺参数的量化关系，优化了回收工艺路线。最后，基于氧化物半导体热活化回收原理分别设计、开发了针对不同类型废弃物的回收装备样机。本章的研究内容为最终建立由碳纤维生产到碳纤维回收再到再制造应用的循环链，实现CFRP废弃物的精细化回收与精深再利用奠定基础，为推动碳纤维在全生命周期内总成本的降低与复合材料的可持续应用提供技术支撑。

2.1　氧化物半导体的热活化特性

氧化物半导体的结晶形态有金红石型、锐钛矿型以及板钛矿型三种形式，但工业上可利用的只有金红石型和锐钛矿型，两者都属于正方晶系。氧化物半导体早期主要用作工业颜料，近些年的研究发现，纳米级氧化物半导体在能量的激发下具有较强的氧化分解能力。本节首先分析了氧化物半导体氧化分解的基本原理，结合实验进一步探讨了热激发条件下氧化物半导体的氧化分解能力的来源和控制方法，本节的研究内容为氧化物半导体热活化回收CFRP奠定理论基础。

2.1.1　氧化物半导体的氧化分解原理

半导体由电子填充的价带、没有电子填充的导带以及隔离两者的禁带组成。构成共价键的电子是填充价带的电子，电子摆脱共价键的过程，从能带来看，就是电子离开价带从而在价带中留下空的能级(空穴)，摆脱束缚的电子进入导带，电子摆脱共价键而形成一对电子-空穴的过程，从能带图上看，就是电子从价带到导带的量子跃迁过程。半导体中电子跃迁交换的能量可以是热运动的能量，称为热跃迁，也可以是

光能,称为光跃迁。

电子做光跃迁过程中,光子的能量 $h\nu$ 必须等于或大于半导体的禁带宽度 E_g,此时价带中的电子向导带跃迁,从而在价带中形成空穴(正空),如图 2-1 所示。若导带的电子和价带的空穴相遇,电子可以从导带落入价带的空穴,使半导体恢复到原来稳定的状态,也就是说,空穴具有很强的电子吸引力,即具有很强的氧化能力。光催化剂正是利用了这个特性使附着在半导体表面的有机化合物得到分解,但其分解的能力是微乎其微的。

导带的电子和空穴相遇,电子会从导带落入空穴,这个过程称为电子-空穴的复合,显然复合过程是与产生过程相对立的变化过程,复合过程将使一对电子和空穴消失,因此,在半导体中产生过程与复合过程同时存在,如图 2-2 所示。如果产生过程超过复合过程,那么电子和空穴将增加,如果复合过程超过产生过程,则电子和空穴将减少,如果没有光照射,温度又保持稳定,则半导体将在产生和复合的基础上形成热平衡。光照射半导体时只产生表面的激发,大量的电子-空穴对产生后会马上复合,从而无法提取到自由状态的空穴和电子,即使光的强度提高,价带中也只能产生少量的空穴,因此,半导体的氧化分解能力被削弱了。

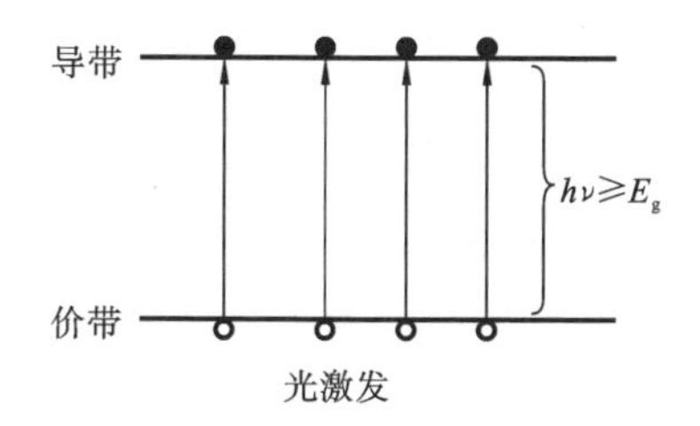

图 2-1 半导体的光激发原理

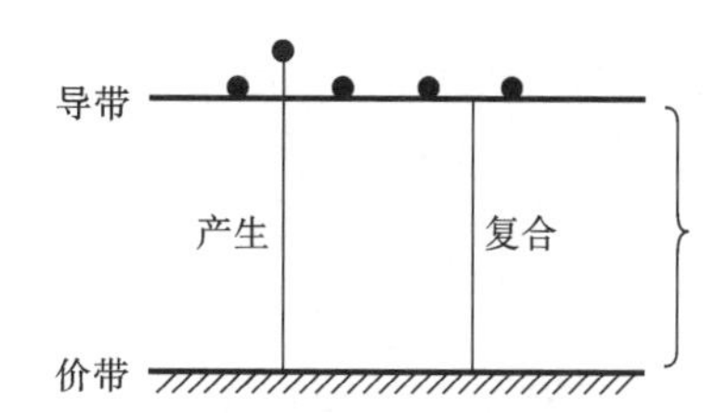

图 2-2 电子-空穴的复合

2.1.2 氧化物半导体热活化分解能力

若要提高半导体的氧化分解能力,则在价带上要生成大量的空穴。温度越高则越多的电子会从价带跃迁到导带,这就是热跃迁的过程,如图 2-3 所示。因为原子的热运动随着温度的升高而增强,从而促使电子从价带跃迁到导带,电子跃迁所吸收的能量由原子热运动提供。热激发不仅是半导体表面的激发,而是以体激发为主。单位时间、单位体积内复合与产生的电子-空穴对的数目称为电子和空穴的复合率和产生率。

$$复合率 = rnp \tag{2-1}$$

式中:复合率与电子浓度 n 和空穴浓度 p 成正比;r 是表示电子与空穴复合作用强弱的常数,称为复合系数。

电子-空穴对由振动能量超过禁带宽度的原子产生,因此,产生率和原子的数目成比例:

$$产生率=kT^3 e^{-E_g/(kT)} \quad (2\text{-}2)$$

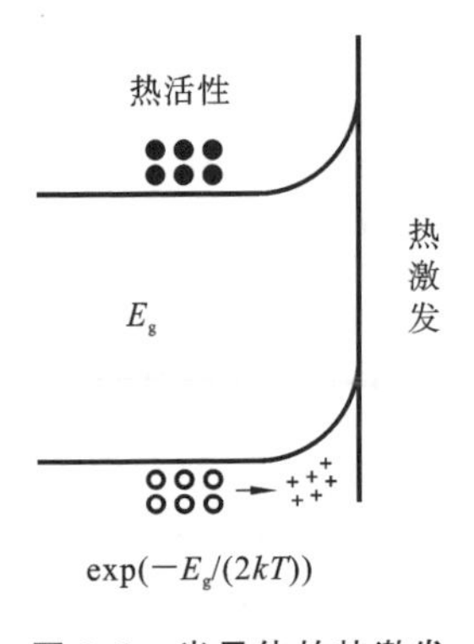

图 2-3 半导体的热激发

达到热平衡时：

$$复合率=产生率 \quad (2\text{-}3)$$

即

$$np=cT^3 e^{-E_g/(kT)} \quad (2\text{-}4)$$

式中：常数 c 是 k 和 r 的比值，k 为玻尔兹曼常数。

本征情况是指半导体中没有杂质，而完全依靠半导体本身提供载流子的理想状况，载流子的唯一来源就是电子-空穴对，每产生一个电子，同时也产生一个空穴，所以电子浓度 n 和空穴浓度 p 相等。

$$n=p=n_i=c^{1/2}T^{3/2} e^{-E_g/(2kT)} \quad (2\text{-}5)$$

实际应用中，“本征情况”都是指温度足够高，本征激发的载流子浓度远远超过杂质载流子浓度的情况。载流子浓度是一个完全确定的温度的函数，随着温度的上升而迅速增加。因此热激发半导体，可以在半导体中形成大量空穴，提高空穴对共价键中电子的捕捉能力，构筑优异的半导体氧化分解系统。

电子顺磁共振(electron paramagnetic resonance，ESR)是由不配对电子的磁矩发源的一种磁共振技术，可用于从定性和定量方面检测物质原子或分子中所含的不配对电子。利用 ESR 测试，可以分析 Cr_2O_3 半导体在不同温度激发下产生的空穴数量，从而验证氧化物半导体在高温激发下能够产生大量的空穴。Cr_2O_3 半导体由 Wako 公司提供(纯度为 99%、比表面积为 3 m^2/g)，测试前对样品进行超声均匀分散和真空干燥处理。采用 Bruker-E580 型 ESR 光谱仪，微波频率为 9858 MHz。Cr_2O_3 半导体在 200 ℃、250 ℃、300 ℃下的 ESR 谱图如图 2-4 所示。测试中，在 3513～3515 mT 磁场区间测试范围内观察到了明显的共振信号，该信号为未成对电子信号，随着温度的升高，共振信号更加强烈。

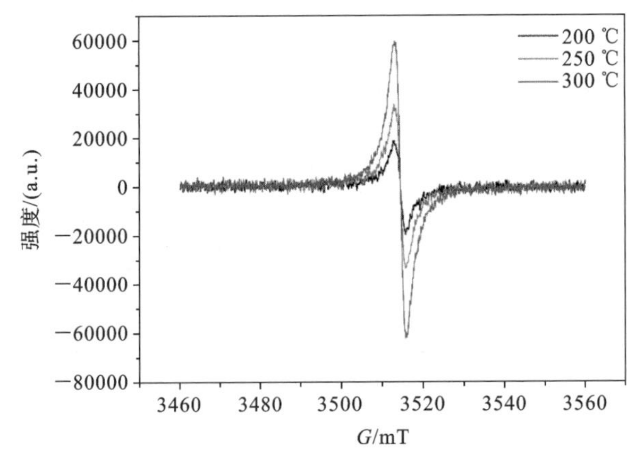

图 2-4 Cr_2O_3 半导体的 ESR 谱图

ESR 谱图表明强度峰值随着温度的升高而升高。ESR 谱图记录的是一次微分曲线，需要对 ESR 谱图进行二次积分求出谱图面积。再根据 Cr_2O_3 半导体的用量，可定量求出未成对电子的浓度，如表 2-1 所示。在有两个以上电子的原子中，根据泡利(Pauli)原理，一个电子轨道上最多只能容纳两个自旋方向相反的电子。在实际的原子中，电子自旋所处的环境发生变化会引起未成对电子数目的变化，因此，朗德 g 因子值与原值就会出现差别。随着温度的升高，未成对电子浓度逐渐增大，表明温度与未成对电子浓度成正比。

表 2-1　不同温度下的未成对电子浓度

温度/℃	200	250	300
未成对电子浓度 /(spins/g)	8.907×10^{16}	1.130×10^{17}	2.271×10^{17}

朗德 g 因子值可由式(2-6)直接计算得到，变化曲线如图 2-5 所示。

$$h\gamma=g\beta H \tag{2-6}$$

式中：h 为普朗克常数，值为 6.626×10^{-34} J·s；γ 为微波频率，MHz；g 为朗德 g 因子；β 为玻尔磁子，J/T；H 为磁场强度，mT。

朗德 g 因子代表自由基的种类。如图 2-5 所示，朗德 g 因子变化曲线具有对称性，随着温度的升高，其值稳定在 2.0023，与 g_e 相等，表明随着温度的升高，无其他自由基产生。氧化物半导体中无杂质时，每产生一个电子，同时也产生一个空穴，所以电子浓度和空穴浓度相等。

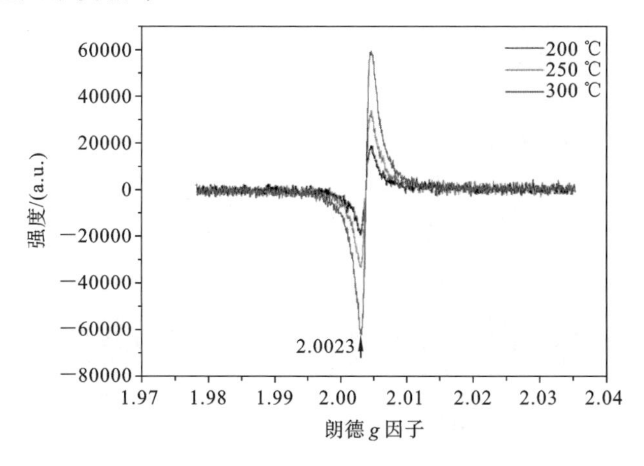

图 2-5　朗德 g 因子变化曲线

Cr_2O_3 半导体的 ESR 测试结果表明：随着温度的升高，未成对电子浓度逐渐增大，Cr_2O_3 半导体的未成对电子浓度在 300 ℃时高达 2.271×10^{17} spins/g。本征半导体没有杂质，每分裂出一个未成对电子，同时也产生一个空穴，因此，未成对电子浓度和空穴浓度相等，表明氧化物半导体受到温度的激发产生了大量的不能立即重组的电子-空穴对。

2.2 CFRP热应力分布研究

由于回收过程中载荷为温度，而碳纤维、树脂、界面三者的热碰撞系数差异很大，因此温度会造成复合材料结构的坍塌与破坏。本节运用多尺度建模技术，同时考虑纤维的质量分数、随机分布特点以及界面层参数，建立能够准确反映复合材料结构特点的多尺度代表性体元，并模拟高温环境，分析温度载荷下复合材料的应力、应变分布规律，探索回收过程中复合材料的物理结构破坏过程，为研究氧化物半导体热活化回收复合材料奠定理论基础。

2.2.1 CFRP热膨胀分析理论及方法

Reddy理论是一种不需要使用剪切修正系数的高阶剪切变形理论，其横向剪切应变随层板厚度呈抛物线分布。相比于其他高阶理论，Reddy理论能满足横向剪切应力为零的层合板自由表面条件，可用于分析复合材料层合板线性和非线性失效问题以及功能梯度板静力问题，其不足之处在于忽视了横法向剪切应变，因此不能准确分析层合板的热膨胀问题。

根据增强型Reddy理论，假设温度场随层板厚度的分布$\Delta T(x,y,z)$可表示为

$$\Delta T(x,y,z)=g(z)T(x,y) \tag{2-7}$$

式中：$g(z)$为温度随厚度变化的分布函数；$T(x,y)$为点(x,y)处的温度。

横法向热应变ε_{zT}则为

$$\varepsilon_{zT}=\alpha_z^k\Delta T(x,y,z) \tag{2-8}$$

式中：α_z^k为层板第k层的横法向热膨胀系数。

横法向热位移则为

$$w_T(x,y,z)=\alpha_z^k G(z)T(x,y)=\Omega^k(z)T(x,y) \tag{2-9}$$

式中：$G(z)=\int_0^z g(z)\mathrm{d}z$；$\Omega^k(z)=\alpha_z^k G(z)$；$\alpha_z^k$为层板第$k$层的横法向热膨胀系数。

将式(2-9)代入Reddy理论的横法向位移公式中，基于线性应变与位移的关系，最终的应变可写为

$$\begin{cases}\varepsilon_x=\dfrac{\partial u_0}{\partial x}+\phi_1\dfrac{\partial u_1}{\partial x}+\phi_2\dfrac{\partial^2 w_0}{\partial x^2}+\phi_3\dfrac{\partial^2 T}{\partial x^2}\\ \varepsilon_y=\dfrac{\partial v_0}{\partial y}+\psi_1\dfrac{\partial v_1}{\partial y}+\psi_2\dfrac{\partial^2 w_0}{\partial y^2}+\psi_3\dfrac{\partial^2 T}{\partial y^2}\\ \gamma_{xy}=\dfrac{\partial u_0}{\partial y}+\phi_1\dfrac{\partial u_1}{\partial y}+\dfrac{\partial v_0}{\partial x}+\psi_1\dfrac{\partial v_1}{\partial x}+(\phi_2+\psi_2)\dfrac{\partial^2 w_0}{\partial x\partial y}+(\phi_3+\psi_3)\dfrac{\partial^2 T}{\partial x\partial y}\end{cases}$$

$$
\begin{cases}
\gamma_{xz}=\dfrac{\partial \phi_1}{\partial z}u_1+\left(1+\dfrac{\partial \phi_2}{\partial z}\right)\dfrac{\partial w_0}{\partial y}+\dfrac{\partial \phi_3}{\partial z}\dfrac{\partial T}{\partial x}+\dfrac{\partial w_T}{\partial x}\\
\gamma_{yz}=\dfrac{\partial \psi_1}{\partial z}v_1+\left(1+\dfrac{\partial \psi_2}{\partial z}\right)\dfrac{\partial w_0}{\partial y}+\dfrac{\partial \psi_3}{\partial z}\dfrac{\partial T}{\partial y}+\dfrac{\partial w_T}{\partial y}
\end{cases}
\tag{2-10}
$$

式中：$\phi_1=\psi_1=z-\dfrac{4z^3}{3h^2}$；$\phi_2=\psi_2=-\dfrac{4z^3}{3h^2}$；$\phi_3=\psi_3=\dfrac{z^2}{h}\left(\dfrac{\Omega^1(z_1)-\Omega^n(z_{n+1})}{2}\right)-\dfrac{4z^3}{3h^2}\left(\dfrac{\Omega^1(z_1)+\Omega^n(z_{n+1})}{2}\right)$。

根据所得应变，可运用应力-应变本构方程求出各个方向的热应力。

建立CFRP的代表性体元(representative volume element，RVE)，模拟高温回收过程，基于增强型Reddy理论，应用热力耦合模块，数值模拟不同温度载荷下CFRP的热应力、剪切应力、剥离应力以及垂直于纤维方向应变分布情况。根据应力、应变的变化规律，探求复合材料在高温环境下的结构破坏过程。数值模拟计算流程如图2-6所示。

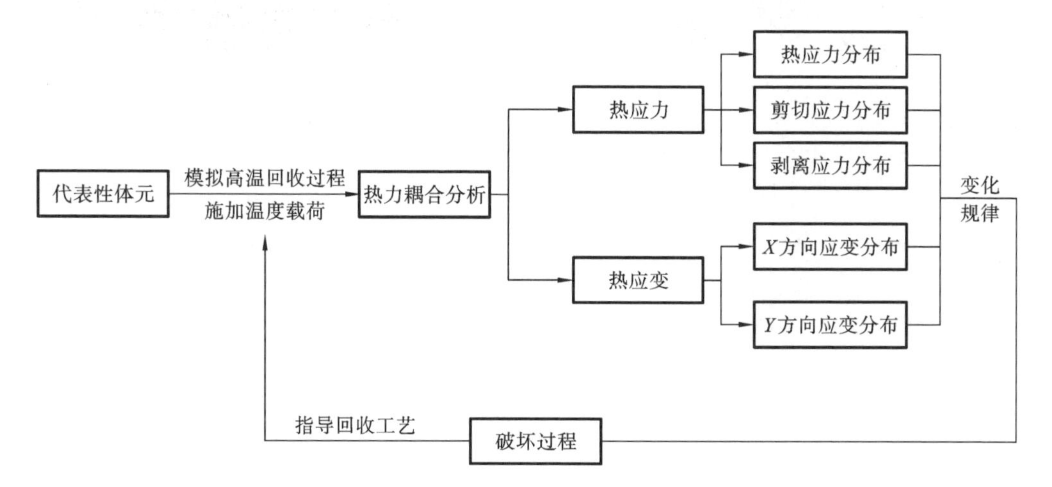

图2-6　数值模拟计算流程

2.2.2　CFRP等效模型

传统的建模方式认为CFRP层板的两层之间依靠树脂基体连接，层间性能主要依赖于基体的属性，该建模方式仅从宏观性能考虑，忽略了纤维和树脂之间界面的存在。复合材料界面的作用是将增强体与基体材料黏结形成整体，并可将负载从基体传递到纤维。因此，在CFRP等效模型中加入界面至关重要。界面并非指由增强体与基体相接触的、单一的几何面，而是包含了该几何面在内的从基体表面薄层到增强体表面的过渡区域。

树脂层和界面层通常被认为是各向同性的均质材料，纤维层则被认为是横观各向同性材料。以广泛应用的碳纤维增强环氧树脂复合材料为研究对象，根据一般简单混合律，给出界面层参数，将材料属性赋予给相应的相，并建立 CFRP 的代表性体元。如图 2-7(a)所示，从图中可见碳纤维、界面层、环氧树脂，被三根碳纤维所包围的环氧树脂区域称为富树脂区，被两根碳纤维所包围的环氧树脂区域则称为贫树脂区。复合材料中碳纤维为直径 7 μm 的 T300 型，其质量分数为 65%，树脂和纤维的部分属性参数如表 2-2 所示。对复合材料的代表性体元进行网格划分后，施加不同的温度载荷，进行瞬态热应力分析求解。

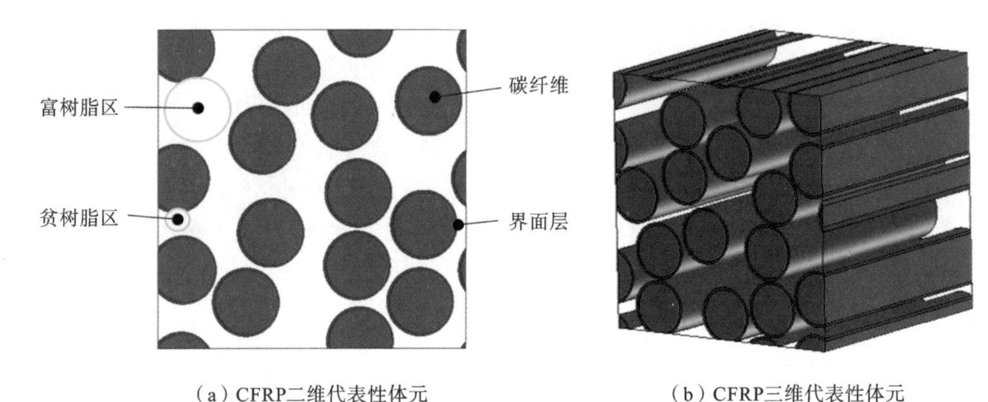

(a) CFRP二维代表性体元　　(b) CFRP三维代表性体元

图 2-7　CFRP 代表性体元

表 2-2　常温下层板类 CFRP 参数

参数名	纤维层	树脂层	界面层
密度/(kg/m^3)	1760	1200	1450
热膨胀系数/(/K)	$\alpha_1=-0.55\times10^{-6}$ $\alpha_2=10\times10^{-6}$	60×10^{-6}	27×10^{-6}
泊松比	$\nu_{12}=0.25$, $\nu_{23}=0.3$	0.35	0.315
弹性模量/MPa	$E_1=230\times10^3$ $E_2=E_3=40\times10^3$	3.45×10^3	7.5×10^3

2.2.3　不同温度载荷下的热应力和热应变分析

如图 2-8(a)所示，温度为 500 ℃时，复合材料的最大热应力出现在界面层上，最小热应力出现在碳纤维内部。碳纤维、界面层以及环氧树脂基体的热膨胀系数和弹性模量存在较大差异，环氧树脂基体的热膨胀行为会受到界面的约束作用从而产生较大的应力集中。富树脂区碳纤维间的距离较大，界面对环氧树脂基体的约束作用较小，因此产生的热应力较小，其中最小热应力为 86 MPa；贫树脂区碳纤维间的距离小，界面对环氧树脂基体的约束作用较大，因此产生的热应力较大，最大热应力为

242.6 MPa,如图 2-8(b)所示。碳纤维的最大热应力位于贫树脂区的碳纤维表面,其值为 223.7 MPa,由于热膨胀系数较小,最小热应力 20.9 MPa 出现在碳纤维内部,如图 2-8(c)所示。环氧树脂热膨胀的作用和碳纤维对界面层热膨胀的限制导致界面层上的热应力大于其相邻的碳纤维和环氧树脂上的热应力,且界面层上的最大热应力同样出现在两根纤维之间,其值为 281.3 MPa,最小热应力为 93.5 MPa,如图 2-8(d)所示。

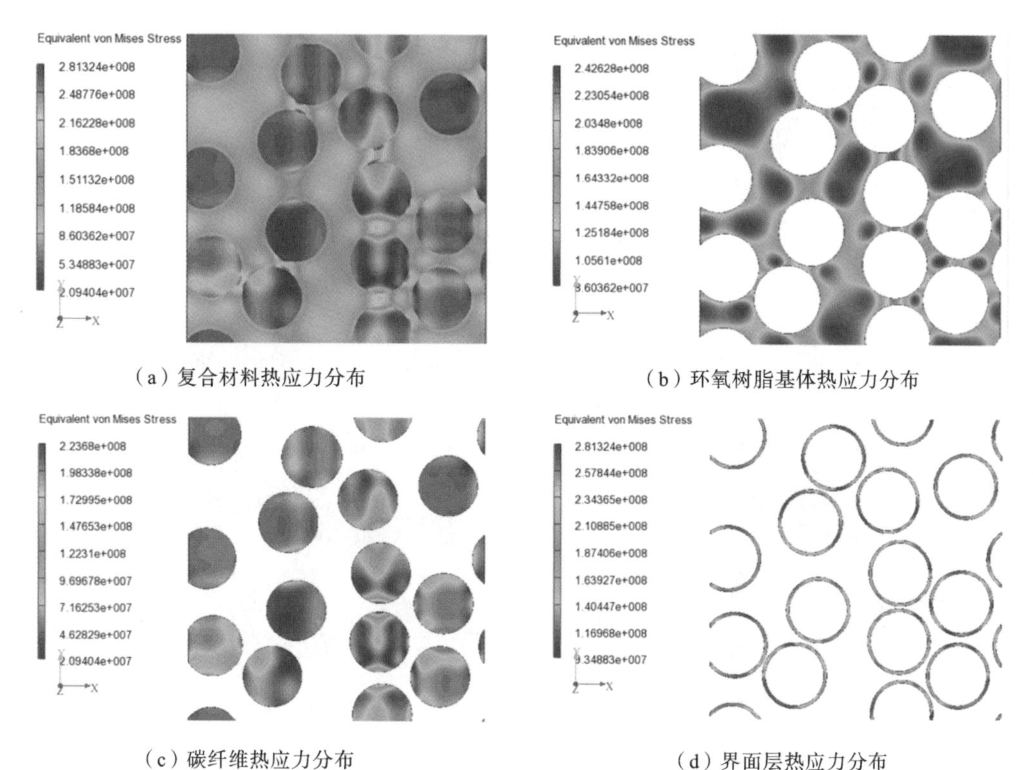

(a) 复合材料热应力分布　(b) 环氧树脂基体热应力分布

(c) 碳纤维热应力分布　(d) 界面层热应力分布

图 2-8　500 ℃下 CFRP 热应力分布

由于环氧树脂与碳纤维的热膨胀特性差异,温度变化使得碳纤维与环氧树脂基体的变形量不同,从而使复合材料产生剪切应力。500 ℃时 CFRP 的剪切应力分布如图 2-9 所示,最大剪切应力集中在贫树脂区的界面层上,其最大剪切应力为 140.3 MPa,超过了 T300 碳纤维复合材料的界面剪切强度(IFSS)63.7 MPa,界面结构遭到破坏。同时,垂直于纤维方向会产生 *X* 轴方向和 *Y* 轴方向的剥离应力,如图 2-10 所示。*X* 轴方向环氧树脂的最大剥离应力为 79 MPa,而在 *Y* 轴方向,剥离应力主要集中在贫树脂区,且部分贫树脂区树脂较少,造成最大剥离应力较 *X* 轴方向更大,最大值为 157.3 MPa。无论 *X* 轴方向还是 *Y* 轴方向,其最大剥离应力都远远超过双酚 A 型环氧树脂的抗拉强度 32.34 MPa,表明 500 ℃时环氧树脂易发生分层现象从而破坏基体结构。

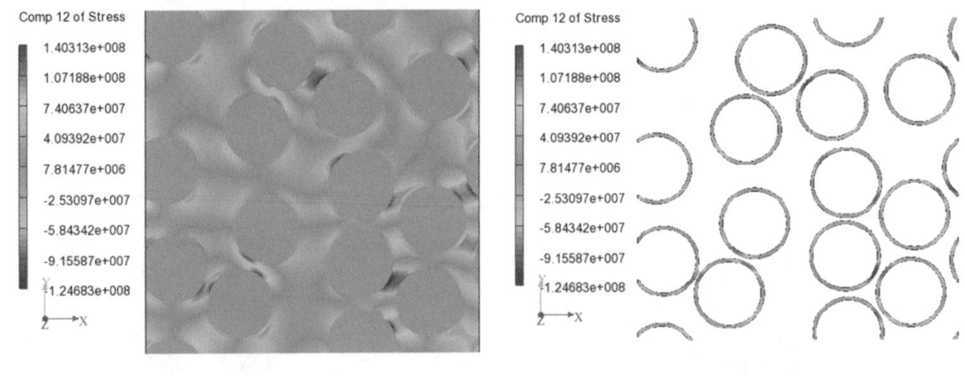

（a）复合材料的剪切应力分布　　（b）界面层剪切应力分布

图 2-9　500 ℃下 CFRP 剪切应力分布

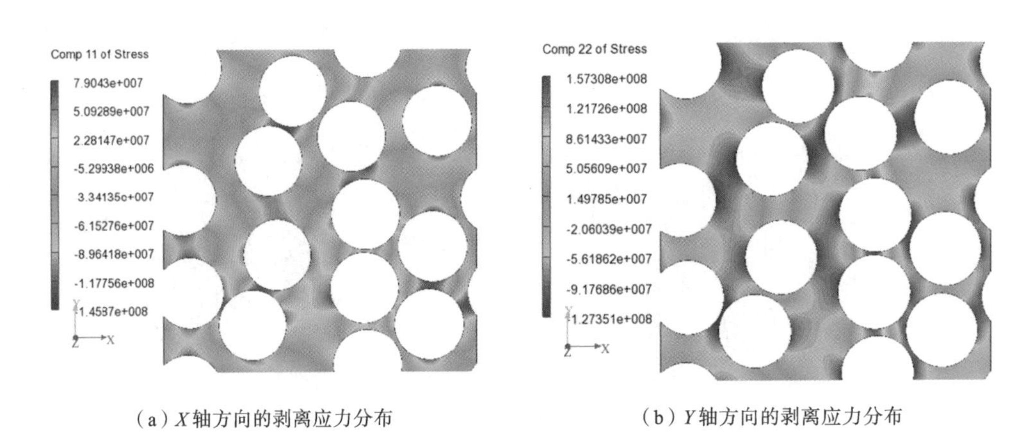

（a）X 轴方向的剥离应力分布　　（b）Y 轴方向的剥离应力分布

图 2-10　500 ℃下环氧树脂剥离应力分布

如图 2-11 所示，500 ℃时环氧树脂的应变最大，最大应变集中在贫树脂区，其值为 0.089。由于界面层受到环氧树脂的热膨胀挤压和碳纤维对其热膨胀的约束，界面层产生的应变较小，最大值为 0.042。膨胀的碳纤维与界面层相互挤压，使得碳纤维表面发生的最大应变为 0.045。对比图 2-8(a)可知，界面层及碳纤维在高温载荷下应变较小，树脂基体的热应变较大。

选取 350 ℃、400 ℃、450 ℃分别作为温度载荷，分析 CFRP 在不同温度载荷下的应力、应变分布及变化规律。结果表明，在设定温度下的复合材料热应力、剪切应力、剥离应力以及热应变分布规律与 500 ℃时的分布规律一致，环氧树脂的最大热应力出现在贫树脂区，最小热应力出现在富树脂区。碳纤维的最大热应力仍集中在贫树脂区的纤维表面，复合材料的最大热应力与最大剪切应力都集中在界面层，贫树脂区依旧产生最大的热应变。随着温度的升高，最大热应力、最大热应变也随之增大，由热膨胀系数差异引起的形变差异增大,导致界面剪切应力也增大,加大了界面结构的破坏程度,同时温度的升高促进了环氧树脂的热膨胀,剥离应力增大,树脂基体的屈服行为更加明显。

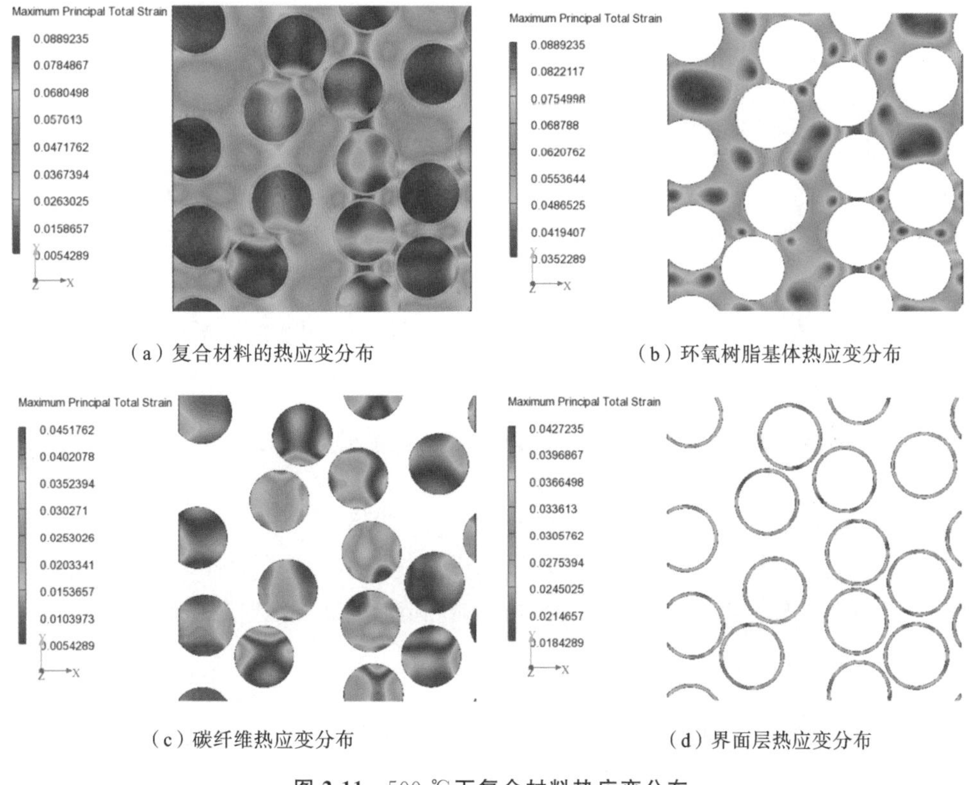

(a) 复合材料的热应变分布　(b) 环氧树脂基体热应变分布

(c) 碳纤维热应变分布　(d) 界面层热应变分布

图 2-11　500 ℃下复合材料热应变分布

2.2.4　结构破坏分析

由于 CFRP 的破坏主要是剪切破坏,因此可以通过分析剪切应力来找出潜在的破坏区域。根据表 2-3 可知,350 ℃时碳纤维增强环氧树脂复合材料的最大剪切应力已超过 T300 碳纤维增强环氧树脂基复合材料的界面剪切强度(IFSS)63.7 MPa,由此可见,复合材料的界面结构在温度载荷为 350 ℃时已经开始发生破坏,产生了界面脱黏现象,碳纤维与树脂基体之间的界面结合力遭到破坏。随着温度的升高,垂直于碳纤维轴向的剥离应力逐渐增加,进一步引发界面形成微裂纹,同时加大了环氧树脂基体的屈服程度,致使复合材料出现分层现象。因此 CFRP 的潜在破坏区域位于碳纤维与环氧树脂之间的界面层,主要的损伤形式是引发界面层形成微裂纹导致的界面脱黏破坏和因树脂基体剥离应力过大而产生的复合材料分层破坏。

表 2-3 不同温度下的复合材料最大应力应变

应力/应变	温度/℃			
	350	400	450	500
最大热应力/MPa	196.9	225.1	253.2	281.3
最大剪切应力/MPa	98.2	112.3	126.3	140.3
X 方向最大剥离应力/MPa	53.7	62.1	70.5	79.0
Y 方向最大剥离应力/MPa	91.7	113.6	135.4	157.3
最大热应变	0.0622	0.0711	0.0800	0.0889

2.3 氧化物半导体热活化回收原理

前面两节分别讨论了氧化物半导体的热活化特性与高温环境下 CFRP 的热应力分布，本节提出氧化物半导体热活化回收工艺，从树脂分解率、宏/微观形貌等方面对比分析热活化态 TiO_2 与 Cr_2O_3 回收 CFRP 的能力，建立氧化物半导体的选择机制；结合回收过程的气相产物、结构破坏以及氧化物半导体的热活化特性，阐明氧化物半导体热活化回收原理。本节研究内容为复合材料可持续发展奠定理论基础与技术支持。

2.3.1 回收工艺过程

由威海光威复合材料股份有限公司提供碳纤维增强树脂基复合材料预浸料(USN15000)，T300 增强，树脂基体为双酚 A 环氧树脂，中温固化体系。碳纤维单位面积质量为 150 g/m^2，碳纤维占预浸料总重的 70%，弹性模量为 240 GPa，抗拉强度 3530 MPa。粉末状的氧化物半导体为 TiO_2 和 Cr_2O_3，其中 Cr_2O_3 的纯度为 99%，比表面积为 3 m^2/g，由 Wako 公司提供；TiO_2 的纯度为 93%，比表面积为 280 m^2/g，由 Tayca 公司提供。BTF-1200C 型滑轨快速升温炉由安徽贝意克设备技术有限公司提供。

按照图 2-12 所示的固化温度曲线规律对 CFRP 预浸料进行固化。从室温以 0.5～1 ℃/min 的速率升温至 120 ℃，并在 120 ℃下保温 90 min 后自然降温至 60 ℃以下脱模，获得 CFRP 单层板。

有氧气氛回收实验：将 CFRP 切割成 1±0.0005 g，放入方形坩埚内，并加入定量的粉末状氧化物半导体与 CFRP 均匀接触，而后将坩埚内置于滑轨快速升温炉的石英管加热区，闭合炉盖，打开进气阀和排气阀，程序控制升温至设定温度，经过指定反应时间后对滑轨快速升温炉进行冷却降温，而后取出 CFRP 分解后的固相产物。固相产物先用去离子水清洗，再用等量 100 mL 的丙酮依次浸泡清洗三次，清洗后的固相产物在 110 ℃恒温环境下干燥至质量恒定，并将干燥后的固体产物称重。

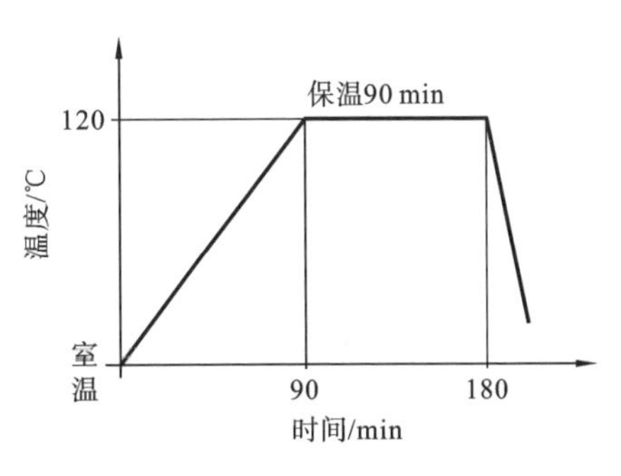

图 2-12　固化温度曲线

真空气氛回收实验：首先闭合滑轨快速升温炉炉盖、进气阀和排气阀，将升温控制箱滑至石英管一端，打开抽气泵将石英管内抽至真空状态(－0.5 MPa)，程序控制升温至设定温度，到达设定温度后将升温控制箱滑至石英管的另一端，观测温度下降幅度，再关闭抽气泵，打开进气阀和排气阀，恢复至常温常压状态。将 CFRP 切割成 1±0.0005 g，放入方形坩埚内，并加入指定的粉末状氧化物半导体与 CFRP 均匀混合。将坩埚内置于石英管加热区，闭合滑轨快速升温炉炉盖并关闭进气阀和排气阀进行密封，程序控制升温至设定温度(分解所需温度＋温度下降幅度)，到达设定温度后将升温控制箱滑至分解反应区，经过指定反应时间后对滑轨快速升温炉进行冷却降温，并恢复至常温常压状态，而后取出 CFRP 分解后的固相产物。固相产物先用去离子水清洗，再用等量 100 mL 的丙酮依次浸泡清洗三次，清洗后的固相产物在 110 ℃恒温环境下干燥至质量恒定，并将干燥后的固体产物称重。

CFRP 中环氧树脂基体的分解率计算公式为

$$\eta(\%)=\frac{M_1-M_2}{M_1M_3}\times 100\% \tag{2-11}$$

式中：η 为 CFRP 中环氧树脂的分解率，(%)(质量百分比)；M_1 为反应前 CFRP 的质量，g；M_2 为反应后 CFRP 的质量，g；M_3 为 CFRP 中环氧树脂成分的质量分数，$M_3=30\%$。

2.3.2　TiO_2 热活化回收 CFRP

1. 不同加热温度下的 TiO_2 分解能力

各取 1 g 的 CFRP，反应时间为 30 min，反应气氛为空气，一组为有 TiO_2 参与的分解实验，一组为不加入 TiO_2 的空白实验，当反应温度分别为 350 ℃、380 ℃、410 ℃、440 ℃、470 ℃、500 ℃、530 ℃时，分析不同反应温度下 TiO_2 对 CFRP 中环氧树脂分解率的影响，结果如表 2-4 和图 2-13 所示。

表 2-4　不同温度下的环氧树脂的分解率(30 min)

对象	温度						
	350 ℃	380 ℃	410 ℃	440 ℃	470 ℃	500 ℃	530 ℃
CFRP	6.70%	10.57%	27.37%	31.32%	70.10%	77.87%	86.57%
CFRP＋TiO_2	18.63%	29.50%	57.03%	75.60%	86.50%	90.00%	98.03%

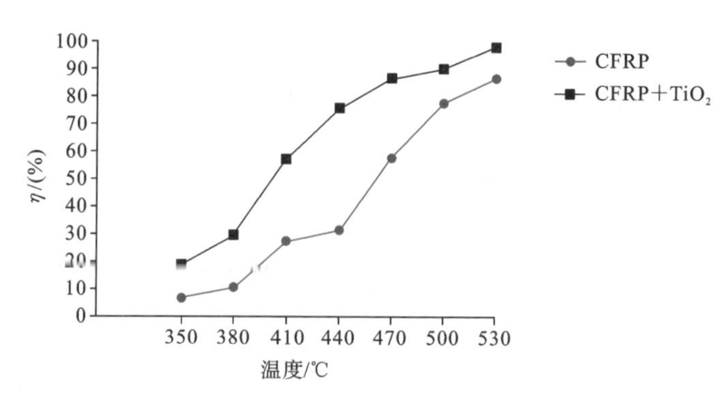

图 2-13　不同温度下的环氧树脂的分解率

热激发不仅是半导体表面的激发，而是以体激发为主，温度越高，越多的电子会从价带跃迁到导带。电子-空穴的对数随着温度的升高而增多，温度升高会有更多的空穴参与氧化分解反应，因此，如图 2-13 所示，CFRP 中环氧树脂的分解率随着温度的升高而增加。在相同加热温度和处理时间下，有 TiO_2 参与的环氧树脂分解率比未加入 TiO_2 的环氧树脂分解率高。温度为 410～470 ℃时分解率差异明显，尤其 440 ℃时有 TiO_2 参与的环氧树脂分解率比未加入 TiO_2 的分解率高 44.28%，这是由于 350～470 ℃时活化 TiO_2 产生的电子-空穴对的数量远远大于电子-空穴复合对数，参与反应的空穴数量增多，尤其在 440 ℃时最为明显。由热解曲线可知，空气气氛下 CFRP 的初始热解温度为 350 ℃，350 ℃时有 TiO_2 参与的环氧树脂分解率比未加入 TiO_2 的环氧树脂分解率高 12%左右，该温度下树脂基体开始发生热解，相对其他温度，TiO_2 在该温度下活化产生的空穴数量相对较少，氧化分解能力较弱，因此环氧树脂分解率较低。470～530 ℃时电子-空穴对产生的速率降低，该温度范围内活化 TiO_2 对环氧树脂的分解率的增幅作用较小，470 ℃时空白实验中的热失重明显增强，因此，470～530 ℃时分解率差异不大。CFRP 的分解为热解和氧化物半导体分解的协同作用，活化后的氧化物半导体通过产生空穴对复合材料进行氧化分解，另外对热解产生的小分子化合物进行氧化分解以促进热解反应，净化反应体系。

2. 不同时间下的 TiO_2 分解能力

各取 1 g 的 CFRP，反应温度为 500 ℃，反应气氛为空气，一组为有 TiO_2 参与的分解实验，一组为不加入 TiO_2 的空白实验，当反应时间分别为 15 min、20 min、25 min、30 min、35 min、40 min 时，分析不同反应时间下 TiO_2 对 CFRP 中环氧树脂分解率的影响，结果如表 2-5、图 2-14 所示。

加热 TiO_2 产生的空穴数量随着处理时间的延长而增加，但增幅不明显，即时间对空穴的产生影响程度较小，因此，环氧树脂的分解率随着时间的延长增加不明显。相同反应时间下，有 TiO_2 参与的环氧树脂分解率比未加入 TiO_2 的环氧树脂分解率高，两者分解率之差最高达 20%左右。温度可以使树脂基体的大分子链段断裂，延

表 2-5　不同反应时间下的环氧树脂分解率(500 ℃)

对象	时间					
	15 min	20 min	25 min	30 min	35 min	40 min
CFRP	63.20%	70.40%	75.86%	77.67%	77.87%	78.12%
CFRP+TiO_2	80.23%	83.93%	86.67%	88.63%	90.00%	91.43%

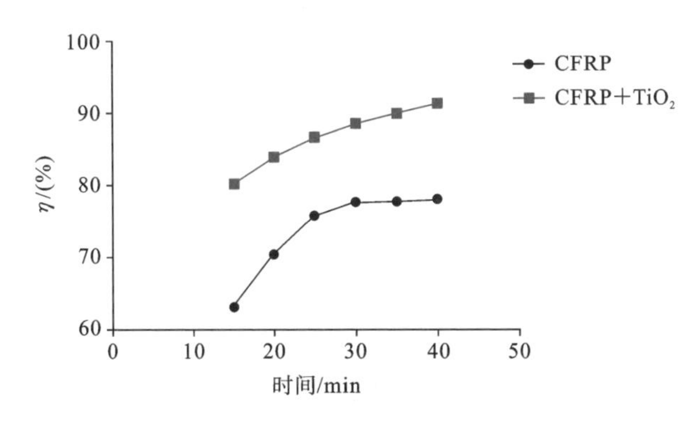

图 2-14　不同反应时间下的环氧树脂分解率(500 ℃)

长反应时间可以加深反应深度,但在 500 ℃、处理时间为 15～40 min 时,由于处理时间较短,热解反应深度较低,因此未加入 TiO_2 的环氧树脂分解率较低。

2.3.3　Cr_2O_3 热活化回收 CFRP

1. 不同加热温度下的 Cr_2O_3 分解能力

各取 1 g 的 CFRP,反应时间为 30 min,反应气氛为空气,一组为有 Cr_2O_3 参与的分解实验,一组为不加入 Cr_2O_3 的空白实验,当反应温度分别为 350 ℃、380 ℃、410 ℃、440 ℃、470 ℃、500 ℃、530 ℃时,分析不同反应温度下 Cr_2O_3 对 CFRP 中环氧树脂分解率的影响,结果如表 2-6、图 2-15 所示。

表 2-6　不同反应温度下的环氧树脂分解率(30 min)

对象	温度						
	350 ℃	380 ℃	410 ℃	440 ℃	470 ℃	500 ℃	530 ℃
CFRP	6.70%	10.57%	27.37%	31.32%	70.10%	77.87%	86.57%
CFRP+Cr_2O_3	18.83%	29.53%	66.63%	81.73%	93.17%	99.00%	100%

活化 Cr_2O_3 产生的空穴数量随着温度的升高而增加,因此,温度越高环氧树脂的分解率越高。在相同加热温度和处理时间下,有 Cr_2O_3 参与的环氧树脂分解率比未加入 Cr_2O_3 的环氧树脂分解率高。温度为 350～500 ℃时分解率差异明显,尤其是 440 ℃时有 Cr_2O_3 参与的环氧树脂分解率比未加入 Cr_2O_3 的分解率高

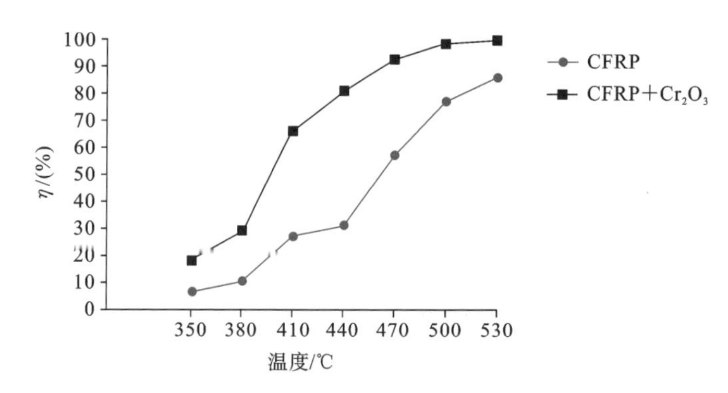

图 2-15　不同反应温度下的环氧树脂分解率(30 min)

50.41%,这是由于 350～470 ℃时活化 Cr_2O_3 产生电子-空穴对的速率增大,参与反应的空穴数量增多,尤其在 440 ℃时最为明显。350 ℃时有 Cr_2O_3 参与的环氧树脂分解率比未加入 Cr_2O_3 的环氧树脂分解率高 12%左右,该温度下树脂基体开始发生热解,Cr_2O_3 在该温度下活化产生的空穴数量相对较少,氧化分解能力较弱,因此,环氧树脂分解率较低。470～530 ℃时电子-空穴对的产生速率降低,活化 Cr_2O_3 对环氧树脂的分解率的增幅作用较小,470 ℃时空白实验中的热失重明显增强,因此,470～530 ℃时分解率差异不大。500 ℃时加入 Cr_2O_3 的环氧树脂分解率已达到了 99%,而不加 Cr_2O_3 的分解率只有 77.87%,因此,Cr_2O_3 对 CFRP 具有优异的分解能力。

2. 不同处理时间下的 Cr_2O_3 分解能力

各取 1 g 的 CFRP,反应温度为 500 ℃,一组为有 Cr_2O_3 参与的分解实验,反应气氛为空气,一组为不加入 Cr_2O_3 的空白实验,当反应时间分别为 15 min、20 min、25 min、30 min、35 min、40 min 时,分析不同反应时间下 Cr_2O_3 对 CFRP 中环氧树脂分解率的影响,结果如表 2-7、图 2-16 所示。

表 2-7　不同反应时间下的环氧树脂分解率(500 ℃)

对象	时间					
	15 min	20 min	25 min	30 min	35 min	40 min
CFRP	63.20%	70.40%	75.86%	77.67%	77.87%	78.12%
CFRP+Cr_2O_3	92.47%	93.13%	95.27%	98.67%	99.99%	100%

加热 Cr_2O_3 产生的空穴数量随着处理时间的延长而增加,但增幅不明显,即时间对空穴的产生影响程度较小,因此,环氧树脂的分解率随着时间的延长增加不明显。相同反应时间下,有 Cr_2O_3 参与的环氧树脂分解率比未加入 Cr_2O_3 的环氧树脂分解率高,两者分解率之差最高达 30%左右。温度可以使树脂基体的大分子链段断裂,延长反应时间可以加深反应深度,但在 500 ℃、处理时间为 15～40 min 时,由于

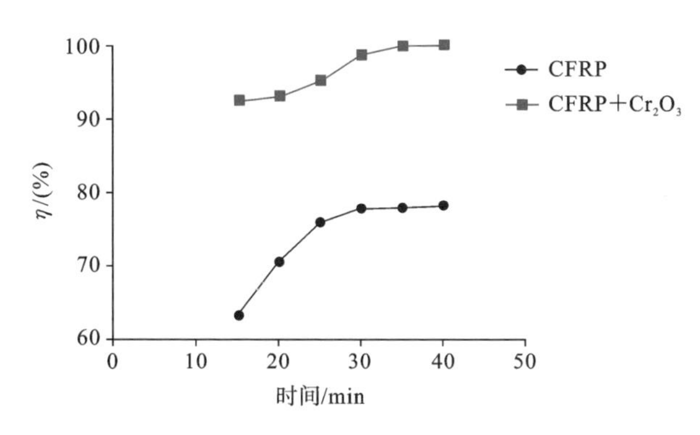

图 2-16　不同反应时间下的环氧树脂分解率(500 ℃)

处理时间较短，热解反应深度较低，因此未加入 Cr_2O_3 的环氧树脂分解率较低。处理时间为 30 min 时，未加入 Cr_2O_3 的环氧树脂分解率约为 78%，而加入 Cr_2O_3 的环氧树脂分解率已经接近 99%，树脂基体几乎完全分解。

2.3.4　氧化物半导体的选择机制

1. 不同反应温度下 TiO_2 与 Cr_2O_3 的分解能力对比

如表 2-8、图 2-17 所示，环氧树脂的分解率与反应温度成明显的正相关性，Cr_2O_3 对环氧树脂分解率的影响高于 TiO_2，尤其在 410～500 ℃时分解率差异明显，最大差异为 9%左右。在有氧化物半导体参与的复合材料氧化分解反应体系中，环氧树脂的分解能力与氧化物半导体的禁带宽度 E_g、纯度、结晶性、比表面积有关。对于不同的氧化物半导体，通常禁带宽度越大、纯度越低、结晶性越差，氧化物半导体在热激发下产生电子-空穴对的能力越弱，即电子-空穴对的产生能力与禁带宽度、纯度、结晶性成反比。对于相同的氧化物半导体，比表面积、结晶性和纯度主要影响电子-空穴对的产生能力。Cr_2O_3 的禁带宽度 E_g 为 3.5 eV，TiO_2 的禁带宽度 E_g 为 3.2 eV，两者禁带宽度相差不大，Cr_2O_3 的纯度为 99%，TiO_2 纯度为 93%，因此，TiO_2 中的杂质会阻碍电子-空穴对的产生。此外，Cr_2O_3 稳定性优于 TiO_2，其熔点为 2200 ℃，更适宜分解 CFRP。因此，Cr_2O_3 的分解能力优于 TiO_2。

表 2-8　不同温度下的分解能力对比(30 min)

对象	温度						
	350 ℃	380 ℃	410 ℃	440 ℃	470 ℃	500 ℃	530 ℃
CFRP+Cr_2O_3	18.83%	29.53%	66.63%	81.73%	93.17%	99.00%	100%
CFRP+TiO_2	18.63%	29.5%	57.03%	75.60%	86.50%	90.00%	98.03%

2. 不同反应时间下 TiO_2 与 Cr_2O_3 的分解能力对比

如表 2-9、图 2-18 所示，环氧树脂的分解率与反应时间呈弱正相关性，Cr_2O_3 对

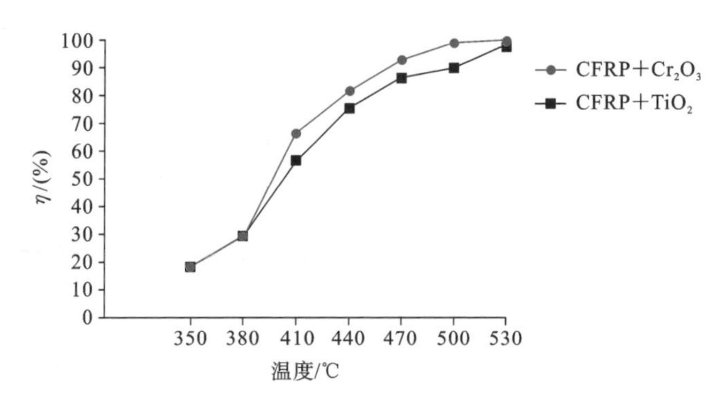

图 2-17　不同温度下的分解能力对比(30 min)

环氧树脂分解率的影响高于 TiO_2，15～40 min 时分解率差异明显，最大差异为 12%左右。时间对氧化物半导体电子-空穴对产生的影响程度不及温度，但延长反应时间可以加深反应深度。同理，由于氧化物半导体物理属性的差异，Cr_2O_3 的分解能力优于 TiO_2，更适于分解 CFRP。

表 2-9　不同反应时间下的分解能力对比(500 ℃)

对象	温度					
	15 min	20 min	25 min	30 min	35 min	40 min
CFRP+Cr_2O_3	92.47%	93.13%	95.27%	98.67%	99.99%	100%
CFRP+TiO_2	80.23%	83.93%	86.67%	88.63%	90.00%	91.43%

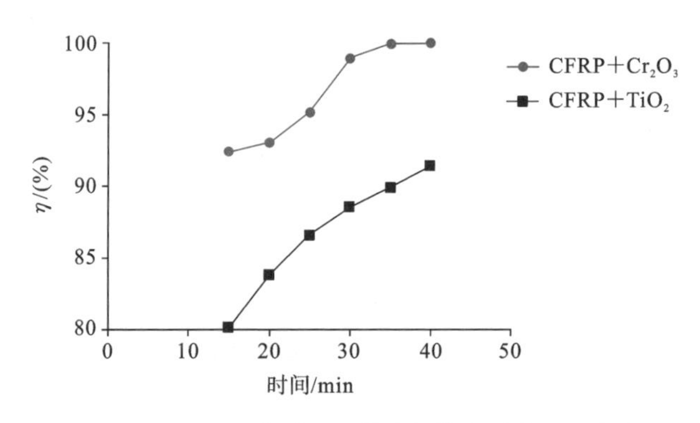

图 2-18　不同反应时间下的分解能力对比(500 ℃)

3. 不同气氛下 TiO_2 与 Cr_2O_3 的分解能力对比

分别在空气、O_2 气氛下对 CFRP(0.16 g)进行分解，处理时间为 20 min，温度分别为 440 ℃、500 ℃，树脂基体的分解率对比如表 2-10 所示。

表 2-10　不同反应体系下的环氧树脂分解率

条件		440 ℃		500 ℃	
		分解率	固相产物	分解率	固相产物
空气	CFRP	53.33%	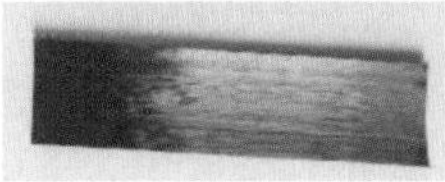	70.40%	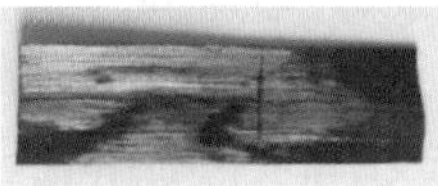
	CFRP+TiO_2	62.50%	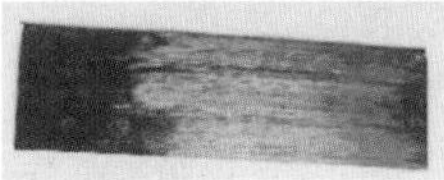	86.34%	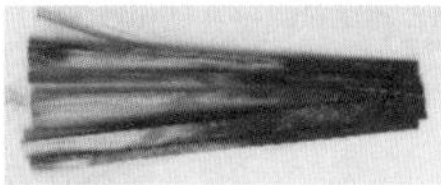
	CFRP+Cr_2O_3	69.38%		84.89%	
O_2 (99.99%, 200 mL/min)	CFRP	53.23%		89.00%	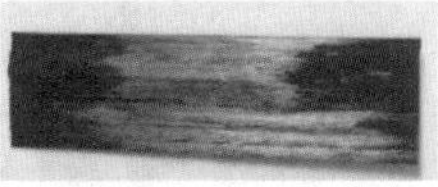
	CFRP+TiO_2	81.83%	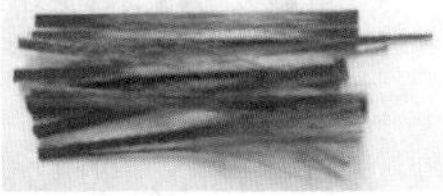	100%	
	CFRP+Cr_2O_3	89.57%	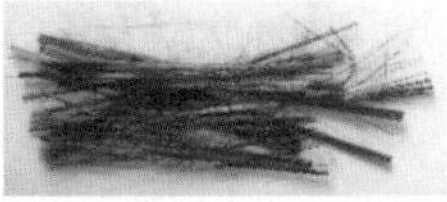	100%	

相同温度条件下，O_2 气氛下环氧树脂的分解率高于空气气氛下的分解率，500 ℃时加入氧化物半导体的环氧树脂分解率为 100%，回收的碳纤维为蓬松的碳纤维丝，无残留树脂存在，回收的碳纤维表面光滑干净，而空气气氛下环氧树脂的分解率为 85%左右，回收的碳纤维中存在少量固体片材，且碳纤维表面含有少量积炭。氧

对树脂分解生成积炭阶段没有明显影响,氧的作用是氧化积炭。反应温度和氧气浓度越大,环氧树脂的质量损失就越大。

4. 不同氧化物半导体热活化回收的碳纤维形貌

1)宏观形貌

反应时间为 30 min,CFRP 在不同温度下分解的固相产物变化如图 2-19 所示。分解过程中复合材料由方形片材分散为细条状,碳纤维丝从树脂基体中剥离,并且温度越高、片材越薄、细条状片材更加分散,分散的碳纤维丝越多。530 ℃时 Cr_2O_3 分解复合材料的固相产物为一团蓬松的碳纤维丝,复合材料中的树脂基体几乎全部被分解。TiO_2 分解复合材料的固相产物中出现少量的分散片材,树脂基体分解不完全。

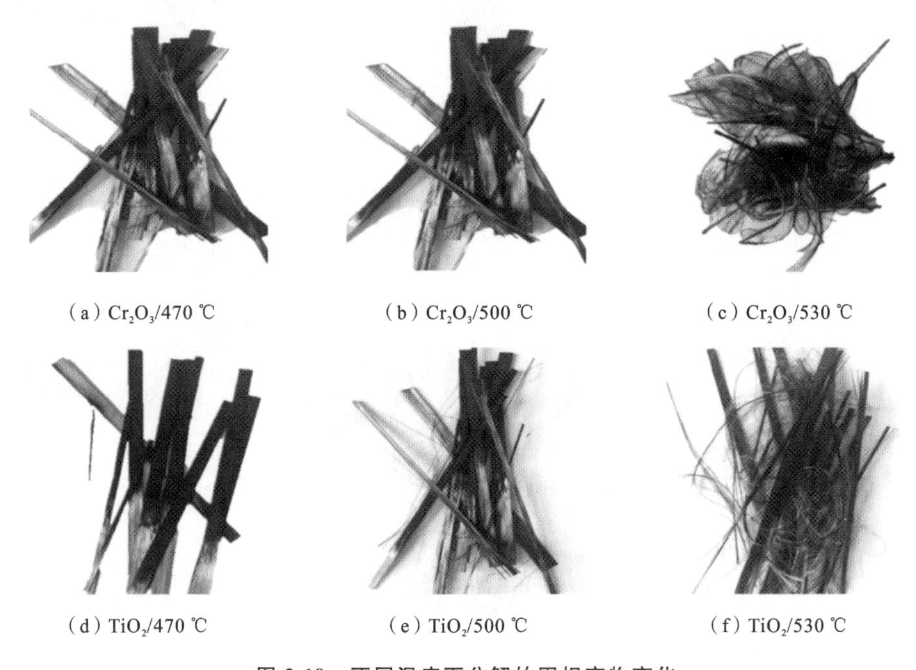

(a) Cr_2O_3/470 ℃ (b) Cr_2O_3/500 ℃ (c) Cr_2O_3/530 ℃

(d) TiO_2/470 ℃ (e) TiO_2/500 ℃ (f) TiO_2/530 ℃

图 2-19 不同温度下分解的固相产物变化

500 ℃、不同反应时间下 CFRP 的分解产物如图 2-20 所示。Cr_2O_3 分解复合材料的固相产物中,反应 15 min 后,CFRP 由方形片材分散为细丝状,部分碳纤维剥离,仍有部分碳纤维丝黏结。反应 20 min 后,片材更为分散,更多碳纤维剥离。反应 25 min 后,碳纤维丝更细,少量黏结。反应 30 min 后,细丝更为明显,出现蓬松状态的碳纤维。反应 35 min 后,碳纤维更加分散、蓬松。反应 40 min 后,固相产物为一团蓬松的碳纤维丝。由此可见,分解过程中复合材料由方形片材分散为细条状,碳纤维丝从树脂基体中剥离,并且时间越长、片材越薄、细条状片材越分散,分散的碳纤维丝越多。

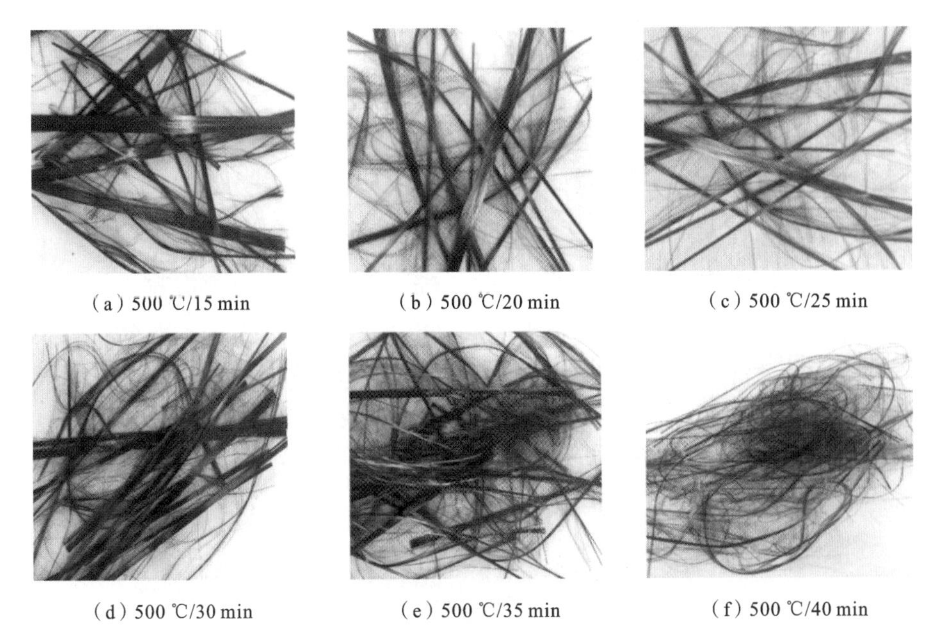

(a) 500 ℃/15 min　(b) 500 ℃/20 min　(c) 500 ℃/25 min

(d) 500 ℃/30 min　(e) 500 ℃/35 min　(f) 500 ℃/40 min

图 2-20　500 ℃下 CFRP 分解的固相产物

2）微观形貌

采用德国蔡司(Zeiss)公司生产的 Supra55 扫描电子显微镜对回收的碳纤维表面形貌进行观察。放大倍数为 10～900000；加速电压为 0.1～30 kV；15 kV 下分辨率为 1.0 nm。反应时间为 30 min 时，从分解后的固相产物中提取碳纤维进行 SEM 分析，回收的碳纤维微观形貌如图 2-21 所示。随着温度的升高，回收的碳纤维表面变得更光滑，残余树脂含量减少，440 ℃时碳纤维表面仍有少量残留物质，530 ℃时碳纤维表面已基本无残留树脂存在，环氧树脂完全分解。

如图 2-22 所示，反应温度为 500 ℃时，随着反应时间的延长，回收的碳纤维表面的残留树脂含量逐渐减少，表明延长反应时间能够加深分解反应的深度。当反应时间延长到 40 min 时，回收碳纤维的表面干净，表明环氧树脂基本完全分解。

2.3.5　回收原理

氧化物半导体热活化回收 CFRP 工艺中除固相产物外，还伴随气相产物生成。采用耐驰公司提供的热重-红外联用仪对温度为 520 ℃、时间为 30 min、O_2 浓度为 99.99%、O_2 流量为 300 mL/min 下的气相产物组分进行分析，结果如图 2-23 所示。气相产物主要为 CO_2 和 H_2O，烃类与烷类等污染性气体含量相对较少。氧化物半导体热活化回收 CFRP 过程中不会对环境造成二次污染，是环境友好型回收方法。

粉末状的 TiO_2、Cr_2O_3 等氧化物半导体都具有热活性，在热激发下其价带电子会向导带迁移，价带由于缺失电子形成大量空穴，该空穴和电子在高温下不能立即重

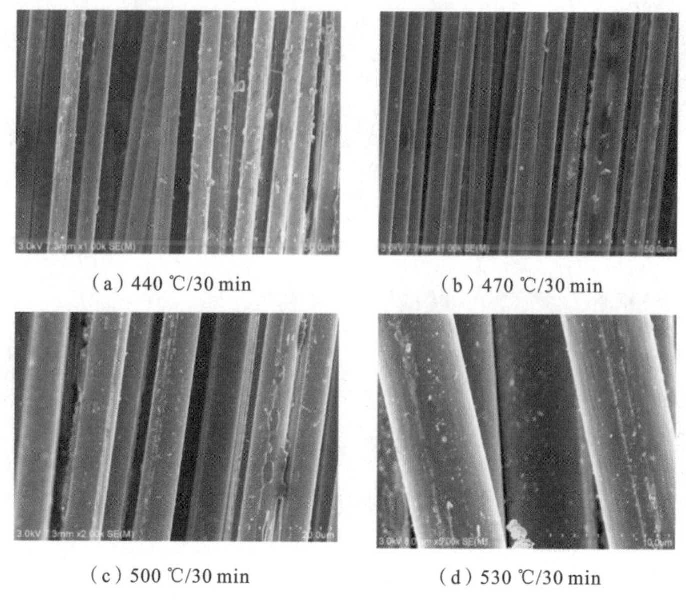

(a) 440 ℃/30 min　(b) 470 ℃/30 min

(c) 500 ℃/30 min　(d) 530 ℃/30 min

图 2-21　不同温度下用 Cr_2O_3 回收的碳纤维

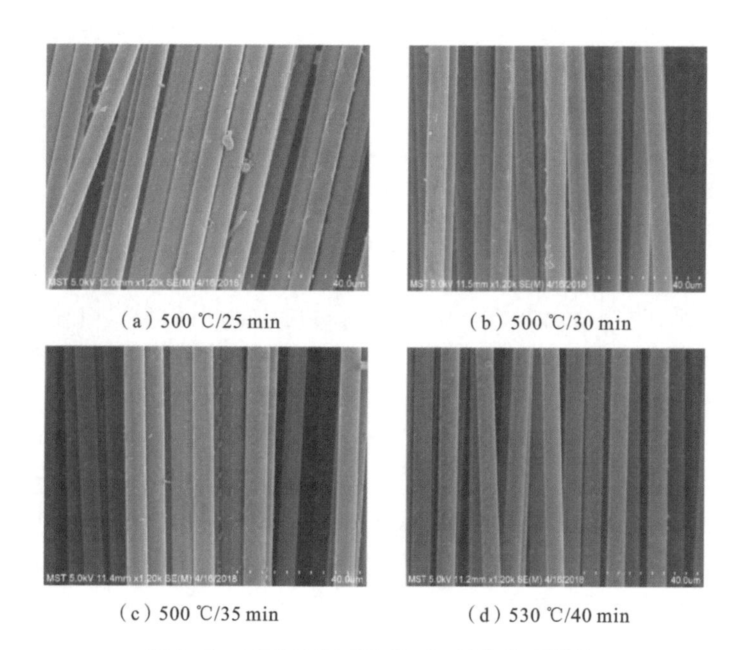

(a) 500 ℃/25 min　(b) 500 ℃/30 min

(c) 500 ℃/35 min　(d) 530 ℃/40 min

图 2-22　不同时间下用 Cr_2O_3 回收的碳纤维

组，即通过热活化作用使氧化物半导体产生空穴。氧化物半导体的热活化作用是指在室温条件下无氧化分解作用，但在高温下对有机物显现出明显的氧化分解作用。氧化物半导体热活化回收碳纤维增强树脂基复合材料分为四个过程：

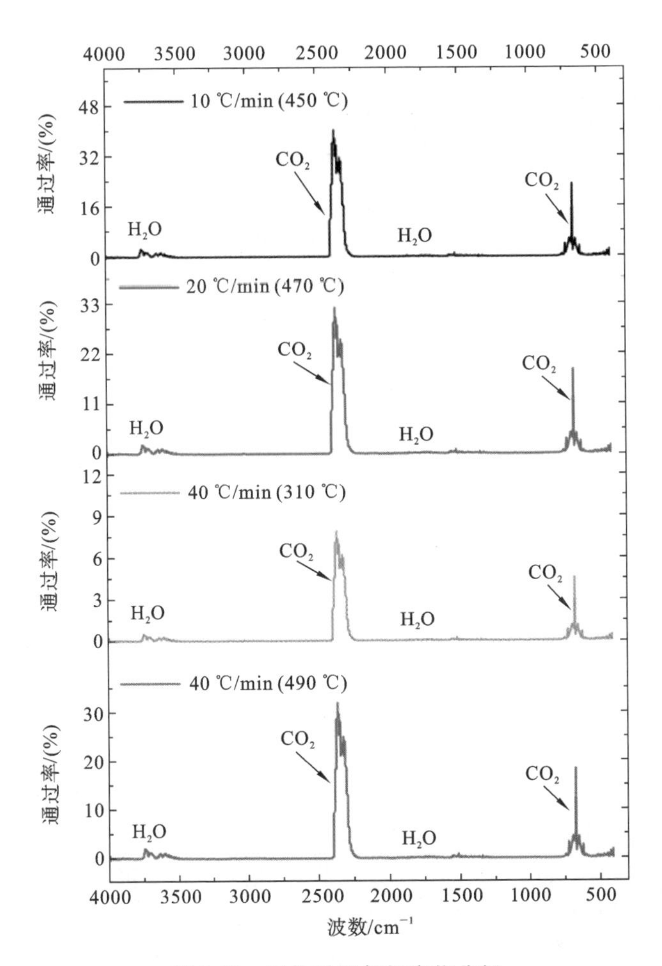

图 2-23　回收过程气相产物分析

(1) 氧化物半导体热活化产生大量空穴；

(2) 空穴捕捉来自树脂基体分子链中共价键的电子；

(3) 树脂基体大分子链因缺乏电子而变得不稳定，致使树脂基体大分子链断裂、坍塌和破坏，并形成低相对分子质量单体；

(4) 低相对分子质量单体与 O_2 进一步发生燃烧反应。

回收原理图如图 2-24 所示。

回收过程中，温度载荷使复合材料结构破坏，而氧化物半导体则在一定温度下被活化产生大量空穴，该空穴与复合材料之间产生氧化分解反应，物理层面的结构破坏和化学层面的分解反应，共同致使碳纤维从复合材料中分离出来，实现回收碳纤维的目的。复合材料结构破坏一方面为温度传递提供了通道，另一方面使更多的氧化物半导体进入复合材料内部，从而加速复合材料中树脂基体的分解，最终实现碳纤维与树脂基体的完全分离。回收过程中复合材料主要发生破坏的是树脂基体以及界面

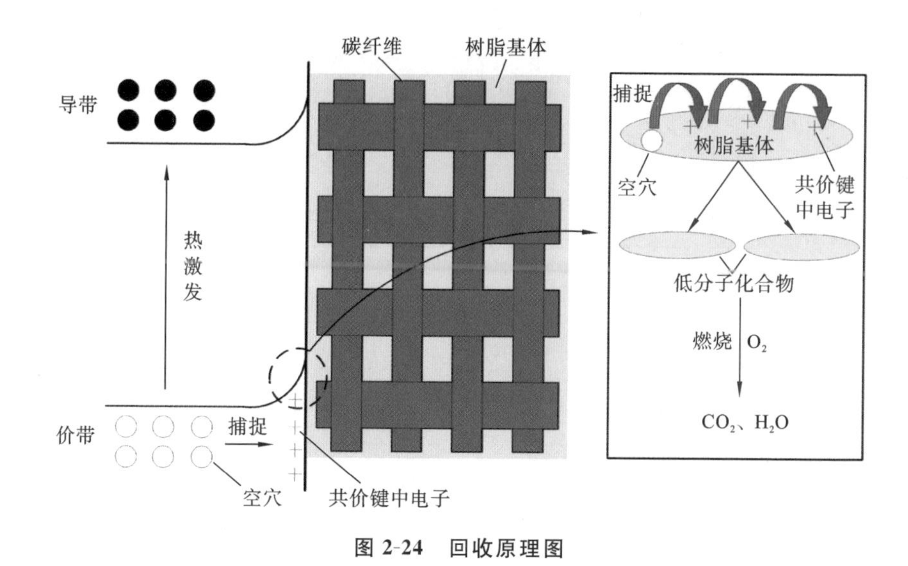

图 2-24　回收原理图

层,碳纤维的热应力和热应变较小,力学性能损失较小。

2.4　回收动力学

氧化物半导体热活化是一种有效回收碳纤维增强树脂基复合材料的方法,然而,在回收过程中不合理的能量输入会导致碳纤维的损坏和较高的运行成本,如何降低回收过程中的能耗并获得高性能的再生碳纤维已成为亟待解决的工程技术问题。回收过程中的能耗及再生碳纤维的力学性能与工艺参数密切相关,通过热动力学分析,重建反应模型可预估工艺参数。本节首先论述常用的动力学分析方法以及纤维复合材料的热分解动力学,然后基于氧化物半导体热活化原理,在非等温条件下回收CFRP废弃物,研究回收过程的热动力学、模型重建并进一步深化回收机理;根据CFRP中树脂在恒定温度下分解率随处理时间的变化,采用麦夸特(Levenberg-Marquardt,LM)通用全局优化算法,结合相关系数逼近原则,解算反应级数 n 和反应速率常数 k,对反应速率常数对数随温度倒数的变化进行线性回归,解算树脂基体分解过程的活化能 E_α 和指前因子 k_0,最终建立热激发氧化物半导体回收碳纤维的动力学方程,并通过实际的分解实验验证动力学方程的准确性。

2.4.1　热分析数据处理方法

1. 动力学三元组

在热分析领域使用的大多数动力学方法认为速率只是两个变量 T 和 α 的函数:

$$\frac{d\alpha}{dt}=k(T)f(\alpha) \tag{2-12}$$

反应速率对温度的依赖性用速率常数 $k(T)$表示，反应模型对转化程度的依赖性用 $f(\alpha)$表示。通过实验可确定转换程度为伴随物理性质总体变化过程的一部分。如果一个过程伴随着质量损失，则转换程度被评价为该过程中总质量损失的一个分数。如果一个过程伴随着热量的释放和吸收，则转换程度以该过程中释放和吸收的总热量百分比来评估。在这两种情况下，随着过程从开始到完成进行，α 会从 0 增加到 1，反映了反应物向生成物的总体进展。过程速率的温度依赖性通常通过阿伦尼乌斯(Arrhenius)方程来参数化：

$$k(T)=Ae^{-\frac{E_\alpha}{RT}} \tag{2-13}$$

温度由热分析仪器根据操作员设定的程序控制。温度程序可以是等温的也可以是非等温的。最常见的非等温程序是温度随时间的线性变化程序，即

$$\beta=\frac{dT}{dt} \tag{2-14}$$

式中：β 为升温速率。

过程速率的转换依赖性可以用各种各样的反应模型表示，其中常用的经典反应模型如表 2-11 所示。大多数模型都适用于特定的固态反应，即在解释不涉及任何固相的反应动力学时，具有非常有限的适用性。而确定固体物质在加热时是否会在固态下发生反应总是很有用的。

表 2-11　常用的 16 种经典反应动力学模型

序号	反应模型	代号	$f(\alpha)$	$g(\alpha)$
1	阿弗拉米-埃罗费夫(Avrami-Erofeev)模型	A2	$2(1-\alpha)[-\ln(1-\alpha)]^{1/2}$	$[-\ln(1-\alpha)]^{1/2}$
2	阿弗拉米-埃罗费夫模型	A3	$3(1-\alpha)[-\ln(1-\alpha)]^{2/3}$	$[-\ln(1-\alpha)]^{1/3}$
3	阿弗拉米-埃罗费夫模型	A4	$4(1-\alpha)[-\ln(1-\alpha)]^{3/4}$	$[-\ln(1-\alpha)]^{1/4}$
4	幂律模型(power law)	P2/3	$2/3\alpha^{-1/2}$	$\alpha^{3/2}$
5	幂律模型	P2	$2\alpha^{1/2}$	$\alpha^{1/2}$
6	幂律模型	P3	$3\alpha^{2/3}$	$\alpha^{1/3}$
7	幂律模型	P4	$4\alpha^{2/4}$	$\alpha^{1/4}$
8	一维扩散(one-dimensional diffusion)	D1	$1/2\alpha^{-1}$	α^2
9	二维扩散(two-dimensional diffusion)	D2	$[-\ln(1-\alpha)]^{-1}$	$[(1-\alpha)\ln(1-\alpha)]+\alpha$

续表

序号	反应模型	代号	$f(\alpha)$	$g(\alpha)$
10	三维扩散 (three-dimensional diffusion)	D3	$3/2(1-\alpha)^{2/3}[1-(1-\alpha)^{1/3}]^{-1}$	$[1-(1-\alpha)^{1/3}]^2$
11	Ginstling-Brounshtein	D4	$3/2[(1-\alpha)^{-1/3}-1]^{-1}$	$1-(2\alpha/3)-(1-\alpha)^{2/3}$
12	Contracting cylinder	R2	$2(1-\alpha)^{1/2}$	$1-(1-\alpha)^{1/2}$
13	Contracting sphere	R3	$3(1-\alpha)^{2/3}$	$1-(1-\alpha)^{1/3}$
14	First-order	F1	$(1-\alpha)$	$-\ln(1-\alpha)$
15	Second-order	F2	$(1-\alpha)^2$	$(1-\alpha)^{-1}-1$
16	Third-order	F3	$(1-\alpha)^3$	$[(1-\alpha)^{-2}-1]/2$

结合方程(2-12)和(2-13)可得：

$$\frac{\mathrm{d}\alpha}{\mathrm{d}t}=A\mathrm{e}^{-\frac{E_\alpha}{RT}}f(\alpha) \tag{2-15}$$

所得方程为微分动力学方法奠定了基础。在这种形式下，无论是等温还是非等温，该方程都具有适用性。对于恒定加热速率的非等温条件：

$$\beta\frac{\mathrm{d}\alpha}{\mathrm{d}T}=A\mathrm{e}^{-\frac{E_\alpha}{RT}}f(\alpha) \tag{2-16}$$

对式(2-15)积分得到

$$g(\alpha)=\int_0^\alpha\frac{\mathrm{d}\alpha}{f(\alpha)}=A\int_0^t\exp\left(\frac{-E_\alpha}{RT}\right)\mathrm{d}t \tag{2-17}$$

其中：$g(\alpha)$为反应模型的积分形式（见表2-11），为各种积分方法奠定基础。在加热速率恒定的条件下，对时间的积分通常用对温度的积分代替：

$$g(\alpha)=\frac{A}{\beta}\int_0^T\exp\left(\frac{-E_\alpha}{RT}\right)\mathrm{d}T \tag{2-18}$$

从计算的角度来看，热激发过程的动力学分析的目的是建立过程速率、转换程度和温度之间的数学关系。这可以通过几种方式实现。最直接的方法是确定一个动力学三元组，经常用于描述 A、E_α 和 $f(\alpha)$或 $g(\alpha)$的单一集合。

动力学分析可以有实际目的也可以有理论目的。主要的实际目的是预测工艺速率和材料寿命。只有采用合理的动力学分析方法，预测才可靠。动力学分析的理论目的是解释实验确定的动力学三元组。动力学三元组的每一个组成部分都与一些基本的理论概念有关。E_α 与能垒有关，A 与活化配合物的振动频率有关，$f(\alpha)$和 $g(\alpha)$与反应机理有关。动力学参数可以由从 2 个不同的温度程序中获得的数据确定，根据 ICTAC 委员会的建议至少采用 3～5 个程序。

2. 等转换方法(无模型方法)

所有的等转换方法都起源于等转换原理，在恒定的加热速率下，反应速率仅是温度的函数。这可以通过取 $\alpha=1$ 时反应速率的对数导数来证明：

$$\left[\frac{\partial \ln(\mathrm{d}\alpha/\mathrm{d}t)}{\partial T^{-1}}\right]_\alpha=\left[\frac{\partial \ln k(T)}{\partial T^{-1}}\right]_\alpha+\left[\frac{\partial \ln f(\alpha)}{\partial T^{-1}}\right]_\alpha \tag{2-19}$$

式中：下标 α 表示等转换值，即与给定转换范围相关的值。因为 α 为常数时，$f(\alpha)$ 也是常数，式(2-19)等号右边的第二项为 0，因此：

$$\left[\frac{\partial \ln(\mathrm{d}\alpha/\mathrm{d}t)}{\partial T^{-1}}\right]_\alpha=-\frac{E_\alpha}{R} \tag{2-20}$$

由式(2-20)可知，等转化率的温度依赖性可用于计算活化能 E_α 的等转换值，而不需假设或确定反应模型的任何特定形式。因此，等转换方法经常被称为无模型方法。然而，这个术语不应该从字面上来理解。虽然这些方法不需要识别反应模型，但是需要假设转化率的转换依赖性服从某些 $f(\alpha)$ 模型。

为了通过实验获得等转化率的温度依赖性，必须对不同的温度程序进行一系列的实验。这通常是在不同的加热速率或不同的恒定温度下进行的。建议在 $\alpha=0.05\sim0.95$ 的范围内确定 E_α 值，步长不大于 0.05。

等转换原理为大量的等转换计算方法奠定了基础，通常可以分为两类：微分和积分。

1) 微分等转换法

最常用的微分等转换方法是 Friedman 方法，其中活化能与加热速率变化无关，结果的可靠性取决于质量损失导数的准确性，该方法基于下面的等式：

$$\ln\left(\frac{\mathrm{d}\alpha}{\mathrm{d}t}\right)_{\alpha,i}=\ln[f(\alpha)A_\alpha]-\frac{E_\alpha}{RT_{\alpha,i}} \tag{2-21}$$

式(2-21)适用于任何温度程序，在每个给定的 α 处，E_α 的值由 $\ln(\mathrm{d}\alpha/\mathrm{d}t)_{\alpha,i}$ 与 $1/T_{\alpha,i}$ 的斜率确定。下标 i 表示不同的温度程序。$T_{\alpha,i}$ 表示在第 i 个温度程序下，达到对应的转换度 α 时的温度。对于等温温度程序，i 表示一个单独的温度。对于线性非等温程序，i 表示单个加热速率。对于后一种情况，式(2-21)经常通过以下形式使用：

$$\ln\left[\beta_i\left(\frac{\mathrm{d}\alpha}{\mathrm{d}t}\right)_{\alpha,i}\right]=\ln[f(\alpha)A_\alpha]-\frac{E_\alpha}{RT_{\alpha,i}} \tag{2-22}$$

式(2-22)假设 $T_{\alpha,i}$ 随时间的线性变化符合升温速率 β_i。也就是说，不能用 $T_{\alpha,i}$ 代替式(2-12)中实际样品温度来解释自热/自冷的影响。而式(2-22)则相反。然而，这两个方程都适用于冷却过程($\beta<0$)，如熔体的结晶过程。

由于微分等转换方法不使用任何近似，因此它们可能比下面考虑的积分方法更精确。然而，微分方法的实际应用不可避免地与一定的不准确性和不精密度有关。首先，当这些方法应用于差异数据(如 DSC 和 DTA)时，由于难以确定基线，会导致率值的显著不准确性。当反应热明显依赖加热速率时，也会出现不准确性。微分方法应用于积分数据(如 TGA)时需要使用数值微分，这会将不精度(噪声)引入速率数据中，并可能在平滑噪声数据时引入不准确性。考虑到这些问题，不应该认为微分方法一定比积分方法更精确。

2) 积分等转换法

积分等转换法源于将等转换原理代入式(2-16)。式(2-17)中的积分对任意温度程序都没有解析解。由于这个原因,有许多积分等转换方法,它们与式(2-18)中的温度积分近似不同,如式(2-23)所示:

$$\ln\left(\frac{\beta_i}{T_{\alpha,i}^{B}}\right)=\text{Const}-C\left(\frac{E_\alpha}{RT_\alpha}\right) \tag{2-23}$$

式中:B 和 C 是由温度积分近似方法决定的参数。例如,Doyle 粗略地计算后确定 $B=0$、$C=1.052$,得到常用的 Ozawa-Flynn-Wall(OFW)方程:

$$\ln(\beta_i)=\text{Const}-1.052\left(\frac{E_\alpha}{RT_\alpha}\right) \tag{2-24}$$

粗略的温度积分近似导致 E_α 的精确度降低。Murray 和 White 给出了更精确的近似,即 $B=2$、$C=1$,得出了另一个常用公式——Kissinger-Akahira-Sunose(KAS)公式:

$$\ln\left(\frac{\beta_i}{T_{\alpha,i}^{2}}\right)=\text{Const}-\frac{E_\alpha}{RT_\alpha} \tag{2-25}$$

与 OFW 方法相比,KAS 方法在计算 E_α 时的准确性显著提高。根据 Starink 法,当 $B=1.92$、$C=1.008$ 时,可以实现对 E_α 更精确的估计,公式(2-23)变为

$$\ln\left(\frac{\beta_i}{T_{\alpha,i}^{1.92}}\right)=\text{Const}-1.008\left(\frac{E_\alpha}{RT_\alpha}\right) \tag{2-26}$$

利用数值积分方法可以进一步提高精度,例如 Vyazovkin 提出了积分等转换方法。对于不同加热速率下进行的一系列实验,E_α 可以通过以下函数的最小化来确定:

$$\Phi(E_\alpha)=\sum_{i=1}^{n}\sum_{j\neq i}^{n}\frac{I(E_\alpha,\ T_{\alpha,i})\beta_j}{I(E_\alpha,\ T_{\alpha,j})\beta_i} \tag{2-27}$$

其中温度积分:

$$I(E_\alpha,\ T_\alpha)=\frac{A}{\beta}\int_0^T\exp\left(\frac{-E_\alpha}{RT}\right)\mathrm{d}T \tag{2-28}$$

对每个 α 值重复最小化,以获得 E_α 与 α 的关系。为了保证计算精度,在先进的 Vyazovkin 方法中采用了式(2-29)中的函数 $p(x)$。对于先进的 Vyazovkin 方法,最重要的是将 T_α 和 β 的实验值代入(2-27),并搜索 E_α 的最小值,将其作为每次转换的计算结果。$I(E_\alpha,T)$ 的值可用式(2-29)求得,认为是精确逼近。

$$p(x)=\frac{e^{-x}}{x(1.000198882x+1.87391198)} \tag{2-29}$$

式中:$x=E_\alpha/(RT)$。

3. 不变动力学参数法

不变动力学参数法利用了所谓的"补偿效应",当模型拟合方法应用于单一加热

速率实验时，可以观察到这种效应。将不同模型 $f(\alpha)$ 代入速率方程，并将其拟合到实验数据中，得到不同的阿伦尼乌斯参数对 $\ln A_i$ 和 E_i。尽管参数随 $f(\alpha)$ 变化很大，但它们都显示出一种被称为补偿效应的强相关性：

$$\ln A_i = a + bE_i \tag{2-30}$$

式中：参数 a、b 取决于加热速率。根据在不同加热速率 β_j 下得到的几组 b_j 和 a_j 计算的 $\ln A_{\mathrm{inv}}$ 和 E_{inv} 如下：

$$b_j = \ln A_{\mathrm{inv}} + E_{\mathrm{inv}} a_j \tag{2-31}$$

然而，这种方法很少使用，因为它需要大量计算，其唯一的优点是可同时评估 $\ln A$ 和 E_α，而不是反应模型。然而，一旦确定了活化能，就有几种相当简单的方法可用于评估指前因子和反应模型。此外，前面提到的优势完全被估计 $\ln A_{\mathrm{inv}}$ 和 E_{inv} 误差的艰巨问题所抵消。由于这些参数的间接计算方法，实验误差会在几个步骤中传播（首先是 $\ln A_i$ 和 E_i，然后是 a_j 和 b_j，最后是 $\ln A_{\mathrm{inv}}$ 和 E_{inv}），这使得正确计算恒定动力学参数中的误差非常困难。

4. 模型拟合方法

模型拟合是指推导与特定反应模型相关的动力学参数，该模型被认为代表了反应速率的转换依赖性。方程中使用了反应模型的积分和微分形式。一些常用的动力学模型如表 2-11 所示。有许多方法可以完成模型拟合。它们都涉及尽量减少反应速率的实验测量数据并降低计算数据之间的差异。数据可以是等温的、恒定的加热速率数据，也可以是两者的混合。最小化可以通过使用线性或非线性回归方法来实现。线性方法和非线性方法之间的一个关键区别是，线性方法不需要对 A 和 E 进行初始估计，而非线性方法需要。因此，尽管非线性方法在许多方面优于线性方法，但它们从线性方法提供的初始估计中获益良多。

了解模型拟合方法在可靠性方面的显著差异是非常重要的。特别是，基于单一加热速率的模型拟合是不可靠的。另外，ICTAC 动力学研究表明，只要模型同时拟合到不同温度方案下的多个数据集，模型拟合方法与无模型等转换方法一样可靠。

采用模型拟合方法的目的是获得最接近实验数据的反应模型。CR 是最常用的模型拟合方法之一，其表达式如式(2-32)所示。分别绘制 16 个反应模型的 $\ln[g(\alpha)/T^2]$ 和 $1/T$ 的关系曲线可得到对应的活化能与指前因子。

$$\ln \frac{g(\alpha)}{T^2} = \ln\left[\frac{AR}{\beta E_\alpha\left(1-\dfrac{2RT}{E_\alpha}\right)}\right] - \frac{E_\alpha}{RT} \tag{2-32}$$

除了 CR 方法，主图法也可用于评价固体热分解模型。该方法不需依赖活化能，只依赖于转化率 α，TGA 实验数据易于转化为实验主图形式。以转化率 $\alpha=0.5$ 为参考点，有

$$\frac{g(\alpha)}{g(0.5)} = \frac{p(x)}{p(x_{0.5})} \tag{2-33}$$

其中，$x_{0.5} = E_\alpha/(RT_{0.5})$。式(2-33)左边是通过经典反应模型绘制的 $g(\alpha)/g(0.5)$ 的

理论曲线,右边是通过实验数据绘制的 $p(x)/p(x_{0.5})$ 的实验曲线,如果经典模型适用,则理论曲线与实验曲线应趋于一致。

通过残差平方和评估经典模型对反应机理的适用性,如式(2-34)、式(2-35)所示:

$$S_j^2=\frac{1}{n-1}\sum_{i=1}^{n}\left(\frac{p_i}{p_{0.5}}-\frac{g_j(\alpha_i)}{g_{j0.5}}\right) \tag{2-34}$$

$$F=\frac{S_j^2}{S_{\min}^2} \tag{2-35}$$

式中:S_j^2 表示残差平方和;下标 j 表示不同的升温速率;下标 i 表示实验的转化率。经过计算和检验可以得出结论,S_j^2 值较大的经典反应模型不能准确反映研究对象的热分解反应过程。符合热活化 Cr_2O_3 半导体反应机理的模型对应的 $F=1$。

2.4.2 CFRP 回收的热分解动力学

热分析动力学是指在程序控制温度下,采用物理方法(如热重法)监测研究体系在反应过程中物理性质随反应时间或温度的变化。该方法在测量过程中无须添加任何试剂,可以原位在线、不干扰地连续监测一个反应,从而可以得到复合材料热分解过程的完整动力学信息。利用热重法测试反应动力学参数的方法包括等温法和非等温法。等温法是在恒温下测定变化率和时间的关系,非等温法是在线性升温下测定变化率和时间的关系。非等温法又可分为单升温速率法和多升温速率法。多升温速率法是指采用多个升温速率下的多条热重曲线进行热分析动力学处理的方法,由于该方法经常采用相同转化率下的热分析数据进行活化能的计算,因此又称等转化率法。等转化率法在计算活化能时不需要预先假定动力学模型函数,所以又称"非模型动力学法"(model free method)。在进行动力学分析时,通常采用实验数据与动力学模型函数相配合的方法来判定模型函数能否用于描述该反应,但当采用单升温速率法来确定动力学参数时,通常会产生多个动力学模型函数能够描述同一热重曲线的现象,使其结果具有不确定性。等转化率法避免了单升温速率法必须假定动力学模型函数的不足,既可以用于等温实验,又可以用于处理非等温实验数据。同时,这种方法能够在不需要对反应动力学模型进行假设的前提下得到活化能与转化率或反应温度的关系,是一个能从等温法和非等温法中获得动力学信息的可靠方法,有助于揭示热分解反应的复杂性。ICTAC 动力学委员会以前的项目集中于广泛比较计算动力学参数的各种方法,得到的结论是,在计算可靠的动力学参数时,建议使用多个加热速率程序(或更普遍的多温度程序),而应避免使用单一加热速率程序(或单一温度程序)的方法。常用的等转化率法有 OFW 法、KAS 法及 Friedman 法等。

早在 1996 年,Chen 等就利用热重分析仪研究了环氧树脂在氮气气氛中不同升温速率下的热解动力学。采用阿伦尼乌斯方程模拟整个速率方程,通过 Friedman 法确定了活化能、指前因子和反应级数。在惰性气体气氛中环氧树脂的热解只有一个阶段，初始反应温度区间为 258～279 ℃，平均活化能为 172.7 kJ/mol，反应级数为 0.4。随后他们又研究了不同氧气体积分数(5%、10%和 20%)条件下环氧树脂的热解动力学。不同于惰性气氛下环氧树脂的热解，有氧条件下的热解包括两个阶段：树脂热分解和积炭氧化。初始反应温度区间为 197～299 ℃，并且随着氧气体积分数和升温速率的增加而降低。同样采用 Friedman 法计算出的第一阶段和第二阶段的表观活化能分别为 129.6～151.9 kJ/mol 和 103～117.8 kJ/mol。而且随着氧气体积分数的增加，两个阶段的表观活化能都相应下降。每一段反应都可以导出一个速率方程，总反应速率由两段反应速率分别乘以权重因子 α_c 和$(1-\alpha_c)$然后加和得到，权重因子 α_c 的值为 0.71～0.74。

Chen 等采用热重分析(TGA)、原位傅里叶变换(FTIR)和在线 TGA-FTIR 质谱(MS)分析研究了酚醛纤维增强塑料(简称酚醛 FRP)的热解动力学、挥发性产物和反应机理。结果表明，在惰性气氛下，酚醛 FRP 的热解过程分两个阶段，转化率范围分别为 0～0.2 和 0.2～1；第一、第二和整个热解过程活化能平均值分别为 174.66 kJ/mol、233.62 kJ/mol 和 223.22 kJ/mol。第一阶段的挥发性产物主要是 H_2O、醇类、脂肪族化合物和羧酸。第二阶段的挥发性产物主要为 CO_2、羧酸和芳香族化合物。第二阶段的挥发性产物含量远远大于第一阶段。Hadigheh 等采用热重法研究了 CFRP 的动力学行为，采用基于多曲线的 Friedman、Kissinger 和 Ozawa 方法及改进的基于单曲线的 Coats-Redfern 方法计算了反应活化能，确定热解过程包括两个阶段，其中大部分聚合物基质(55%)在第一阶段的反应中被去除。在第一阶段和 425 ℃以下，加热速率较低，导致转化率较高和活化能较低。在第二阶段，通过分析不同升温速率的模型拟合结果，可知升温速率越高，试样在热解初期所需要的活化能越大，反应时间越短，导致转化率越低。而较低的升温速率致使 CFRP 反应不稳定，纤维回收质量下降。基于动力学分析结果优化碳纤维回收工艺参数，结果表明，热解至 425 ℃，氧化至 550 ℃，10 ℃/min 的加热速率和一定的等温停留时间下，可获得清洁的再生碳纤维，表面损伤较小。

Xu 等采用热重分析法研究了碳/环氧层合板和泡沫芯夹层复合材料在大气中不同加热速率下的热行为，利用扫描电子显微镜对不同特征温度下热解后的样品和残渣的形态图像进行了进一步研究。此外，采用热重傅里叶变换红外光谱法对热解过程中产生的蒸汽和气体进行了分析。结果表明，碳/环氧层合板和泡沫芯夹层复合材料的热解反应分为三个阶段。此外，每一种材料升温速率的增加导致每个热解步骤的初始和最终温度升高。采用 Kissinger 法、OFW 法和 Starink 法估算碳/环氧复合材料的热分解动力学参数，可得到相应的热力学参数。通过反应动力学分析，可知碳/环氧复合材料的热解反应不容易激活，需要较大的活化能，但一旦突破了这一能量位垒，一系列反应就容易发生。

Wang 等采用锥形量热法和热重法研究了环氧树脂基体和环氧树脂基碳纤维/环氧复合材料的热解燃烧特性和反应动力学。结果表明，随着热辐射强度的增大(从

25 kW/m^2 增加到 55 kW/m^2)，试验样品的平均点火时间缩短，放热速率峰值增大，峰值出现的时间提前，碳纤维对环氧树脂的热解和燃烧有抑制作用。它能有效抑制燃烧过程中的液滴和飞溅现象。点火时间、放热时间和放热速率峰值延迟。碳纤维/环氧泡沫层合板中泡沫芯材料的着火温度较低，导致平均着火时间和峰值放热速率出现较早。计算得到 4 种试验样品(环氧树脂基体、碳纤维/环氧双向机织物、碳纤维/环氧预浸料和碳纤维/环氧泡沫层压板)的理论临界热流率，理论临界热通量分别为 12.12 kW/m^2、13.21 kW/m^2、11.12 kW/m^2 和 0.93 kW/m^2。碳纤维/环氧双向机织物的热解过程可分为环氧树脂基体分解和碳纤维分解两个阶段。升温速率对热解过程有显著影响，随着加热速率的增加，最大失重速率温度向高温方向移动。采用 Kissinger 法和 OFW 法进行热解动力学分析，在不同的加热速率下，得到表观活化能和指前因子，两种方法的结果基本一致。当热解温度达到 450 ℃时，三种复合材料的质量损失分别为 20%、17%和 28%。由此可见，碳纤维/环氧预浸料的热稳定性最好，碳纤维/环氧双向机织物的热稳定性较好，碳纤维/环氧泡沫层压板的热稳定性最弱，在任何温度下都符合这个规律。

Li 等以中航工业(中国航空工业集团有限公司)复合材料公司生产的碳纤维环氧树脂为原料，通过同时热分析、傅里叶红外光谱和质谱分析等方法，确定了其热降解机理和热解产物，采用 Kissinger、Friedman、Ozawa、Coats-Redfern 方法建立了动力学模型。结果表明：惰性气氛下的热降解过程为三步，而空气气氛下的热降解过程为四步。这两种环境下的前两个步骤几乎相同，包括干燥、二氧化碳逸出和环氧树脂分解。在惰性气氛的第三步，苯酚形成，甲烷减少，一氧化碳基本消失，二氧化碳产量增加。然而，在空气中，碳质残留物的热氧化和分子间碳化被观察到。热降解反应机理服从 F4 模型。这些结果为碳纤维环氧树脂在飞机工业中的应用提供了基础和全面的支持。

当前纤维复合材料的回收过程动力学分析基于热解回收法，采用非等温法来研究。热解回收法是唯一实现工业化应用的方法，而热解法回收过程需要较高的反应温度，同时产生大量有毒有害气体，液相产物组分复杂且难以分离。而氧化物半导体热活化回收 CFRP 废弃物的工艺方法，可在加热温度为 400～550 ℃的条件下获得表面光滑、性能优异的再生碳纤维。如何降低回收过程中的能耗并获得高性能的再生碳纤维已成为亟待解决的工程技术问题。回收过程中的能耗及再生碳纤维的力学性能与工艺参数密切相关，通过热动力学分析，重建反应模型可预估工艺参数。

2.4.3 非等温条件下回收动力学

1. TGA-DTG

通过热重分析仪可获得 CFRP 样品随温度升高的质量损失数据，样品的转化率利用式(2-36)计算：

$$\alpha=\frac{M_0-M_T}{M_0-M_1} \tag{2-36}$$

利用式(2-36)可以分析环氧树脂基体的分解情况，不同的升温速率下样品质量的损失率是相似的，图2-25展示了树脂分解过程中不同升温速率对应的转化率α随温度的变化。在120～800 ℃范围内，α从0逐渐增加到0.2，随后在$0.2<\alpha<0.7$范围内迅速增加，最后在$0.7<\alpha<1.0$范围内转化率增加速率减慢，$\alpha=0.2$和$\alpha=0.7$分别是转化率曲线的拐点。前期研究表明，在一定温度下，粉末状Cr_2O_3受热激发产生大量空穴，空穴捕捉树脂基体的共价键电子致使树脂基体分解。而相同时间内不同的升温速率提供的能量不同，在一定温度范围内，升温速率越大，Cr_2O_3受热激发产生大量空穴的速度越快，相同温度下的转化率越大。如图2-25所示，当温度小于300 ℃时，20 ℃/min的升温速率对应的转化率最大，当温度小于410 ℃时，40 ℃/min的升温速率对应的转化率最大。

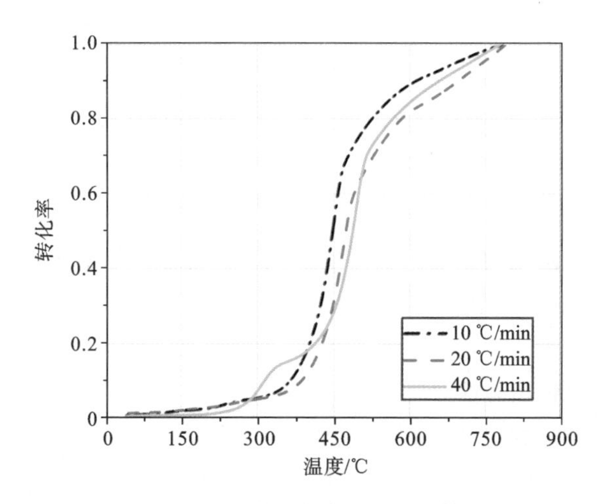

图2-25 不同升温速率下样品的转化率

图2-26展示了反应速率$d\alpha/dT$与温度的关系。10 ℃/min和20 ℃/min的升温速率下只有一个明显峰值，分别出现在450 ℃和470 ℃附近，最快的反应速率分别为1.0%/℃和0.85%/℃。然而，40 ℃/min的升温速率有两个明显峰值，分别出现在310 ℃和490 ℃附近，对应的反应速率分别为0.2%/℃和0.85%/℃。在一定温度范围内，较快的升温速率提供较大能量，致使粉末状Cr_2O_3受热激发产生大量空穴的速度较快，尤其是在260～350 ℃范围内。粉末状Cr_2O_3在较低温度下产生的空穴具有不稳定性，因此，40 ℃/min的升温速率有两个峰值点。相同温度下，不同升温速率提供相同能级，但较慢的升温速率致使传热更充足，尤其是在390～500 ℃范围内，如图2-26所示，越慢的升温速率下达到反应速率峰值的温度越低。反应速率最快时表明空穴数量达到峰值，空穴捕捉树脂基体的电子后，再次受热激发产生空穴需要一定的时间，致使反应速率降低。热活化Cr_2O_3半导体降解环氧树脂基体主要包

括两个步骤：粉末状 Cr_2O_3 受热产生大量空穴和环氧树脂基体分解。图 2-26 还表明，热活化 Cr_2O_3 半导体回收碳纤维/环氧树脂的较优温度范围为 450～520 ℃，超出此温度范围，整体反应速率明显降低。

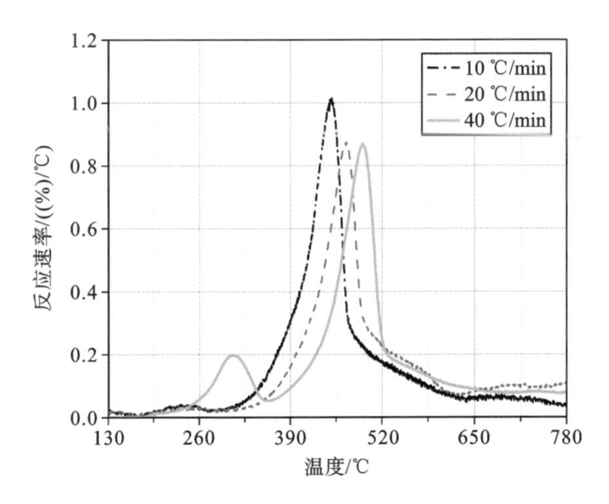

图 2-26　不同升温速率下的反应速率

2. 计算反应活化能

树脂基体降解的热动力学分析的目的是确定热活化 Cr_2O_3 半导体回收 CFRP 过程中的反应活化能等动力学参数，从而减少 CFRP 降解过程中的能量损耗。采用 ICTAC 委员会推荐的等转换方法分析热重实验数据，可得到可靠的反应活化能，用于构建反应模型。采用的五种无模型方法分别为 FR、KAS、OFW、Starink 和 AIC 法，无模型方法假设活化能不受升温速率变化的影响。为确定 FR、KAS、OFW、Starink 四种动力学模型的参数，分别绘制 $1/T$ 与 $\ln(\beta(d\alpha/dT))$、$\ln(\beta/T^2)$、$\ln\beta$、$\ln(\beta/T^{1.92})$ 的关系图，如图 2-27所示。

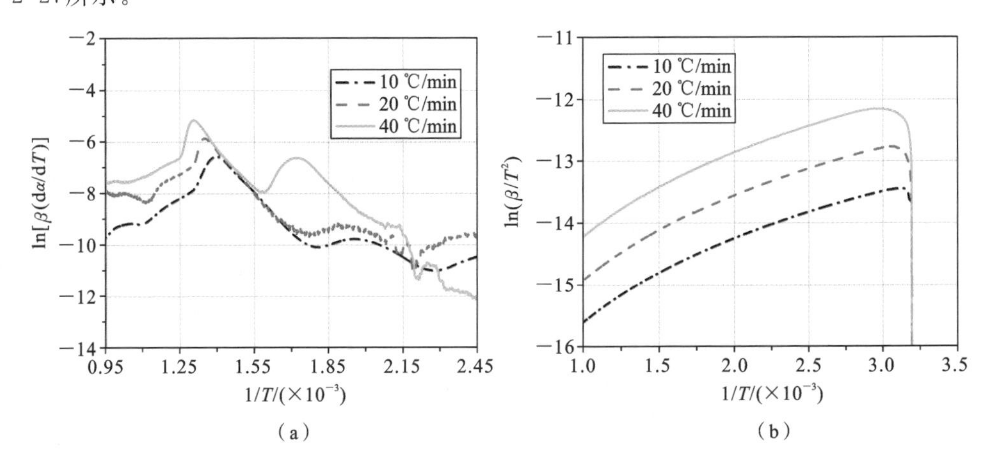

图 2-27　$\ln[\beta(d\alpha/dT)]$、$\ln(\beta/T^2)$、$\ln\beta$、$\ln(\beta/T^{1.92})$和 $1/T$ 的关系

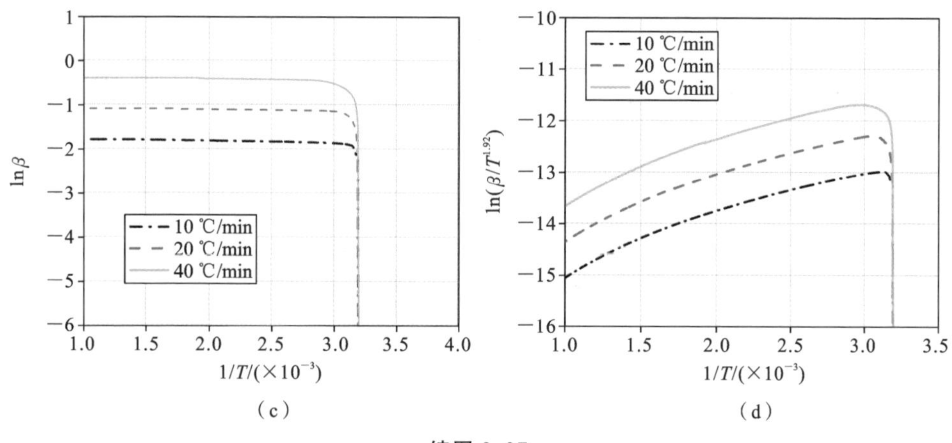

续图 2-27

为确定各模型对应的活化能，首先，确定各模型在相同分解转化率下对应的温度 T。然后，确定不同升温速率在对应温度 $1/T$ 下 $\ln[\beta(\mathrm{d}\alpha/\mathrm{d}T)]$、$\ln(\beta/T^2)$、$\ln\beta$、$\ln(\beta/T^{1.92})$的值，如图 2-28 所示。最后，将不同升温速率在相同转化率 α 下的数据

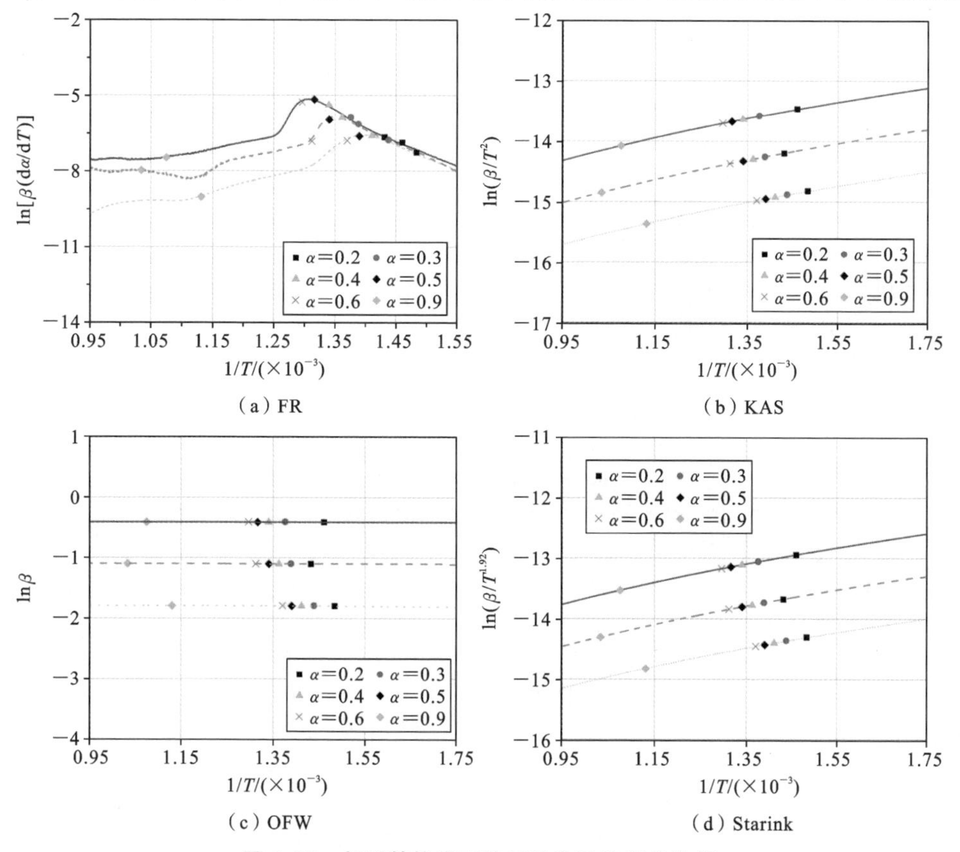

图 2-28　相同转换率下的三种升温速率的数据

进行线性拟合，如图 2-29 所示。FR 法的 E_α 值等于图 2-29(a)中拟合线的斜率乘以负气体常数 R；类似的，KAS 法、OFW 法、Starink 法的 E_α 值分别由图 2-29(b)(c)(d)中拟合线的斜率求得，如表 2-12 所示。

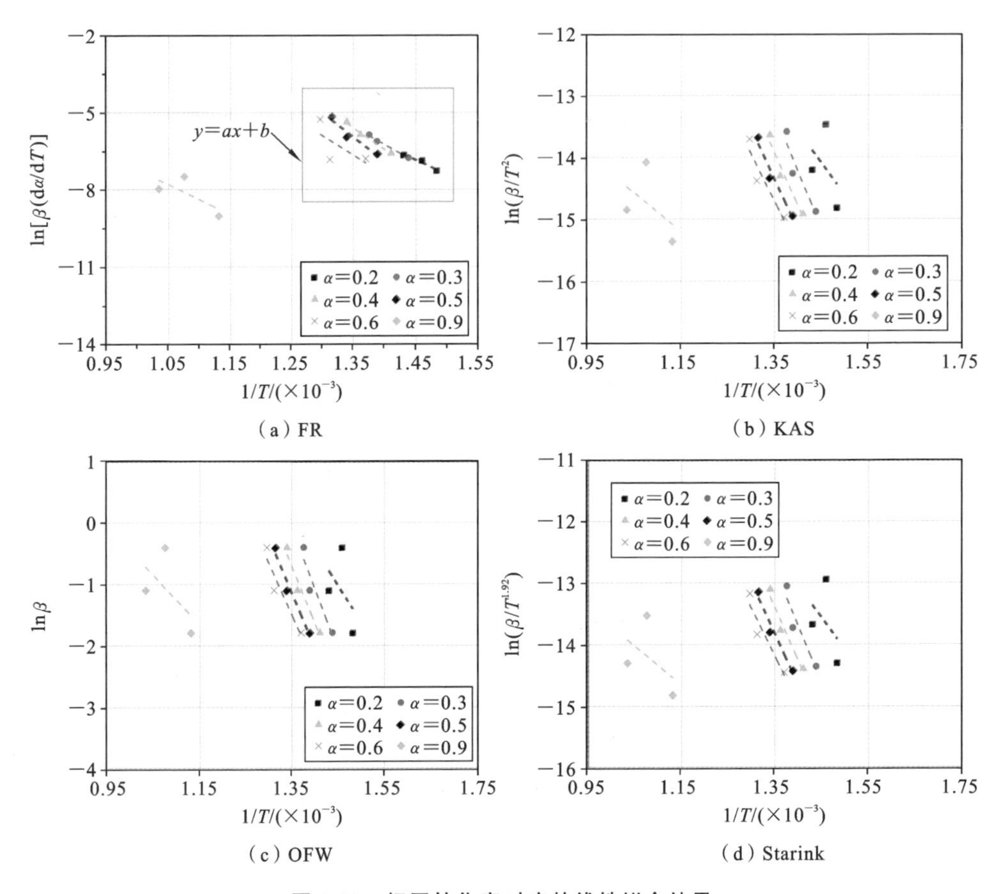

图 2-29　相同转化率对应的线性拟合结果

表 2-12　四种无模型方法获得的结果

方法	参数	转化率 α					
		0.2	0.3	0.4	0.5	0.6	0.9
FR	$a/(\times 10^4)$	−1.122	−1.420	−1.670	−1.882	−1.500	−1.333
	b	13.542	17.728	21.049	23.579	17.686	14.974
	R^2	0.946	0.992	0.990	0.946	0.429	0.530
	E_α/(kJ/mol)	93.258	118.065	138.855	156.496	124.741	110.828

续表

方法	参数	转化率 α					
		0.2	0.3	0.4	0.5	0.6	0.9
KAS	$a/(\times10^4)$	−1.645	−1.867	−1.716	−1.662	−1.543	−1.275
	b	11.945	16.017	13.339	12.199	10.602	7.626
	R^2	0.723	0.885	0.947	0.960	0.886	0.228
	E_α/(kJ/mol)	136.736	155.259	142.679	138.178	128.269	106.025
OFW	$a/(\times10^4)$	−1.781	−2.010	−1.864	−1.810	−1.692	−1.465
	b	20.218	31.157	28.534	27.411	25.428	22.583
	R^2	0.294	0.899	0.954	0.966	0.903	0.331
	E_α/(kJ/mol)	148.067	167.117	154.951	150.475	140.649	121.782
Starink	$a/(\times10^4)$	−1.650	−1.872	−1.723	−1.668	−1.547	−1.271
	b	11.232	16.608	13.961	12.805	10.790	6.613
	R^2	0.169	0.885	0.947	0.961	0.887	0.231
	E_α/(kJ/mol)	137.211	155.644	143.251	138.660	128.631	105.693

采用精细的转化率间隔(即 0.025),反应活化能随转化率的变化趋势如图 2-30 所示。OFW、KAS、Starink、AIC 四种方法预测的活化能 E_α 随 α 的变化趋势相似,在 $0<\alpha<0.3$ 范围内逐渐增大,当 $0.3<\alpha$ 时,活化能逐渐减小。然而,通过 FR 方法计算得到的活化能 E_α 在 $0<\alpha<0.5$ 范围内逐渐增大,当 $0.5<\alpha$ 时,活化能逐渐减小。由于 FR 方法是一种微分近似方法,在处理 TGA 实验数据的过程中存在较大误差,因此采用 FR 方法获得的活化能与其他四种方法的偏差较大。采用 OFW、KAS、

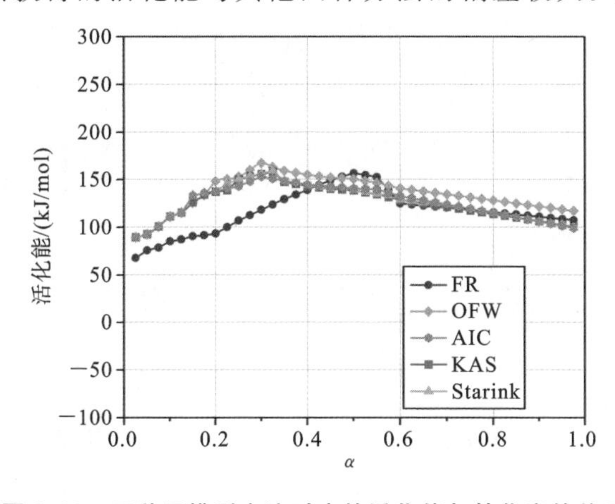

图 2-30　五种无模型方法对应的活化能与转化率的关系

Starink、AIC 方法计算的活化能的一致性证明了计算结果的准确性。

四种无模型方法在反应前后期的 R^2 值较小，表明其用于预测该阶段热活化 Cr_2O_3 半导体降解环氧树脂基体反应活化能具有不确定性，因为反应前期温度较低，难以激发 Cr_2O_3 产生大量空穴，后期可能是因为大部分环氧树脂基体被分解，粉末状 Cr_2O_3 空穴呈现不稳定性。这一结果表明，非等温热活化 Cr_2O_3 半导体回收 CFRP 可分为三个阶段：第一个阶段，$0<\alpha<0.2$，这是反应初期活化能缓慢增加的过程；第二个阶段，$0.2<\alpha<0.7$，反应过程相对稳定，活化能可认为是一个常数；第三个阶段，$0.7<\alpha$，反应速率显著降低，活化能出现较大的不稳定性。

3. 经典模型拟合

前面采用等转换的无模型方法，掌握了热活化 Cr_2O_3 半导体降解环氧树脂基体的活化能变化规律。然而，无模型方法只能计算反应活化能和指前因子，同时忽略了升温速率的影响。由于升温速率的增加，粉末状 Cr_2O_3 产生大量空穴的温度不同，致使反应延迟。可采用曲线拟合的方法研究升温速率对活化能的影响。下面采用活化能相对稳定的反应过程的数据拟合经典反应机理函数，采用 CR 方法在 $0.2<\alpha<0.7$ 范围内拟合分析，并验证上述无模型方法所分析的动力学行为的准确性。CR 法是一种积分方法，它利用渐进假设确定分解反应机理。采用 CR 法计算的数据如图 2-31 所示，线性拟合后得到三种升温速率下反应活化能、指前因子 $\ln A$ 以及拟合程度 R^2，如表 2-13 所示。对于不同模型，活化能与指前因子的计算结果有较大差异。结果表明，F 系列和 D 系列模型是较适合热活化 Cr_2O_3 半导体降解 CFRP 中环氧树脂基体的模型。

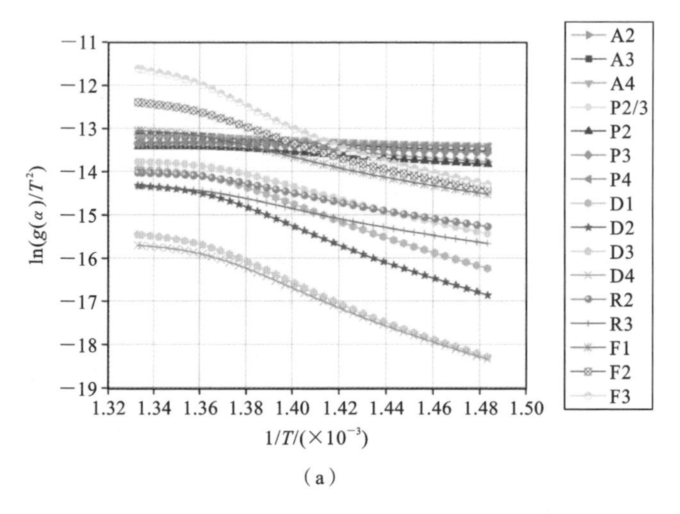

(a)

图 2-31　不同升温速率下各模型的 CR 实验数据曲线

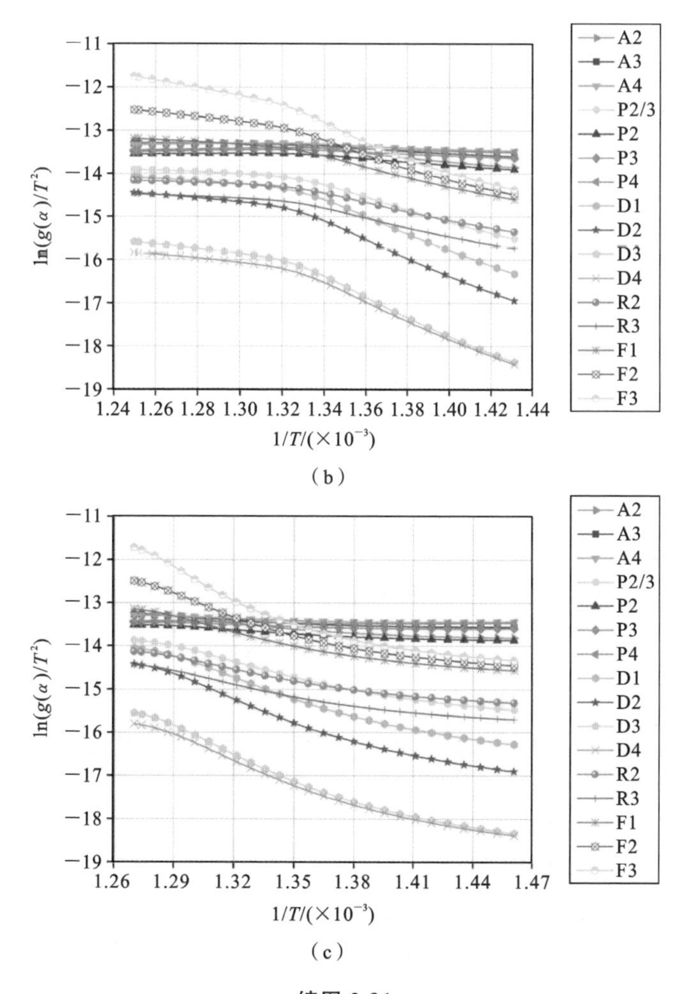

续图 2-31

表 2-13　CR 方法计算的三种升温速率对应的 16 种经典模型的动力学参数

模型	10 ℃/min			20 ℃/min			40 ℃/min		
	E_α	lnA	R^2	E_α	lnA	R^2	E_α	lnA	R^2
A2	39.649	4.048	0.990	29.004	2.349	0.922	26.815	2.568	0.935
A3	22.496	0.678	0.986	15.192	−0.442	0.877	13.808	−0.095	0.899
A4	13.916	−1.204	0.979	8.287	−2.120	0.787	7.305	−1.732	0.820
P2/3	102.325	14.557	0.986	78.119	10.276	0.920	77.096	10.703	0.957
P2	26.226	1.215	0.976	17.753	−0.117	0.837	17.562	0.505	0.955
P3	13.543	−1.443	0.959	7.692	−2.439	0.679	7.640	−1.780	0.905

续表

模型	10 ℃/min			20 ℃/min			40 ℃/min		
	E_α	$\ln A$	R^2	E_α	$\ln A$	R^2	E_α	$\ln A$	R^2
P4	7.201	−3.073	0.920	2.661	−4.243	0.304	2.678	−3.555	0.687
D1	140.375	20.863	0.987	108.302	15.059	0.926	106.863	15.389	0.978
D2	156.193	23.130	0.990	121.453	16.800	0.936	117.873	16.753	0.974
D3	181.406	25.112	0.992	137.000	18.142	0.947	130.607	17.606	0.967
D4	162.301	22.771	0.991	126.606	16.241	0.940	122.099	16.033	0.972
R2	76.866	9.860	0.990	58.455	6.688	0.930	56.060	6.883	0.965
R3	81.434	10.335	0.991	62.285	7.018	0.936	59.201	7.088	0.961
F1	91.136	13.290	0.992	70.438	9.667	0.947	65.835	9.465	0.955
F2	124.763	19.630	0.991	98.843	14.956	0.969	88.548	13.760	0.934
F3	164.763	27.052	0.986	132.793	21.141	0.980	115.249	18.705	0.915

除了CR方法，主图法也常用于评价固体热分解模型。根据16种经典反应模型公式可绘制$g(\alpha)/g(0.5)$与α的理论曲线，由实验数据可绘制$p(\alpha)/p(0.5)$与α的实验曲线。如果理论曲线与实验曲线一致，表明该模型可较好地描述固体热解。如表2-14所示，F3模型的反应函数F计算值最小。主图法表明，$g(\alpha)=[(1-\alpha)^{-2}-1]/2$与空气中热活化$Cr_2O_3$半导体降解环氧树脂的分解机制有关，如图2-32所示。热活化Cr_2O_3半导体降解环氧树脂反应函数F的计算值如表2-14所示，对于三个不同的升温速率，所有经典模型的反应函数F值都大于反应函数$g(\alpha)=[(1-\alpha)^{-2}-1]/2$，表明$g(\alpha)=[(1-\alpha)^{-2}-1]/2$是所有模型中较适合描述热活化$Cr_2O_3$半导体降解环氧树脂机理的反应函数。通过主图法确定的反应函数与CR方法确定的反应函数不完全相同。这有两个方面原因：采用CR法计算时，α选取的范围为0.2～0.7，采用主图法计算时，α选取的范围为0.2～0.9。主图法默认活化能是一个常数，而热活化Cr_2O_3半导体降解环氧树脂时随着转化率的增加，活化能先增加后降低。

表2-14　经典反应函数F的计算值

序号	$g(\alpha)$	10 ℃/min	20 ℃/min	40 ℃/min	平均值
1	$[-\ln(1-\alpha)]^{1/2}$	8.458	4.969	1.624	5.017
2	$[-\ln(1-\alpha)]^{1/3}$	8.755	5.111	1.641	5.169
3	$[-\ln(1-\alpha)]^{1/4}$	8.891	5.175	1.649	5.238
4	$\alpha^{3/2}$	7.794	4.649	1.585	4.676
5	$\alpha^{1/2}$	8.848	5.156	1.647	5.217

续表

序号	$g(\alpha)$	10 ℃/min	20 ℃/min	40 ℃/min	平均值
6	$\alpha^{1/3}$	8.991	5.223	1.655	5.290
7	$\alpha^{1/4}$	9.060	5.255	1.659	5.325
8	α^{2}	7.106	4.311	1.541	4.320
9	$[(1-\alpha)\ln(1-\alpha)]+\alpha$	6.392	3.956	1.494	3.947
10	$[1-(1-\alpha)^{1/3}]^{2}$	10.570	5.969	1.737	6.092
11	$1-(2\alpha/3)-(1-\alpha)^{2/3}$	6.036	3.777	1.470	3.761
12	$1-(1-\alpha)^{1/2}$	7.955	4.727	1.594	4.759
13	$1-(1-\alpha)^{1/3}$	7.775	4.640	1.583	4.666
14	$-\ln(1-\alpha)$	7.329	4.423	1.556	4.436
15	$(1-\alpha)^{-1}-1$	4.996	3.258	1.396	3.217
16	$[(1-\alpha)^{-2}-1]/2$	1.000	1.000	1.000	1.000

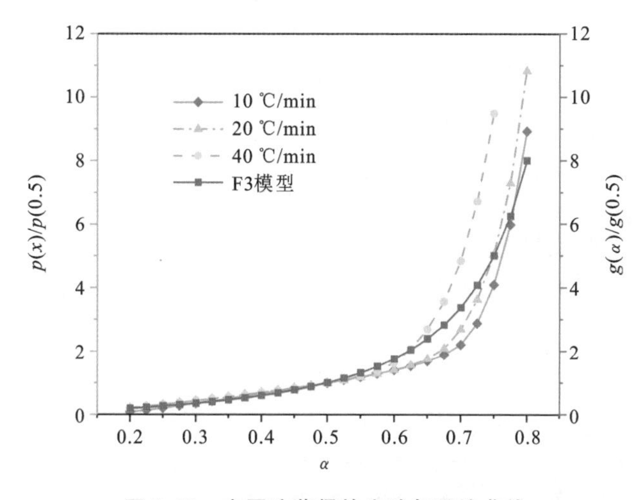

图 2-32　主图法获得的实验与理论曲线

在上述分析中，反应模型建立的数据基础是非等温分解中活化能稳定的阶段。在反应前期和后期，由于粉末状 Cr_2O_3 空穴的不稳定性，计算出的活化能存在波动。在模型拟合时，忽略反应的不稳定阶段获得的线性度较高的反应模型不能充分描述热活化 Cr_2O_3 半导体降解环氧树脂的实际过程，无法很好地与实验数据匹配。因此，需要建立新的函数来修正整体的反应机理函数方程。

4. 基于动力学补偿效应构建反应模型

通过 16 种不同模型可得到 3 种升温速率对应的活化能和指前因子，意味着每个升温速率有 16 组活化能和指前因子，可获得每个升温速率下 E_α 和 $\ln A$ 的线性关系，通过各模型获得活化能后可预测指前因子的值。图 2-33 所示为在 3 种升温速率下热活化 Cr_2O_3 半导体降解环氧树脂基体反应的 CR 方法动力学补偿效果图。随着升温速率的增加，人工等速温度也会增加。对于合适的反应模型，人工等速温度在实验温度范围内。实验获得的人工等速温度值均位于实验温度范围内，证明了所选反应模型的准确性。

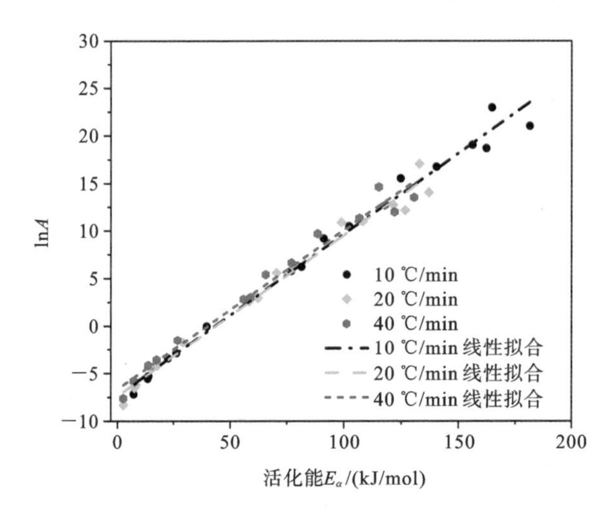

图 2-33　$\ln A$ 和 E_α 在 10、20、40 ℃/min 的升温速率下的线性关系

根据动力学补偿效应的表达式，对 16 组数据线性拟合可求得 a、b 的值以及拟合线性度 R^2，拟合所得数据如表 2-15 所示，实验数据与拟合线的拟合程度高。

表 2-15　利用 CR 法计算的 3 个不同加热速率的动力学补偿效应参数值

10 ℃/min			20 ℃/min			40 ℃/min		
a	b	R^2	a	b	R^2	a	b	R^2
0.1702	−3.2659	0.98819	0.1673	−3.1835	0.984	0.1784	−3.9831	0.982

将由 AIC 方法得到的活化能值代入不同升温速率下的动力学补偿效应方程，可计算出对应的指前因子。将活化能、指前因子和反应速率代入阿伦尼乌斯方程，计算出 $f(\alpha)$ 的值，构建热活化 Cr_2O_3 半导体降解环氧树脂的反应模型。反应机理函数 $f(\alpha)$ 可由下式计算：

$$f(\alpha) = \frac{\beta}{A}\frac{d\alpha}{dT}e^{\frac{E_\alpha}{RT}} \tag{2-37}$$

每一个转化率都对应唯一确定的 $f(\alpha)$，因此，可以绘制 3 种升温速率的 $f(\alpha)$ 的散点图，验证经典反应模型的准确性。如前所述，D 系列反应模型与热活化 Cr_2O_3 半导体降解环氧树脂基体的反应相似度较高，但 D 系列模型并不是真正的反应模型。

且经典反应模型不适用于固体或多孔结构固体的分解反应,因此直接重构模型仍难匹配实验数据,需引入调整函数修正表 2-11 中的经典模型,以提高重建模型的准确性。修正后的函数由反应模型对应的函数与平差函数的乘积表示。例如 F 系列重建反应模型可表示为

$$f(\alpha)=d\alpha^{m}(1-\alpha)^{n} \tag{2-38}$$

式中:d、m、n 均为常数,基于实验数据进行模型重建的过程是求解这 3 个参数的值。3 种升温速率对应的曲线规律相似,在模型识别中统一求解,图 2-34 为修正模型曲线与实验数据曲线的比较。经平差函数修正的模型如表 2-16 所示。对比残差平方和的大小,可知修正后的 D4 模型最符合 3 种升温速率下热活化 Cr_2O_3 半导体降解环氧树脂基体的反应机理模型,模型公式为

$$f(\alpha)=0.6008\alpha^{0.3084}\left[(1-\alpha)^{-1/3}-1\right]^{-1} \tag{2-39}$$

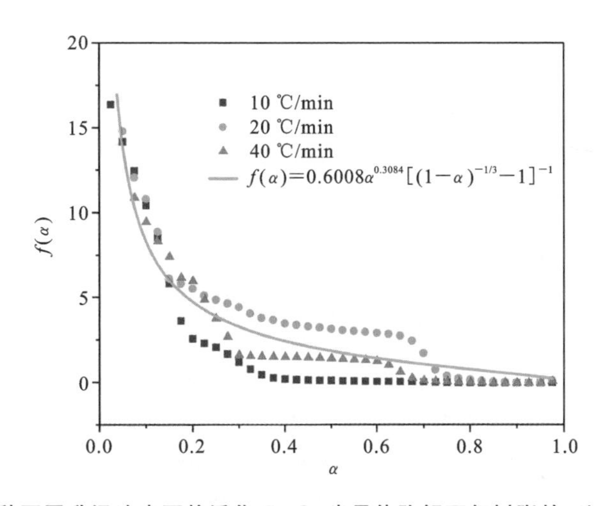

图 2-34　3 种不同升温速率下热活化 Cr_2O_3 半导体降解环氧树脂的 $f(\alpha)$ 和模型重建

表 2-16　基于经典反应模型的模型重建结果(n 为可变参数)

反应模型	$f(\alpha)$	模型重建	残差平方和
Fn	$(1-\alpha)^{n}$	$5.8291\alpha^{-0.3319}(1-\alpha)^{2.85408}$	1.3143
Pn	$n\alpha^{(1-1/n)}$	$1.1115\alpha^{-0.8205}$	2.5752
An	$n(1-\alpha)[-\ln(1-\alpha)]^{(1-1/n)}$	$6.1923\alpha^{3.7881}(1-\alpha)[-\ln(1-\alpha)]^{-4.1036}$	1.3000
Rn	$n(1-\alpha)^{(1-1/n)}$	$1.90908\alpha^{-0.6507}(1-\alpha)^{0.4764}$	1.9457
D1	$1/2\alpha^{-1}$	$1.1138\alpha^{0.1803}\alpha^{-1}$	2.5522
D2	$[-\ln(1-\alpha)]^{-1}$	$1.6600\alpha^{0.2999}[-\ln(1-\alpha)]^{-1}$	1.9368
D3	$3/2(1-\alpha)^{2/3}[1-(1-\alpha)^{1/3}]^{-1}$	$0.7765\alpha^{0.4013}(1-\alpha)^{2/3}[1-(1-\alpha)^{1/3}]^{-1}$	1.5860
D4	$3/2[(1-\alpha)^{-1/3}-1]^{-1}$	$0.6008\alpha^{0.3084}[(1-\alpha)^{-1/3}-1]^{-1}$	0.0343

在一定的反应区间内，样品的分解反应可通过经典反应模型来解释，而仅通过由模型拟合的方法确定的几个拟合程度高的经典反应模型来解释样品的分解过程是不准确的。我们通过非等温模型拟合方法考察了热活化 Cr_2O_3 半导体降解环氧树脂基体的反应过程，获得了较高拟合度的反应模型，基于修正模型进行了模型重建。最终获得的反应模型可为热活化 Cr_2O_3 半导体回收 CFRP 的工艺优化及基于热活化 Cr_2O_3 半导体回收工艺的模拟研究提供科学指导。

2.4.4 等温条件下回收动力学

1. 动力学模型的建立

热激发 Cr_2O_3 回收 CFRP 的主要反应记为

$$n\text{CF/EP 复合材料}+\beta\text{h}\rightarrow\text{生成物}$$

其反应速率方程可表示为

$$r=k'C_{\text{resin}}^{n}C_{\text{h}}^{\beta} \tag{2-40}$$

式中：C_{resin} 为环氧树脂大分子链中的结合电子浓度，mol/L；C_{h} 为氧化铬热激发空穴的浓度，mol/L；r 为 CFRP 分解的反应速率，mol/(L · s)；k' 为宏观反应速率常数；n 和 β 为反应级数。

CFRP 分解反应主要是环氧树脂基体大分子链缺失结合电子而变得不稳定，导致分子链断裂。结合电子的浓度不能直接测量，假设结合电子的浓度 C_{resin} 与 W_{resin} 成正比例关系：

$$C_{\text{resin}}=k_1W_{\text{resin}}\quad(k_1\text{ 为比例系数}) \tag{2-41}$$

式中：W_{resin} 为碳纤维表面的残余树脂含量，g。

若分解反应过程中，CFRP 的质量远远过量，结合电子的浓度 C_{resin} 基本保持不变，则反应速率方程可转化为

$$r=-\frac{\mathrm{d}C_{\text{h}}}{\mathrm{d}t}=k_2C_{\text{h}}^{\beta}\quad(k_2=k'C_{\text{resin}}^{n}) \tag{2-42}$$

若分解反应过程中 Cr_2O_3 过量，C_{h} 保持基本不变，则反应速率方程可转化为

$$r=-\frac{\mathrm{d}\,C_{\text{resin}}}{\mathrm{d}t}=k'C_{\text{h}}^{\beta}C_{\text{resin}}^{n} \tag{2-43}$$

$$r=-\frac{\mathrm{d}k_1W_{\text{resin}}}{\mathrm{d}t}=k'C_{\text{h}}^{\beta}k_1^{n}W_{\text{resin}}^{n} \tag{2-44}$$

$$-\frac{\mathrm{d}W_{\text{resin}}}{\mathrm{d}t}=k\cdot W_{\text{resin}}^{n}\quad(k=k'C_{\text{h}}^{\beta}k_1^{n-1}) \tag{2-45}$$

式中：k、k_2 为相对反应速率常数，min^{-1}；t 为降解反应时间，min。

对式(2-45)积分可得 W_{resin} 与 k 和 n 之间的关系：

$$\begin{cases}W_{\text{resin}}=W_{\text{0-resin}}\mathrm{e}^{-kt} & n=1\\ W_{\text{resin}}=\left[W_{\text{0-resin}}^{1-n}-k(1-n)t\right]^{\frac{1}{1-n}} & n\neq1\end{cases} \tag{2-46}$$

式中：$W_{0\text{-resin}}$为初始碳纤维/环氧树脂中环氧树脂的质量，g。

2. 动力学参数的求解

动力学参数 n 和 k 的计算方法有以下几种。

(1) 实际分解反应体系中最容易测定的参数是 W_{resin}随时间的变化数据，由残余树脂含量变化数据计算反应速率需要进行数值微分。根据积分中值定理，在$[t, t+\Delta t]$内总有某一时刻的导数 dW_{resin}/dt 等于 $\Delta W_{resin}/\Delta t$，因此可近似用 $\Delta W_{resin}/\Delta t$ 代表 $t+0.5\Delta t$ 处的 dW_{resin}/dt，再以 W_{resin}对 t 作图，由曲线差值求出 $t+0.5\Delta t$ 处的 W'_{resin}。作 $\ln r$-$\ln W'_{resin}$ 图($r=\Delta W_{resin}/\Delta t$)，回归得到直线的斜率即反应级数 n，直线的截距为 $\ln k$。

$$\ln r=\ln k+n\ln W'_{resin} \tag{2-47}$$

(2) 对不同初始环氧树脂质量 $W_{0\text{-resin}}$分别进行动力学实验，对 W_{resin}随反应时间 t 的变化曲线进行微分并求得初始速率的对数 $\lg r$，做 $\lg r$-$\lg W_{0\text{-resin}}$的关系曲线，再以方程 $y=a+bx$ 对所测数据($\lg r$, $\lg W_{0\text{-resin}}$)进行拟合，求得反应级数 $n(n=b)$的最佳值，再对反应级数 n 进行条件限定，对比最佳拟合曲线和条件拟合曲线的相对位置，结合相关系数 R 逼近原则，最终确定合理的反应级数 n，而后将麦夸特(Levenberg-Marquardt, LM)法+通用全局优化法作为优化算法，根据式(2-46)对实验数据(t, W_{resin})进行非线性拟合，并估算反应速率常数 k。

(3) 根据不同反应时间 t 下的 W_{resin}，采用 LM+通用全局优化法作为优化算法，对式(2-46)中的两参数 k 和 n 进行最佳估算，并计算相关系数 R，再对反应级数 n 进行条件限定，根据式(2-46)对实验数据(t, W_{resin})进行非线性条件拟合，对比最佳拟合曲线和条件拟合曲线的相对位置，结合相关系数 R 逼近原则，最终确定合理的反应级数 n 和反应速率常数 k。

3. 麦夸特法算法

LM 算法是应用最为广泛的非线性最小二乘法。最小二乘法是指研究两个变量 y 和 x 之间的相互关系时，可使用一个直线方程 $y=a+bx$ 对系列实验数据进行拟合，将 $\sum(y_i-y_j)^2$ 最小作为判断依据从而计算参数 a 与 b，其中 y_i 为实测值，y_j 为理论值。这类最小二乘法被称为线性最小二乘法。线性最小二乘法中的“线性”是指对参数的线性，而非两个函数变量。有很多问题的函数模型的参数并非是线性的，只能通过复杂的优化算法来计算。

常用的优化算法有搜索算法与迭代算法两大类。LM 算法是最为常用的迭代算法之一。LM 算法的原理是将函数模型 $y=f(x, \theta)$(θ 泛指待估参数)对参数使用泰勒公式展开并略去二阶以上的高次项，使其转化为关于待估参数的线性函数，即用线性函数近似非线性函数，再以线性最小二乘法的运算方法进行参数求解。

LM 算法属于一种信赖域法，信赖域法是指从迭代的初始点开始，即先假定一个可信赖的最大位移(位移是指函数计算过程中的改变量)，然后以当前点为中心，在以最大位移为半径的区域内，通过寻找近似线性函数的最优点来求解真正的位移，然后再计算目标函数值,如果该位移使目标函数值减小满足既定条件,则说明该位移可靠,可以按此规则继续迭代,如果不能使目标函数值减小,则需要缩小信赖域范围重新求解。

LM 方法的缺点是需要对每一个待估参数求偏导,如果函数模型 $y=f(x, \theta)$复杂,或待估参数较多,则 LM 算法并不是非常有效的方法。非线性最小二乘法在迭代开始时需要假定一个参数的初始值,在事先不清楚函数模型参数的准确估计值的范围的情况下,给定的初始值有可能距离准确值太远,从而使得单纯使用 LM 等迭代算法的时候容易造成局部最优而不是全局最优的问题。为了解决这一问题,国内外学者均在寻找能够与迭代算法配套的优化算法,其中 1stOpt 软件公司提出的"LM+通用全局优化算法"较好地解决了这一问题。

LM+通用全局优化算法的具体过程如下。

第一步:若式(2-46)中的 k 和 n 是待估参数,则预先假定 k 和 n 初值。

第二步:确定最小二乘法的一般形式。即 $\min \boldsymbol{S}(\boldsymbol{x})=\boldsymbol{f}^{\mathrm{T}}(\boldsymbol{x})\boldsymbol{f}(\boldsymbol{x})$,其中 $\boldsymbol{f}(\boldsymbol{x})=(f_1(\boldsymbol{x}), f_2(\boldsymbol{x}), \cdots, f_m(\boldsymbol{x}))^{\mathrm{T}}$,$\boldsymbol{x}=(x_1, x_2, \cdots, x_n)^{\mathrm{T}}$。动力学模型中 $\boldsymbol{x}=(k, n)^{\mathrm{T}}$,将 t_1,t_2,$\cdots$,t_m 等时间数据代入拟合函数分别得到 $f_1(\boldsymbol{x})=W_{0\text{-resin}}$,$f_2(\boldsymbol{x})=(W_{0\text{-resin}}-k\times(1-n)t_2)^{1/(1-n)}$,$\cdots$,$f_m(\boldsymbol{x})=(W_{0\text{-resin}}-k\times(1-n)t_m)^{1/(1-n)}$。

第三步:分析求解。

(1) 将目标函数通过泰勒公式展开,并舍弃二阶以上的项:$\boldsymbol{f}(\boldsymbol{x})\approx\boldsymbol{f}(\boldsymbol{x}^i)+\boldsymbol{A}_i(\boldsymbol{x}-\boldsymbol{x}^i)$,其中 $\boldsymbol{A}_i$ 为雅可比矩阵,i 为迭代次数。

(2) 对舍弃高阶项后的泰勒展开式进行模的平方值计算,并以其最小值来近似 $\min\boldsymbol{S}(\boldsymbol{x})$。

(3) 引入合适的信赖域模型,给出位移 λ_i,使用迭代公式:$\boldsymbol{x}^{i+1}=\boldsymbol{x}^i+\boldsymbol{d}^i=\boldsymbol{x}^i-(\boldsymbol{A}_i^{\mathrm{T}}\boldsymbol{A}_i)^{-1}\boldsymbol{A}_i^{\mathrm{T}}f(\boldsymbol{x}^i)$计算 $\boldsymbol{x}^i$ 的值,并计算梯度 $\boldsymbol{g}_i$ 以及黑塞(Hesse)矩阵 $\boldsymbol{G}_i$,若梯度的模小于给定的终止值,则停止计算。

(4) 计算并判断矩阵 $\boldsymbol{G}_i+\lambda_i\boldsymbol{I}$ 是否正定,若不正定,则增大 λ_i 的值,直到该矩阵正定。

(5) 解方程组$(\boldsymbol{G}_i+\lambda_i\boldsymbol{I})\boldsymbol{s}_i=-\boldsymbol{g}_i$,求 $\boldsymbol{s}_i$。

(6) 求 $f(\boldsymbol{x}^i+\boldsymbol{s}_i)$、$q^i(\boldsymbol{s}_i)$、$r_i$的值,其中 r_i为第 i 次迭代时的相关系数。

(7) 若 $r_i<0.25$,则令 $\lambda_{i+1}=4\lambda_i$;若 $r_i>0.75$,则令 $\lambda_{i+1}=\lambda_i/2$;否则 $\lambda_{i+1}=\lambda_i$。

(8) 若 $r_i\leqslant 0$,则令 $\boldsymbol{x}^{i+1}=\boldsymbol{x}^i$,否则,令 $\boldsymbol{x}^{i+1}=\boldsymbol{x}^i+\boldsymbol{s}_i$。

(9) 令 $i=i+1$,转到步骤(3)。

重复若干次之后,可求得精确的迭代点 $\boldsymbol{x}^i$,即目标函数的最佳参数拟合值 k 和 n。

4. 反应活化能的求解

反应速率常数 k 对温度的依赖性遵循阿伦尼乌斯方程:

$$\frac{\mathrm{d}\ln k}{\mathrm{d}T}=\frac{E_a}{RT^2} \tag{2-48}$$

式中：E_a 为活化能，即碰撞分子发生有效反应必须克服的能量，J/mol；T 为热力学温度，K；R 为摩尔气体常数，8.314 J/(mol·K)。

对式(2-48)积分可以得到阿伦尼乌斯积分式：

$$k=k_0\exp\left(-\frac{E_a}{RT}\right) \tag{2-49}$$

式中：k_0 为指前因子或频率因子，是碰撞分子的有效碰撞频率。

对式(2-49)两边取对数，可知：

$$\ln k=\ln k_0-\frac{E_a}{RT} \tag{2-50}$$

可通过测定两个温度 T_1、T_2 下的反应速率常数 k_{T_1}、k_{T_2} 来估算反应活化能 E_a：

$$E_a=\frac{\ln(k_{T_2}/k_{T_1})}{\frac{1}{RT_1}-\frac{1}{RT_2}} \tag{2-51}$$

考虑到动力学测试中的误差，仅由两点的动力学数据确定反应活化能 E_a 及指前因子 k_0 往往会带来较大误差，通常通过测定多个温度下的反应速率常数来拟合反应活化能 E_a 和指前因子 k_0。利用多点实验数据计算活化能可采用一元线性回归方法，作 $\ln k$-$1/T$ 图，直线的斜率为 $-E_a/R$，直线的截距为 $\ln k_0$。

$$y=ax+b \tag{2-52}$$

式中：$y=\ln k$；$x=1/T$；$a=-E_a/R$；$b=\ln k_0$。

5. 动力学方程的建立

1）动力学参数求解

记录固相产物中残余的环氧树脂含量 W_{resin}，计算不同反应温度下环氧树脂的分解率随时间的变化，结果如表 2-17 所示。

表 2-17　不同时间对应的残余树脂含量

温度/℃	t/min	M_1/g	M_2/g	η/(%)	W_{resin}/g
420	5	0.2033	0.1962	11.64	0.05389
	10	0.2024	0.1587	71.97	0.01702
	15	0.2021	0.1564	75.38	0.01493
	20	0.1978	0.1521	77.01	0.01364
	25	0.1997	0.1530	77.95	0.01321
	30	0.1999	0.1528	78.54	0.01287
440	5	0.1965	0.1620	58.52	0.02445
	10	0.1950	0.1488	78.97	0.01230

续表

温度/℃	t/min	M_1/g	M_2/g	η/(%)	W_{resin}/g
440	15	0.1980	0.1495	81.65	0.01090
	20	0.1954	0.1418	91.44	0.00502
	25	0.2028	0.1453	94.51	0.00334
	30	0.2007	0.1434	95.17	0.00291
460	5	0.2026	0.1581	73.21	0.01628
	10	0.2016	0.1524	81.35	0.01128
	15	0.2002	0.1458	90.58	0.00566
	20	0.2021	0.1463	92.03	0.00483
	25	0.2020	0.1436	96.37	0.00220
	30	0.1956	0.1385	97.31	0.00158
480	5	0.2001	0.1549	75.30	0.01483
	10	0.2011	0.1516	82.05	0.01083
	15	0.1971	0.1434	90.82	0.00543
	20	0.2018	0.1447	94.32	0.00344
	25	0.2029	0.1434	97.75	0.00137
	30	0.1998	0.1399	100.00	0
500	5	0.2031	0.1534	81.57	0.01123
	10	0.2012	0.147	89.79	0.00616
	15	0.2001	0.142	96.78	0.00193
	20	0.1997	0.1398	100.00	0
	25	0.1986	0.139	100.00	0
	30	0.2033	0.1423	100.00	0

CFRP 的初始质量为 0.200g，则初始的环氧树脂质量 $W_{0\text{-}resin}$ 为 0.060 g。采用数学软件 1stOpt 1.0 进行曲线拟合和参数求解。以 LM＋通用全局优化法作为优化算法，根据不同反应温度下碳纤维表面的残余树脂含量 W_{resin} 随时间 t 的变化，分别估算 CFRP 在不同温度下分解的最佳动力学参数 k 和 n，同时计算对应的相关系数 R。如 420 ℃时激发 Cr_2O_3 回收 CFRP 过程中，根据不同时间 t 对应的 W_{resin} 变化，以优化算法进行动力学参数估算的代码及结果如下：

```
Title LM;
Parameters k, n;
```

```
Variable t, W;
Constant W0-resin=0.0600;
Function Wresin= (W0-resin^(1-n)-k*(1-n)*t)^(1/(1-n));
Data;
0       0.0600
5       0.05389
10      0.01702
15      0.01493
20      0.01364
25      0.01321
30      0.01287
```

相关系数 R 为 0.9310241。

参数最佳估算为

k　　0.1596859

n　　1.2262805

动力学参数 k 和 n 及相关系数 R 计算结果如表 2-18 所示，反应级数 n 为 1～2 级，对反应级数 n 进行条件限定，当其取 0.5、1、1.5、2 时，计算相应的反应速率常数 k。根据实验数据（t, W_{resin}），并结合式(2-46)，采用 Origin 软件分别绘制 Cr_2O_3 在不同温度下分解 CFRP 的动力学最佳曲线和条件拟合曲线，如图 2-35 所示。结合表 2-18 中的相关系数 R，分析动力学最佳曲线和条件拟合曲线的相对位置，可知 Cr_2O_3 半导体粉末在不同反应温度下降解 CFRP 的反应级数 n 取 1.5 时，相关系数 R 较高，此时条件拟合曲线和最佳曲线位置较为接近，因此，反应级数 n=1.5 是比较合理的，为简化动力学模型，在近似估值时可将反应级数 n 设定为 1.5。

表 2-18　动力学参数计算结果

温度/℃	最佳拟合			条件拟合							
				n=0.5		n=1		n=1.5		n=2	
	n	k	R	k	R	k	R	k	R	k	R
420	1.2262805	0.1596860	0.9310241	0.01325	0.61448	0.07415	0.72046	0.40177	0.71966	2.15714	0.67386
440	1.5107358	0.9556801	0.9982351	0.02218	0.29939	0.15072	0.84994	0.91875	0.9736	5.91268	0.91324
460	1.7447485	3.34835005	0.9968168	0.02289	−1.93509	0.20991	0.58121	1.30960	0.91961	9.14458	0.92719
480	1.6526736	2.6124321	0.9971937	0.02273	−2.37288	0.22699	0.62374	1.44546	0.89634	10.4587	0.8673
500	1.3731094	1.2780870	0.9990241	0.02338	−6.55928	0.30802	0.84795	2.12812	0.9351	17.95789	0.79263

反应级数 n 为 1.5 时，500 ℃时反应速率常数 k 是最大的。由表 2-19 可知，对于反应速率常数大小，$k_{500℃} > k_{480℃} > k_{460℃} > k_{440℃} > k_{420℃}$。随着温度的升高，$Cr_2O_3$ 半导体的热活化性能提高，产生的空穴数量增多，因此，反应速率常数增大，反应速率加快。460 ℃和 480 ℃时的反应速率常数 k 较为接近，反应速率相近，而在 420 ℃和 440 ℃时的反应速率常数较小，反应体系不利于环氧树脂的分解。

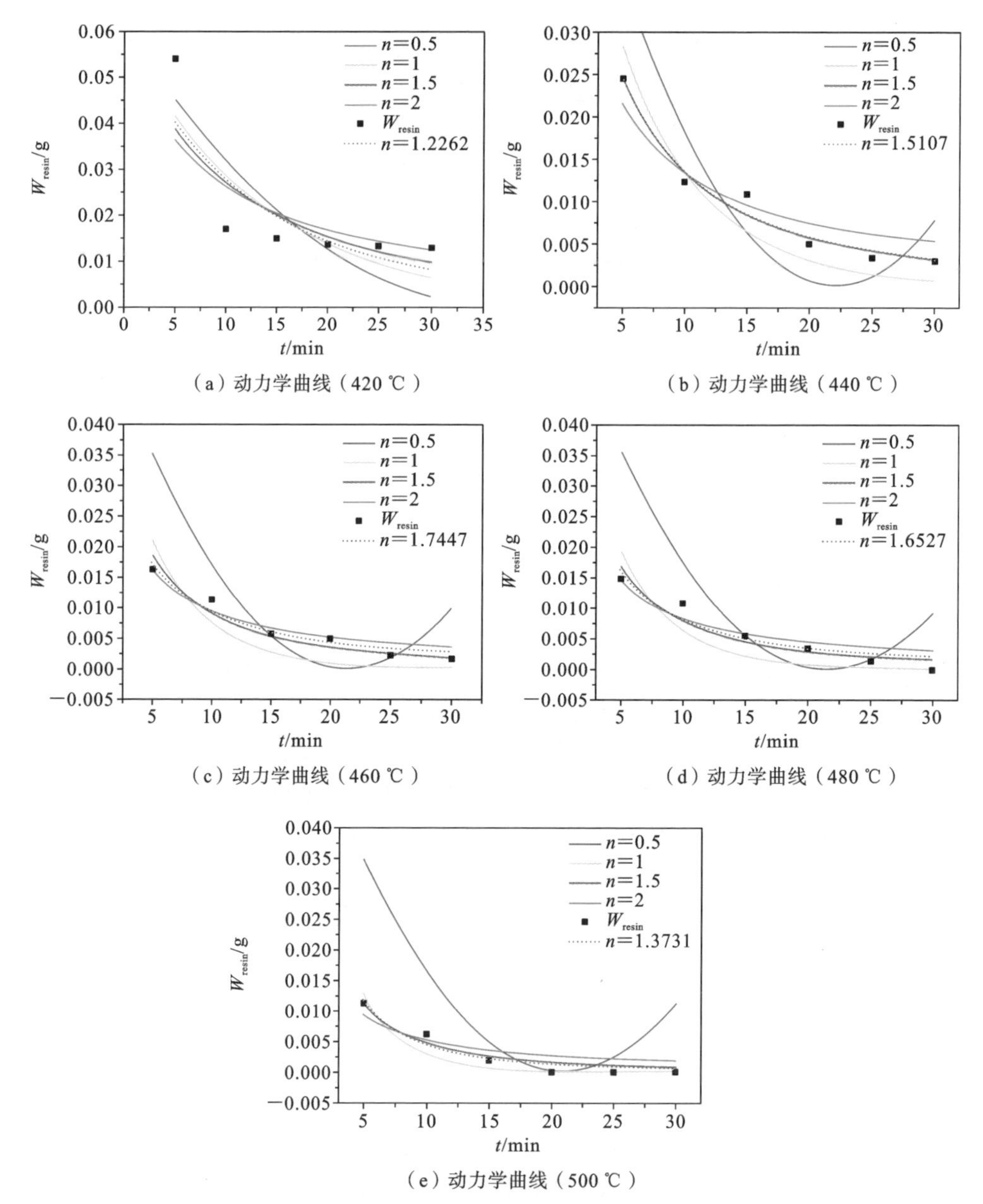

(a) 动力学曲线 (420 ℃)

(b) 动力学曲线 (440 ℃)

(c) 动力学曲线 (460 ℃)

(d) 动力学曲线 (480 ℃)

(e) 动力学曲线 (500 ℃)

图 2-35　再生碳纤维表面残余树脂含量的非线性拟合

表 2-19　$1/T$ 对应的 $\ln k$

T/℃	420	440	460	480	500
$1/T/(K^{-1})$	0.001442689	0.00140223	0.001363977	0.001327757	0.00129341
$k/(min^{-1})$	0.40177	0.91875	1.30960	1.44546	2.12812
$\ln k$	−0.91188	−0.08474	0.269722	0.368428	0.755239

2) 降解反应的活化能和指前因子求解

根据表 2-19,采用 Origin 软件对 $\ln k$ 随 $1/T$ 变化的关系进行一元线性回归,如图 2-36 所示。计算热激发 Cr_2O_3 分解 CFRP 的反应活化能 E_α 和指前因子 k_0,结果如表 2-20 所示。

$$E_\alpha = -SR \tag{2-53}$$

$$k_0 = \exp(I) \tag{2-54}$$

式中:S 为拟合直线的斜率;I 为拟合直线的截距。

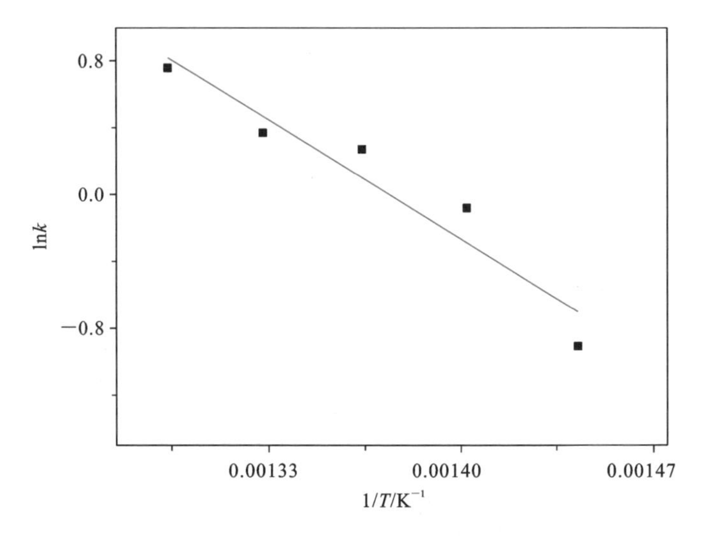

图 2-36　降解反应速率常数对数的线性拟合

表 2-20　反应活化能和指前因子

截距 I	斜率 S	活化能 E_α/(kJ/mol)	指前因子 k_0/min^{-1}
14.05003	10227.34368	85.03	1.26×10^6

3) 反应动力学方程的建立与验证

结合式(2-45)和式(2-46)可得 Cr_2O_3 半导体分解 CFRP 的动力学方程为

$$-\frac{dW_{resin}}{dt} = k \cdot W_{resin}^n = k_0 \cdot e^{-E_\alpha/[R(T+273.15)]} \cdot W_{resin}^{1.5} = 1.26\times10^6 \times W_{resin}^{1.5} \cdot e^{-\frac{85.03\times10^3}{R(T+273.15)}} \tag{2-55}$$

碳纤维表面的残余树脂含量与温度 T 和时间 t 的函数关系为

$$W_{resin} = 4\times\left[2\times W_{0\text{-}resin}^{-\frac{1}{2}} + 1.26\times10^6 \times e^{-\frac{85.03\times10^3}{R(T+273.15)}} t\right]^{-2} \tag{2-56}$$

如图 2-37 所示,由动力学方程可知,CFRP 中环氧树脂的质量为 0.060 g(即 CFRP 初始质量为 0.200 g),温度为 450 ℃时碳纤维表面的残余树脂含量 W_{resin} 与温度 T 和时间 t 的函数关系为

$$W_{resin} = 4\times[0.9084t + 8.165]^{-2} \tag{2-57}$$

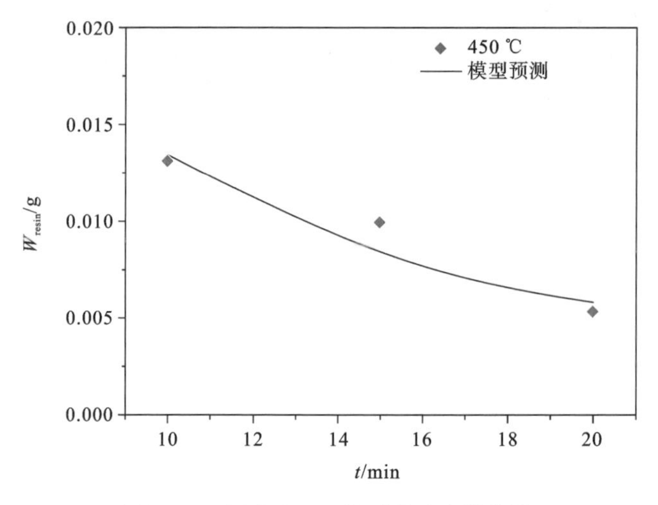

图 2-37 温度为 450 ℃时的动力学曲线

CFRP 初始质量为 0.200±0.005 g，温度为 450 ℃时记录不同时间下环氧树脂基体的分解率，并计算对应的残余树脂含量，结果如表 2-21 所示。

表 2-21 450 ℃时不同反应时间下的残余树脂含量

t/min	η/(%)	W_{resin}/g(实验值)	W_{resin}/g(计算值)	误差百分比/(%)
10	77.72	0.0127±0.00058	0.01344	5.83
15	84.42	0.00992±0.00055	0.00842	15.12
20	90.89	0.00564±0.00040	0.00577	2.3

如图 2-38 所示，由动力学方程可知，CFRP 中环氧树脂的质量为 0.060 g(即

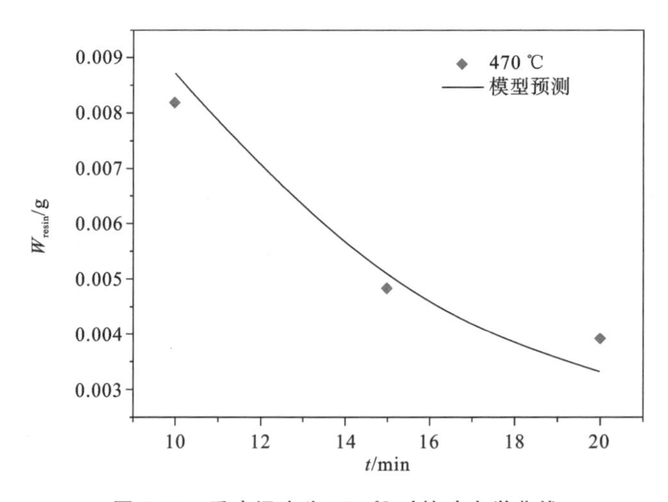

图 2-38 反应温度为 470 ℃时的动力学曲线

CFRP 初始质量为 0.200 g)，温度为 470 ℃时碳纤维表面的残余树脂含量 W_{resin} 与温度 T 和时间 t 的函数关系为

$$W_{resin}=4\times(1.3291t+8.165)^{-2} \tag{2-58}$$

CFRP 初始质量为 0.200±0.005 g，温度为 470 ℃时记录不同时间下环氧树脂基体的分解率，并计算对应的残余树脂含量，结果如表 2-22 所示。

表 2-22　470 ℃时不同反应时间下的残余树脂含量

t/min	η/(%)	W_{resin}/g (实验值)	W_{resin}/g(计算值)	误差百分比/(%)
10	86.13	0.0088±0.00093	0.00869	1.25
15	91.78	0.00485±0.00132	0.00507	4.54
20	93.43	0.00394±0.00018	0.00331	15.99

如图 2-39 所示，由动力学方程可知，CFRP 中环氧树脂的质量为 0.060 g(即 CFRP 初始质量为 0.200 g)，温度为 490 ℃时碳纤维表面的残余树脂含量 W_{resin} 与温度 T 和时间 t 的函数关系为

$$W_{resin}=4\times(1.9062t+8.165)^{-2} \tag{2-59}$$

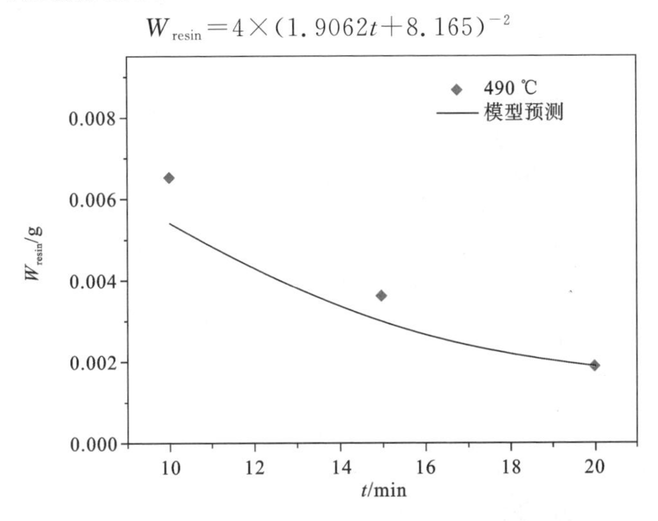

图 2-39　反应温度为 490 ℃时的动力学曲线

CFRP 初始质量为 0.200±0.005 g，温度为 490 ℃时记录不同时间下环氧树脂基体的分解率，并计算对应的残余树脂含量，结果如表 2-23 所示。

表 2-23　490 ℃时不同反应时间下的残余树脂含量

t/min	η/(%)	W_{resin}/g(实验值)	W_{resin}/g(计算值)	误差百分比/(%)
10	87.42	0.00654±0.00057	0.0054	17.43
15	90.51	0.00362±0.00083	0.00296	18.23
20	97.17	0.00174±0.00016	0.00187	7.47

如图 2-40 所示，由动力学方程可知，CFRP 中环氧树脂的质量为 0.150 g(即 CFRP 初始质量为 0.500 g)，温度为 490 ℃时碳纤维表面的残余树脂含量 W_{resin} 与温度 T 和时间 t 的函数关系为

$$W_{resin}=4\times(1.9062t+5.164)^{-2} \tag{2-60}$$

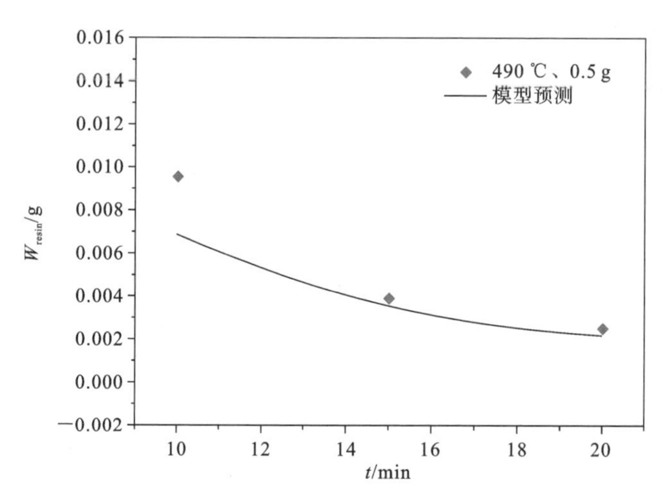

图 2-40 490 ℃、0.5 g **时的动力学曲线**

CFRP 初始质量为 0.500±0.005 g，温度为 490 ℃时记录不同时间下环氧树脂基体的分解率，并计算对应的残余树脂含量，结果如表 2-24 所示。

表 2-24 490 ℃、0.5 g **时不同反应时间下的残余树脂含量**

t/min	η/(%)	W_{resin}/g(实验值)	W_{resin}/g(计算值)	百分误差/(%)
10	93.66	0.00953±0.00057	0.00682	28.44
15	97.36	0.00395±0.00083	0.00351	11.14
20	98.34	0.00250±0.00080	0.00213	14.80

如表 2-24 所示，W_{resin} 实测值与理论计算值较为吻合，实测点(t,W_{resin})基本在动力学曲线上，如图 2-40 所示，因此，在氧化物半导体充足的条件下可保证复合材料与其均匀接触，建立的动力学方程能够准确地预测不同初始质量的 CFRP 在回收过程中 W_{resin} 随反应时间 t 的变化，可解决温度 T 和时间 t 不可预估的问题。

2.5 回收工艺优化

实现碳纤维高效循环再利用的前提是获得高性能的再生碳纤维，而回收过程中工艺参数对再生碳纤维的性能具有决定性作用，本节通过单因素实验研究了温度、处

理时间、O_2 浓度和 O_2 流量等工艺参数对环氧树脂分解反应的影响和基本规律，使用单丝拉伸、XPS 能谱、SEM、Raman 光谱等测定方法分析了再生碳纤维的力学性能、组成结构和表面形貌等。采用响应面中心复合设计法，通过高阶响应模型的构建和数据分析，基于应用软件 Design-Expert 创建树脂基体分解率与工艺参数之间的量化模型，利用图形优化研究了工艺参数的作用规律及其影响程度，表征了最佳工艺参数回收碳纤维的表面形态、表面元素和官能团、力学性能等，实现了树脂分解率的可控与再生碳纤维性能的调控。

2.5.1　树脂基体分解率的影响因素

氧化物半导体热活化回收 CFRP 实验中，实验条件主要有温度、时间、O_2 浓度以及 O_2 流量，基于单因素实验分别探究各实验条件对树脂基体分解率的影响。如图 2-41 所示，在 460～520 ℃范围内温度与树脂基体分解率成正相关关系，520 ℃时树脂基体的分解率高达 97.1%。在相同时间与气氛条件下，温度升高使 Cr_2O_3 空穴的浓度增加，空穴浓度增加提高了树脂基体中共价键电子被捕捉的数量，从而提高了树脂基体的分解率。在 520～540 ℃范围内，由于空穴浓度已达极值，升高温度未能使树脂基体分解率提高。

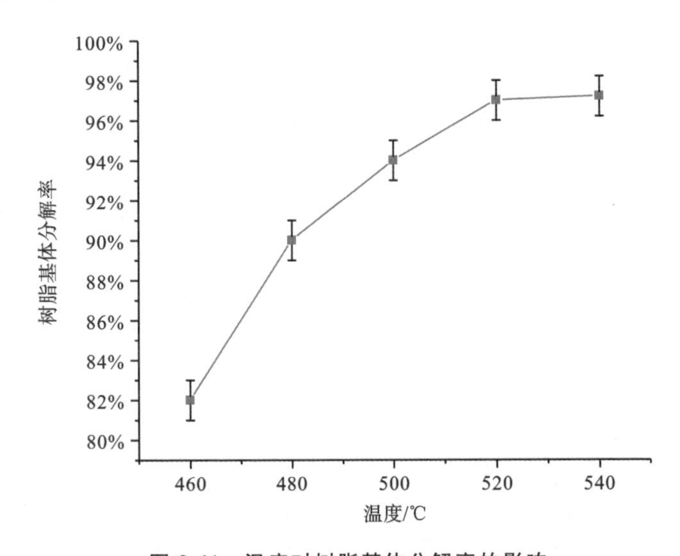

图 2-41　温度对树脂基体分解率的影响

(30 min, 99.99% O_2, 300 mL/min)

在温度为 520 ℃、O_2 浓度为 99.99%(体积分数)、O_2 流量为 300 mL/min 的条件下，处理时间对树脂基体分解率的影响如图 2-42 所示。在时间为 15 min 时，树脂基体分解率仅为 67%，表明较短的时间难以使树脂基体充分反应。随着处理时间延长，树脂基体分解率不断提高，在 30 min 时树脂基体分解率达到 97.1%。处理时间的延长一方面可使空穴充分捕捉树脂基体中的共价键电子，使其形成低分子化合物；另一方面可使低分子化合物与 O_2 进行充分燃烧生成 CO_2 和 H_2O。在回收过程中，延长处理时间可以加深反应深度从而提高树脂基体的分解率。

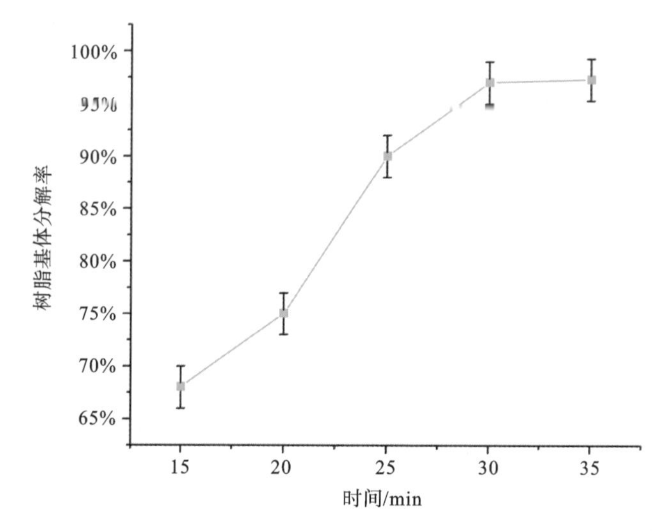

图 2-42　时间对树脂基体分解率的影响

(520 ℃，99.99% O_2，300 mL/min)

O_2 浓度及流量对树脂基体分解率的影响如图 2-43、图 2-44 所示，树脂基体分解率的变化范围低于 5%，表明 O_2 浓度及流量对树脂基体分解率的影响不显著。虽然低分子化合物需要一定的 O_2 才能发生燃烧反应，但所需 O_2 量较小，所以 O_2 浓度及

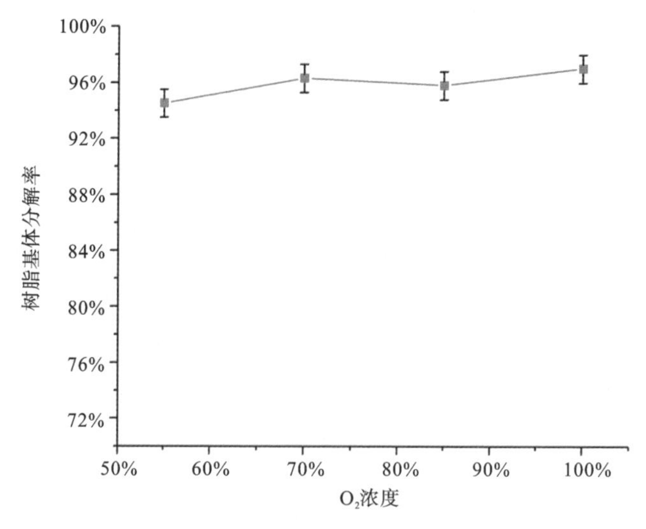

图 2-43　O_2 浓度对树脂基体分解率的影响

(520 ℃，30 min，300 mL/min)

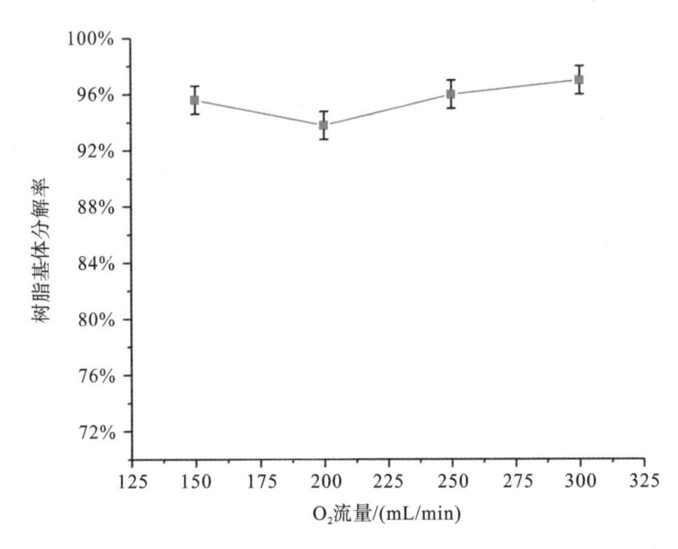

图 2-44 O_2 流量对树脂基体分解率的影响

(520 ℃, 30 min, 99.99% O_2)

流量对树脂基体分解率的影响不显著。

工业化应用的热分解法的回收温度为 600～700 ℃,反应时间为 40～50 min,树脂基体分解率为 90%～95%。化学回收法的树脂基体分解率可达 99%以上,但其反应时间为 1～2 h。氧化物半导体热活化在温度为 520 ℃、时间为 30 min、O_2 浓度为 99.99%、O_2 流量为 300 mL/min 的条件下的树脂基体分解率为 97.1%。综合考虑树脂基体分解率和回收时间,与热分解法与化学回收法相比,氧化物半导体热活化回收工艺具有更高的效率。

2.5.2 工艺条件对再生碳纤维性能的影响

1. 宏/微观形貌分析

在 480 ℃、500 ℃、520 ℃、540 ℃下回收的再生碳纤维的宏/微观形貌如图 2-45 所示。480 ℃下回收的再生碳纤维在宏观上分散为细条状,部分再生碳纤维丝可从树脂基体中剥离,从微观上可观察到其表面残余大量的树脂基体。随着温度的升高,再生碳纤维表面的树脂基体逐渐减少,再生碳纤维逐渐展现出柔软、蓬松的丝状特点。520 ℃与 540 ℃条件下回收的再生碳纤维展现出与原碳纤维相近的清洁度及丝状特点,且表面无积炭产生,有利于保持再生碳纤维的力学性能。同时,回收过程不会破坏碳纤维原铺层结构,有助于再生碳纤维的再利用。热分解法回收的再生碳纤维表面往往附着积炭,与其相比,氧化物半导体热活化回收的再生碳纤维具有更高的表面清洁度。

图 2-46 展示了处理时间分别为 20 min、25 min、30 min、35 min 时再生碳纤维

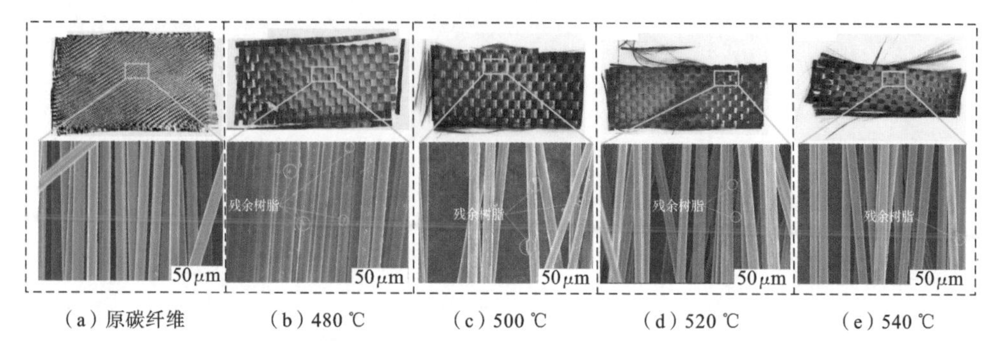

图 2-45　不同温度下再生碳纤维的宏/微观形貌(30 min, 99.99% O_2, 300 mL/min)

宏/微观形貌。20 min 下回收的再生碳纤维表面残余树脂基体较多,部分再生碳纤维丝之间存在黏结。随着处理时间的延长,反应深度不断加深,再生碳纤维表面残余的树脂基体逐渐减少,30 min 下的再生碳纤维表面基本无树脂基体残余。

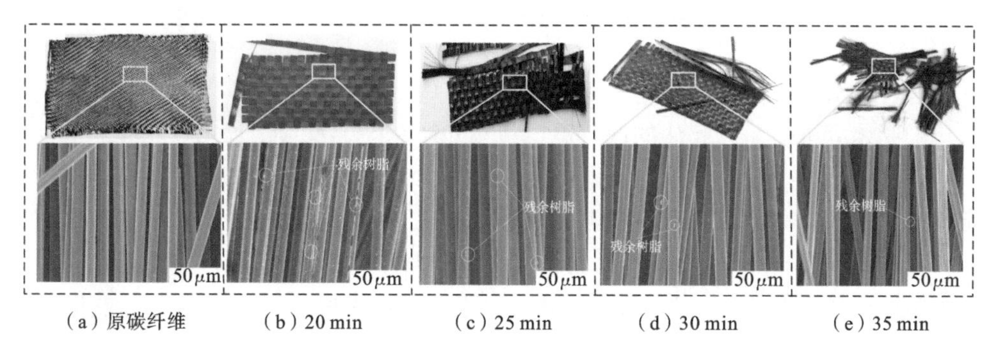

图 2-46　不同时间下再生碳纤维的宏/微观形貌(520 ℃, 99.99% O_2, 300 mL/min)

2. Raman 光谱分析

采用 Raman 光谱对碳纤维表面石墨结构进行表征,谱图中 1600 cm^{-1} 和 1350 cm^{-1} 附近分别代表碳原子晶体的 G 峰和 D 峰。I_G/I_D 代表 G 峰和 D 峰的强度比,该值越小,表示碳原子晶体的缺陷越多,碳纤维表面石墨结构受到一定影响。如图 2-47 与表 2-25 所示,I_G/I_D 与温度成负相关关系,表明碳纤维表层微晶在高温且含 O_2 的回收环境中受到氧化刻蚀从而造成石墨结构缺陷,但石墨结构缺陷相对较小,540 ℃下回收的再生碳纤维的强度比与原碳纤维相比仅降低了 3.83%,所以不影响再生碳纤维的使用性能。

图 2-48 与表 2-26 展现了再生碳纤维处理时间分别为 25 min、30 min、35 min 时的 Raman 谱图与 I_G/I_D。与原碳纤维相比,处理时间为 30 min 时的再生碳纤维的 I_G/I_D 降低最少,仅降低了 0.51%;处理时间为 25 min、35 min 时,再生碳纤维的 I_G/I_D 分别降低了 2.85% 和 1.81%。可见处理时间在一定程度上可影响再生碳纤维表面的

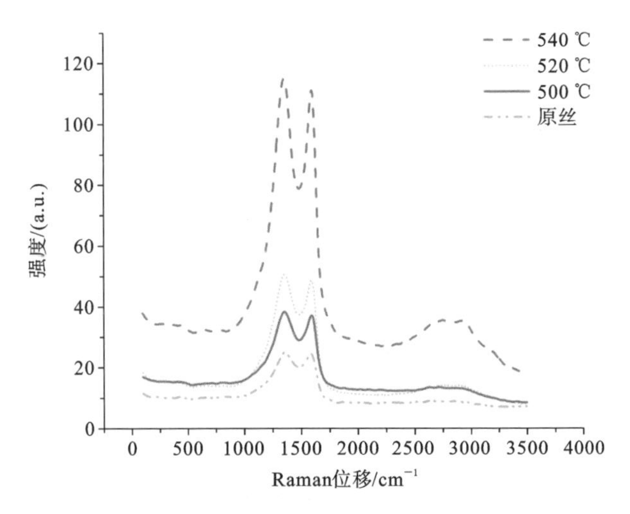

图 2-47　不同温度下的再生碳纤维与原碳纤维 Raman 图

(30 min，99.99% O_2，300 mL/min)

表 2-25　不同温度下的再生碳纤维 G 峰和 D 峰强度比

(30 min，99.99% O_2，300 mL/min)

名称	原碳纤维	500 ℃	520 ℃	540 ℃
I_G/I_D	1.196351	1.185424	1.172131	1.15049

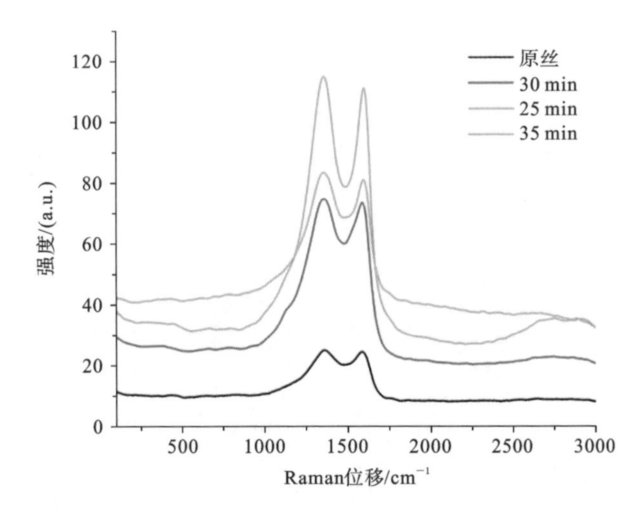

图 2-48　不同时间下的再生碳纤维与原碳纤维 Raman 图

(520 ℃，99.99% O_2，300 mL/min)

石墨结构，在高温且含 O_2 的回收环境中，过长或过短的处理时间会使再生碳纤维表面受到氧化刻蚀从而导致石墨结构缺陷，合理的处理时间可有效减小再生碳纤维表面氧化刻蚀程度，避免石墨结构缺陷的产生。

表 2-26　不同时间下的再生碳纤维 G 峰和 D 峰强度比

（520 ℃，99.99% O_2，300 mL/min）

名称	原碳纤维	25 min	30 min	35 min
I_G/I_D	1.196351	1.162208	1.190163	1.174796

3. XPS 能谱分析

不同温度下原碳纤维和再生碳纤维的表面 XPS 能谱测试结果如图 2-49 所示。C、O、N 分别对应结合能 284.6 eV、532.0 eV、399.5 eV，C—C、C—OH、C ═O、COOH 的峰值分别处于 284.6 eV、286 eV、287.5 eV、288.6 eV 的附近，经分峰拟合与量化计算，碳纤维表面元素和官能团如表 2-27 所示。与原碳纤维相比，再生碳纤维表面的 C 元素含量减少，且再生碳纤维的氧碳比随温度的升高而增大，表明在回收过程中再生碳纤维表面被氧化，温度升高使氧化程度加深。原碳纤维与再生碳纤维表面的官能团均以 C—C 为主，与原碳纤维相比，再生碳纤维表面的 C═O 含量

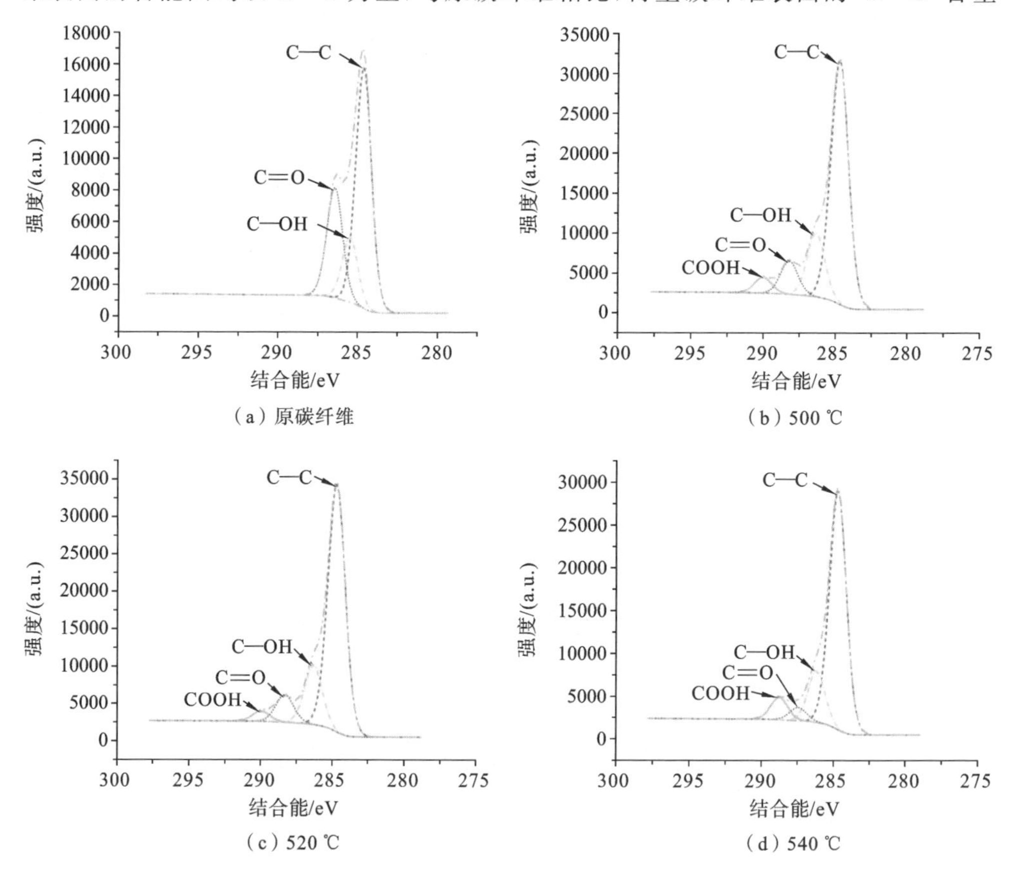

（a）原碳纤维　（b）500 ℃　（c）520 ℃　（d）540 ℃

图 2-49　不同温度下原碳纤维和再生碳纤维的 XPS 能谱图（30 min，99.99% O_2，300 mL/min）

降低了 64.64%～84.74%，且出现了 COOH。回收过程中，C—OH 与 O_2 在高温环境下会发生氧化反应生成 COOH。COOH 的产生可提高再生碳纤维表面的浸润性，有助于再生碳纤维与树脂基体形成化学界面结合。

表 2-27　不同温度下的再生碳纤维表面元素与官能团含量(%)

(30 min，99.99% O_2，300 mL/min)

名称	C	N	O	氧碳比	C—C	C—OH	C═O	COOH
原丝	79.35	2.37	18.28	0.23	57.71	15.74	26.54	0
500 ℃	78.82	6.56	14.62	0.19	68.12	17.94	9.38	4.55
520 ℃	76.28	5.61	18.11	0.24	71.52	17.47	8.02	2.99
540 ℃	73.52	4.73	21.75	0.30	72.98	15.9	4.05	7.07

图 2-50 与表 2-28 展现了不同处理时间下的再生碳纤维表面元素与官能团含量。随着处理时间的延长，再生碳纤维表面 C 元素含量逐渐降低，O 元素含量逐渐

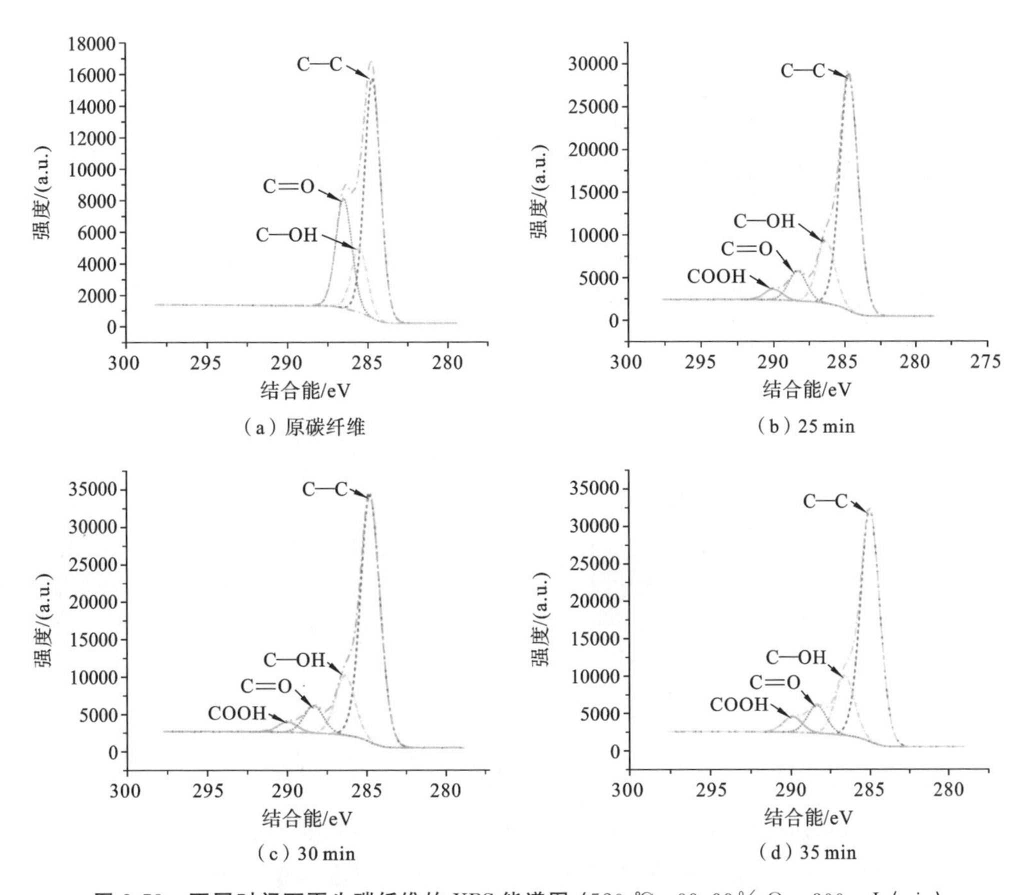

图 2-50　不同时间下再生碳纤维的 XPS 能谱图(520 ℃，99.99% O_2，300 mL/min)

升高，氧碳比逐渐增大。与原碳纤维相比，35 min 下回收的再生碳纤维表面 C 元素含量降低了 8.14%，O 元素含量增加了 15.42%，氧碳比增加了 26.08%。处理时间的延长加深了反应深度，在树脂基体逐步分解的同时再生碳纤维逐渐裸露于高温的含氧环境中，从而导致其表面被氧化。与原碳纤维相比，再生碳纤维表面的 C—OH、COOH 含量均有不同程度的增加，含氧官能团的增加有助于提高再生碳纤维增强复合材料的界面黏结力。

表 2-28　不同时间下的再生碳纤维表面元素与官能团含量(%)

(520 ℃，99.99% O_2，300 mL/min)

名称	C	N	O	氧碳比	C—C	C—OH	C═O	COOH
原丝	79.35	2.37	18.28	0.23	57.71	15.74	26.54	0
25 min	78.82	6.57	15.38	0.20	68.25	17.83	8.26	4.67
30 min	76.28	5.61	18.11	0.24	71.52	17.47	8.02	2.99
35 min	72.89	6.02	21.10	0.29	69.33	18.58	8.90	3.19

4. 单丝拉伸性能分析

单丝拉伸测试是纤维力学强度测试中最有效的表征方式之一，可以准确地反映纤维的力学性能。碳纤维属于脆性材料，其难以用普通夹具夹持，依据 ISO11566：1996 标准对碳纤维进行单丝抗拉强度测试，每组测试不少于 20 个样本，具体步骤如下。

(1) 制作底板窗格纸。首先用 CAD 绘制图 2-51 所示的窗格纸，其中 A 为碳纤维与纸框的粘接处，B 为碳纤维夹持处。打印并裁剪窗格纸，需保证窗格纸平整，防止翘曲。

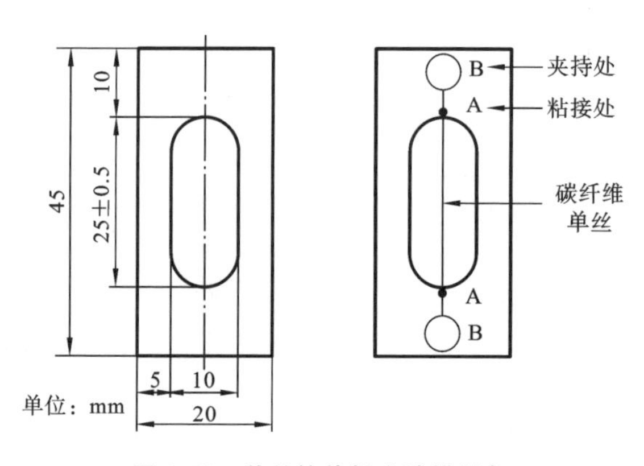

图 2-51　单丝拉伸标准试样制备

(2) 铺放碳纤维单丝。从待测试样中随机取长度约为 40 mm 的纤维束，用丙酮浸泡使其完全分散，抽取纤维单丝，并将纤维单丝逐一铺放在窗格纸的中心线上，需确保纤维丝平直并位于中心位置。

(3) 滴胶黏剂及固化。采用环氧树脂胶黏剂将纤维粘接在窗格纸中,制备标准试样,并将其放入精密干燥箱中固化,固化温度为60 ℃,保温4 h。

(4) 拉伸试验。待试样完全冷却至室温后,将试样固定于纤维强伸度仪上。测试前需进行校准调试,确保上下夹头闭合时位于同一直线上。夹头不能触碰到粘接点处,以免损伤纤维,同时需保证单丝轴向、窗格纸框的中心线和拉伸方向重合。

本实验采用XQ-1型纤维强伸度仪。负荷测量范围为0~100 cN;负荷测量误差小于或等于±1%;负荷测量分辨率为0.1 cN;伸长测量范围为100 mm;伸长测量误差小于或等于0.05 mm;伸长测量分辨率为0.1%;下夹头下降速度为1~200 mm/min。设定预设拉力为0.05 cN/dtex(dtex指分特克斯,简称分特,是10000 m长的纤维束的质量(g));拉伸速度为2 mm/min;上下夹头间距为37 mm。

韦布尔(Weibull)分析由于可提供比较准确的失效分析和小数据样本的失效预测,因此在材料领域具有广泛适用性。利用Weibull分析法可以计算碳纤维丝的韦氏模数 m 和抗拉强度 σ_0。韦氏模数 m 表征了材料的均匀性和可靠性,m 值越大,材料的均匀性越好,可靠性越高。可采用Weibull概率密度函数(式(2-61))计算回收的碳纤维的单丝抗拉强度。

$$\begin{cases} f(\sigma_i) = \dfrac{ml\sigma^{m-1}}{\sigma_0^m} \mathrm{e}^{\left[-l\left(\frac{\sigma_i}{\sigma_0}\right)^m\right]} \\ L = \prod\limits_{i=1}^{n} f(\sigma_i) \end{cases} \tag{2-61}$$

式中:L 为似然函数;l 为碳纤维的测试长度;n 为碳纤维的根数;m 为韦氏模数;$\sigma_i = 4F_i/(\pi d^2)$,为每根碳纤维的抗拉强度,其中 F_i 为每根碳纤维能够承受的最大拉力,d 为所测碳纤维的平均直径;σ_0 为Weibull规模参数,即碳纤维的抗拉强度。

令 $\dfrac{\partial \ln L}{\partial m}=0$ 和 $\dfrac{\partial \ln L}{\partial \sigma_0}=0$,可计算得出式(2-62):

$$\begin{cases} \dfrac{1}{m} + \dfrac{1}{n}\sum\limits_{i+1}^{n} \ln\sigma_i - \dfrac{\sum\limits_{i=1}^{n} \sigma_i^m \ln\sigma_i}{\sum\limits_{i=1}^{n} \sigma_i^m} = 0 \\ \sigma_0 = \left(\dfrac{1}{n}\sum\limits_{i=1}^{n} \sigma_i^m\right)^{\frac{1}{m}} \end{cases} \tag{2-62}$$

温度对再生碳纤维抗拉强度与杨氏模量的影响如图2-52所示。500~540 ℃范围内再生碳纤维的单丝抗拉强度和杨氏模量与温度成正相关关系,540 ℃下回收的再生碳纤维的单丝抗拉强度与杨氏模量可保持原碳纤维的99%以上。温度升高使再生碳纤维表面的树脂基体分解率提高,且氧化物半导体热活化回收的再生碳纤维表面无积炭,所以再生碳纤维可保持与原碳纤维相近的单丝抗拉强度与杨氏模量。碳纤维单丝抗拉强度测试同时表明了合适的回收工艺条件可使再生碳纤维达到与原碳纤维相近的力学性能,且相对较小的石墨结构缺陷不会影响再生碳纤维的力学性

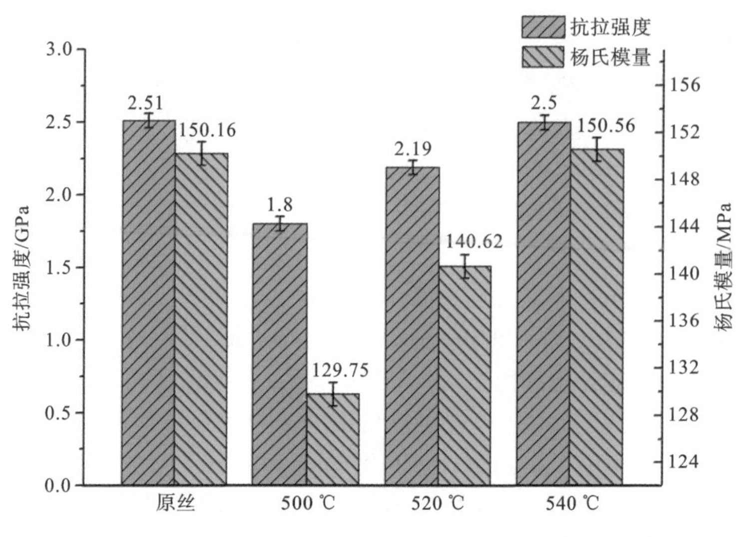

图 2-52　不同温度下再生碳纤维的抗拉强度与杨氏模量

(30 min，99.99% O_2，300 mL/min)

能。热分解法回收的再生碳纤维由于其表面附着积炭，单丝抗拉强度仅保持为原碳纤维的 85%左右。与热分解法相比，氧化物半导体热活化回收的再生碳纤维保持了更高的力学性能。

时间对再生碳纤维抗拉强度与杨氏模量的影响如图 2-53 所示。25～35 min 范围内再生碳纤维的单丝抗拉强度和杨氏模量与时间成正相关关系，35 min 下回收的

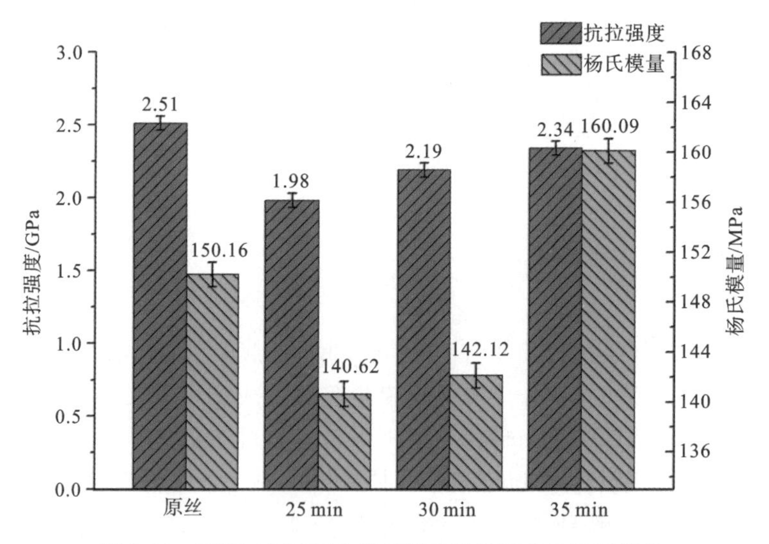

图 2-53　不同时间下再生碳纤维的抗拉强度与杨氏模量

(520 ℃，99.99% O_2，300 mL/min)

再生碳纤维的单丝抗拉强度与杨氏模量分别保持为原碳纤维的 93.23% 与 106.61%。处理时间的延长一方面增大了树脂基体的分解率，提高了再生碳纤维的单丝抗拉强度与杨氏模量；另一方面再生碳纤维在 O_2 氛围下长时间的高温反应使其表面经过了热处理，从而使再生碳纤维的杨氏模量提高。

2.5.3 CFRP 回收工艺数学模型

1. 实验设计与结果

根据单因素试验结果，以 CFRP 中环氧树脂的分解率为测定指标，筛选出具有较大影响的因素，并确定其范围。以温度(A)、处理时间(B)、O_2 浓度(C)和 O_2 流量(D)为自变量进行 4 因素 5 水平 CCD 试验设计，以 CFRP 中环氧树脂的分解率为响应值(Y)，优化 CFRP 分解工艺，如表 2-29 所示。

表 2-29 实验影响因素及水平表

试验条件	代码	水平数				
		−2	−1	0	+1	+2
温度/℃	A	440	460	480	500	520
处理时间/min	B	10	15	20	25	30
O_2 浓度/(%)(体积分数)	C	20	40	60	80	99.999
O_2 流量/(mL/min)	D	100	150	200	250	300

根据组合方案依次进行 CFRP 分解实验，并记录环氧树脂的分解率，结果如表 2-30 所示。

表 2-30 实验结果

序号	温度/℃	处理时间/min	O_2 浓度/(%)	O_2 流量/(mL/min)	分解率/(%)
1	480	20	60	200	89.33
2	480	30	60	200	95.89
3	460	15	40	250	81.50
4	480	20	60	200	91.50
5	500	15	40	250	89.40
6	480	20	20	200	83.83
7	500	25	40	250	100.00
8	480	20	100	200	95.94
9	460	15	80	150	84.42
10	460	25	40	150	85.44

续表

序号	温度/℃	处理时间/min	O_2 浓度/(%)	O_2 流量/(mL/min)	分解率/(%)
11	460	15	40	150	76.67
12	480	20	60	200	90.83
13	500	15	80	150	96.67
14	500	15	40	150	85.61
15	480	20	60	300	91.89
16	500	25	80	250	100.00
17	480	10	60	200	83.21
18	440	20	60	200	77.89
19	460	25	80	250	94.67
20	480	20	60	200	92.33
21	480	20	60	200	91.67
22	480	20	60	100	82.11
23	480	20	60	200	89.50
24	500	25	80	150	100.00
25	460	25	80	150	92.50
26	500	25	40	150	100.00
27	480	15	80	250	83.05
28	500	15	80	250	97.72
29	460	25	40	250	91.61
30	520	20	60	200	100.00
31	480	20	60	200	91.61

注:每组实验方案测试三次,分别计算分解率,取平均值作为表中的分解率。

2. 响应面模型的选择

考虑各因素之间存在交互作用,为了保证响应面模型的准确性,模型应尽量选择高阶多项式。同时响应面模型对应的 F 值越大、P 值越小,表明该模型越有效。如表 2-31 所示,与二次方模型相比,三次方模型对应的 F 值较大、P 值较小。相关系数 R^2 表示多项式回归方程拟合度的高低,其值越靠近 1,表明该方程的拟合效果越好。如表 2-32 所示,三次方模型的 $R^2=0.9727$ 与 $R^2=1$ 差距较小,表明三次方模型的拟合效果比二次方模型的好。因此,综合方差分析和相关系数分析,选取三次方模型作为回收过程的回归方程。为了提高响应面模型的可靠性，可以对响应面模型进行适当的调整，使失拟项的影响不显著。剔除 AC、BD、A^2、B^2、C^2、AC^2、BCD、A^3 等极不显著的项后，最终获得最优的响应面模型，其模型方差分析如表 2-33 所示。

表 2-31　多种模型的方差分析比较

方差来源	平方和	自由度	均方值	F 值	P 值	备注
平均值	2.541E+005	1	2.541E+005			
线性模型	1230.68	4	307.67	54.85	<0.0001	
2FI	39	6	6.50	1.22	0.3386	
二次方	11.62	4	2.91	0.49	0.7443	
三次方	57.62	8	7.20	1.53	0.2798	建议采用
残差	37.59	8	4.70			
总计	2.555E+005	31	8242.19			

表 2-32　R^2 分析

方差来源	标准偏差	R^2	R^2 校正值	预测残差平方和	备注
线性模型	2.37	08941	0.8778	0.8382	
2FI	2.31	0.9224	0.8836	0.7374	
二次方	2.44	0.9308	0.8703	0.6268	
三次方	2.17	0.9727	0.8976	−2.1139	建议采用

表 2-33　三次方模型方差分析

变异来源	偏差平方和	自由度	均方差	F 值	P 值	显著性
模型	1329.86	13	102.30	37.27	<0.0001	极显著
A	638.19	1	638.19	232.53	<0.0001	极显著
B	80.39	1	80.39	29.29	<0.0001	极显著
C	165.48	1	165.48	60.29	<0.0001	极显著
D	47.82	1	47.82	17.43	0.0006	显著
AB	3.98	1	3.98	1.45	0.2450	不显著
BC	21.53	1	21.53	7.84	0.0123	显著
CD	10.47	1	10.47	3.81	0.0675	不显著
D^2	10.70	1	10.70	3.90	0.0648	不显著
ABC	25.50	1	25.50	9.29	0.0073	显著
ABD	5.90	1	5.90	2.15	0.1607	不显著
ACD	3.48	1	3.48	1.27	0.2759	不显著
A^2B	7.10	1	7.10	2.59	0.1262	不显著

续表

变异来源	偏差平方和	自由度	均方差	F 值	P 值	显著性
A^2D	10.53	1	10.53	3.84	0.0668	不显著
残差	46.66	17	2.74			
失拟项	38.76	11	3.52	2.68	0.1191	不显著
纯误差	7.90	6	1.32			
总值	1376.52	30				

残差的正态图是用来评价回归拟合曲线是否异常的依据。如果散点图符合正态分布，则残差点近似为一条直线。调整后的响应面模型的残差图如图 2-54 所示，其点几乎分布在一条直线上，呈现正态分布。

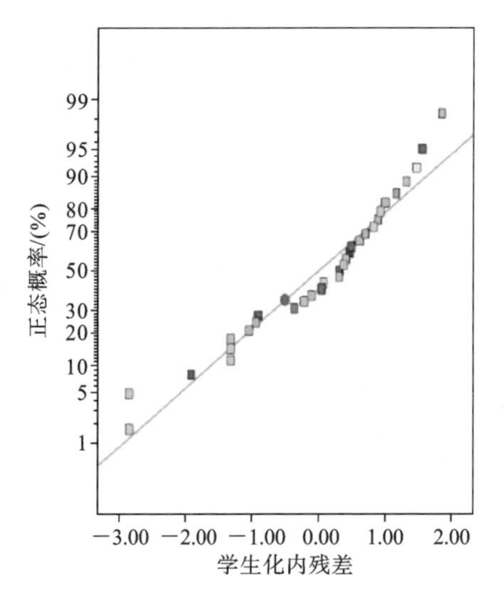

图 2-54 模型的残差正态分布

3. 置信度分析与响应面模型的建立

根据各输入因子系数的绝对值大小评判各输入因子对响应因子的影响强度，值越大表明该输入因子对响应因子的影响程度越大。由表 2-34 可得，单因素对环氧树脂分解率的影响强弱顺序为：温度>处理时间>O_2 浓度>O_2 流量。响应因子(环氧树脂的分解率 Y)与输入因子(工艺参数)之间的响应面模型，采用因素代码形式可表示为

$$Y=(91.01+5.16\times A+3.17\times B+2.63\times C+2.44\times D-0.5\times A\times B -1.16\times B\times C-0.81\times C\times D-0.60\times D^2-1.26\times A\times B\times C -0.61\times A\times B\times D+0.47\times A\times C\times D+1.15\times A^2\times B -1.40\times A^2\times D)\times 100\%$$

表 2-34　三次方模型的置信度分析

因素	参数估计	自由度	标准偏差	95%置信区间下限值	95%置信区间上限值	显著因素
取值	91.01	1	0.38	90.21	91.81	
A	5.16	1	0.34	4.44	5.87	1
B	3.17	1	0.59	1.93	4.41	3
C	2.63	1	0.34	1.91	3.34	1
D	2.44	1	0.59	1.21	3.68	3
AB	−0.50	1	0.41	−1.37	0.38	1
BC	−1.61	1	0.41	−2.03	−0.29	1
CD	−0.81	1	0.41	−1.68	0.065	1
D^2	−0.60	1	0.31	−1.25	0.041	1
ABC	−1.26	1	0.41	−2.14	−0.39	1
ABD	−0.61	1	0.41	−1.48	0.27	1
ACD	0.47	1	0.41	−0.41	1.34	1
A^2B	1.15	1	0.72	−0.36	2.67	3
A^2D	−1.40	1	0.72	−2.92	0.11	3

通过 Design-Expert V8.0 软件的优化功能分析，获得的 CFRP 中环氧树脂分解的最优工艺参数为：温度 499.46 ℃、处理时间 26.13 min、O_2 浓度 79.07%、O_2 流量 180.46 mL/min。最优工艺条件下 CFRP 中环氧树脂的分解率为 99.99%。

4. 响应面模型的验证

在输入因子设计范围内，采用五组不同于实验设计的工艺条件组合方案，验证响应面模型的准确性，并为优化实验提供实际依据，具体结果如表 2-35 所示。

表 2-35　验证实验工艺条件和结果分析

温度/℃	处理时间/min	O_2 浓度/(%)	O_2 流量/(mL/min)	实际分解率/(%)	理论分解率/(%)	误差 e/(%)
480	20	20	150	82.50	81.09	1.74
460	20	20	200	80.66	80.59	0.09
500	20	20	200	94.50	90.91	3.95
480	15	80	150	90.11	89.40	0.79
480	30	80	150	91.56	95.43	−4.06

实际分解率为各工艺条件组合下的响应因子实际测量值，理论分解率是由响应面模型计算的响应因子值。误差的计算公式为

$$e=\frac{e_1-e_2}{e_2} \tag{2-63}$$

式中：e_1 为实际分解率；e_2 为理论分解率。

五组方案中的响应因子的误差均在±5%的范围内，表明响应面模型的可信度较高，能够作为下一步优化分析的数学模型。对由响应面模型得到的最优工艺条件进行验证，考虑到实验的实际可操作性，将最优工艺条件中的温度改为 500 ℃，处理时间改为 25 min，O_2 浓度改为 80%，O_2 流量改为 180 mL/min。三次平行实验所得的结果如表 2-36 所示。

表 2-36　验证最优工艺条件和结果分析

序号	温度/℃	处理时间/min	O_2 浓度/(%)	O_2 流量/(mL/min)	实际分解率/(%)	理论分解率/(%)
1	500	25	80	180	96.10	99.99
2	500	25	80	180	96.20	99.99
3	500	25	80	180	95.60	99.99

图 2-55　固相产物

三组平行实验对应的环氧树脂实际分解率的平均值为 95.97%，其与理论计算值 99.99%吻合，表明了响应面模型计算的最优工艺条件的准确性。因此，最优工艺条件为：反应温度 500 ℃、反应时间 25 min、O_2 浓度 80%、O_2 流量 180 mL/min。回收的碳纤维丝束如图 2-55 所示。

以两种 CFRP 的废弃物为回收试样，对响应面模型所得的最优工艺条件进行验证，回收前后的产物如图 2-56 所示。可以看出，在最优工艺条件下可获得蓬松的碳纤维丝，环氧树脂基体分解完全。由于两组试样的树脂基体质量分数不确定，只能在已知范围内取实验相对应的树脂基体质量分数。实验所得结果如表 2-37 所示，实验获得的环氧树脂实际分解率与理论计算值相吻合，误差在±15%之内。结合实际废弃物与本实验原材料的成型工艺不同、预浸布的固化方法不同、产品加工工艺不同等多方面因素考虑，该误差在可接受范围之内。本次验证表明了响应面模型优化分析结果的准确性。

分别对编织结构原材料和实际废弃物进行数据分析及产物形态分析，验证响应面模型的可靠性，结果如表 2-38 所示。从宏观上看，编织结构原材料和实际废弃物在实验条件下均获得蓬松的碳纤维丝，复合材料中的树脂基体被完全分解。由于实际废弃物的树脂基体质量分数不确定，只能在已知范围内取实验相对应的树脂基体质量分数。实验相对应的环氧树脂实际分解率与理论计算值相吻合，误差在±15%之内。同理可知，本次实验验证表明了响应面模型的准确性。

（a）单向铺层废弃物

（b）单向铺层废弃物回收后的产物形态

（c）编织结构废弃物

（d）编织结构废弃物回收后的产物形态

图 2-56　不同类型废弃物及其回收的再生碳纤维

表 2-37　验证废弃物回收的结果分析

（500 ℃、25 min、80% O_2、180 mL/min）

试样	回收前质量/g	回收后质量/g	树脂基体质量分数/(%)	实际分解率/(%)	理论分解率/(%)	误差 *e*/(%)
1	0.5947	0.3588	40%	99.17	99.99	−0.90
2	2.3988	1.8022	29%	85.76	99.99	−14.30

注：两种试样的树脂基体质量分数均未知，民用飞机、汽车构件和民用领域所需的碳纤维复合材料中树脂基体质量分数为 29%～45%。

表 2-38　验证模型准确性的结果分析

试样	回收前质量/g	回收后质量/g	回收工艺条件	实际分解率/(%)	理论分解率/(%)	误差 *e*/(%)	产物形态
单向铺层废弃物 1	1.8500	1.2463	温度 500 ℃、处理时间 15 min、O_2 浓度 80%、O_2 流量 100 mL/min	81.58	89.76	−9.11	

续表

试样	回收前质量/g	回收后质量/g	回收工艺条件	实际分解率/(%)	理论分解率/(%)	误差 e /(%)	产物形态
单向铺层废弃物 2	1.9000	1.2222	温度 500 ℃、处理时间 25 min、O_2 浓度 80%、O_2 流量 200 mL/min	89.18	99.99	−11.00	
单向铺层废弃物 3	0.9330	0.4980	温度 500 ℃、处理时间 15 min、O_2 浓度 80%、O_2 流量 300 mL/min	95.61	97.44	6.33	
编织结构原材料 4	0.2000	0.1192	温度 500 ℃、处理时间 20 min、O_2 浓度 80%、O_2 流量 200 mL/min	94.10	98.80	2.23	

注：两种废弃物的树脂基体质量分数通过热重分析测得，民用飞机、汽车构件和民用领域所需的碳纤维复合材料中树脂基体质量分数为 29%～45%。

5. 图形优化

O_2 浓度和流量分别为 60%和 200 mL/min 时，温度和处理时间的交互作用对环氧树脂分解率的影响如图 2-57(a)所示。温度和处理时间对环氧树脂分解率的影响是显著的，且温度对环氧树脂分解率曲线的影响幅度更大，说明温度对环氧树脂分解率的影响要明显强于处理时间的影响。温度越高，CFRP 的分解率越高，一方面是由于活化 Cr_2O_3 产生的电子-空穴对的数量远远大于电子-空穴复合的数量，参与反应的空穴数量增多；另一方面是由于环氧树脂基体大分子链因缺乏电子而变得不稳定，致使树脂基体大分子链断裂、坍塌和破坏，并形成低相对分子质量单体，低相对分子质量单体与 O_2 发生燃烧反应，加快了树脂基体的分解。随着处理时间的延长，Cr_2O_3 热激发产生的空穴数量增加，但增幅不明显，因此，环氧树脂的分解率随着时间的延长增加不明显。在图 2-57(b)中，等高线沿温度方向的轴向比处理时间的轴向密集，表明温度对环氧树脂分解率的影响比处理时间的影响大。从图 2-57 可以看出，温度对环氧树脂分解率的影响程度高于处理时间对环氧树脂分解率的影响程度。

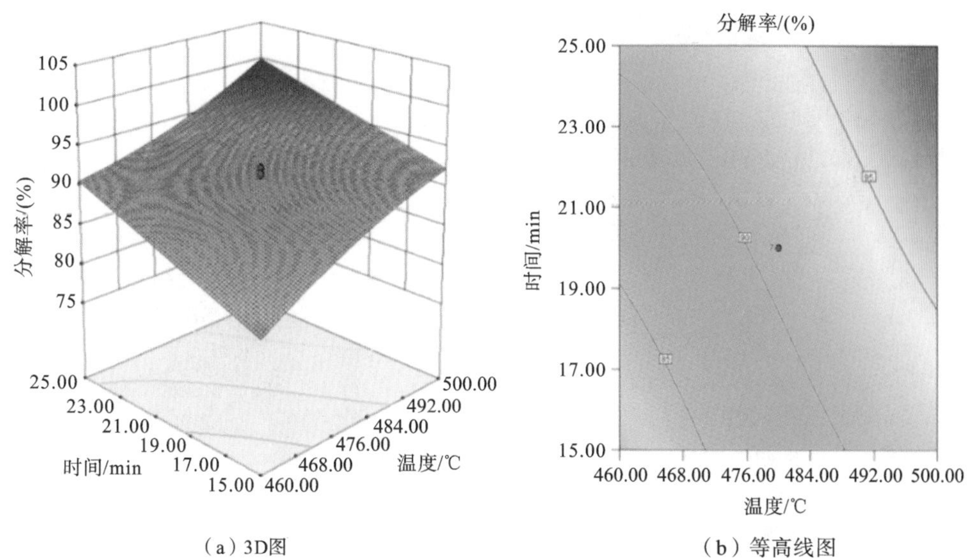

（a）3D图　　（b）等高线图

图 2-57　温度和时间的交互作用对环氧树脂分解率的影响

温度为 480 ℃、O_2 流量为 200 mL/min 时，处理时间和 O_2 浓度的交互作用对环氧树脂分解率的影响如图 2-58(a)所示。温度为 480 ℃、O_2 流量为 200 mL/min、处理时间为 20～25 min、O_2 浓度为 60%～80%时，环氧树脂的理论分解率最低为 92%。处理时间一定时，环氧树脂的分解率随着 O_2 浓度的升高而递增；O_2 浓度一定时，环氧树脂的分解率随着处理时间的延长而增大。图 2-58(b)中，等高线沿处理时间方向的轴向比 O_2 浓度的轴向密集，表明处理时间对环氧树脂分解率的影响比 O_2 浓度的影响更加显著。

温度为 480 ℃、处理时间为 20 min 时，O_2 流量和 O_2 浓度的交互作用对环氧树脂分解率的影响如图 2-59(a)所示。当 O_2 浓度从 60%增加到 80%时，环氧树脂的分解率显著增大。而 O_2 流量对环氧树脂分解率的影响曲线呈现先上升后下降的趋势，这说明了在该 O_2 浓度范围内其响应值具有最优值。氧对树脂分解积炭生成阶段没有明显影响，氧的作用是氧化积炭。O_2 浓度越大，环氧树脂的质量损失就越大。图 2-59(b)中，等高线沿 O_2 浓度方向的轴向比 O_2 流量的轴向密集，表明 O_2 浓度对环氧树脂分解率的影响比 O_2 流量的影响大。

结合图 2-57 至图 2-59 可知，温度、处理时间、O_2 浓度、O_2 流量对环氧树脂分解率的影响与方差分析结果一致。两因素之间的交互作用对环氧树脂分解率影响的强弱可以通过 3D 图的坡度大小来判断，坡度越大，影响程度越大。因素间的交互作用对环氧树脂分解率的影响强弱顺序为：处理时间与 O_2 浓度的交互作用＞O_2 浓度与 O_2 流量的交互作用＞温度与处理时间的交互作用。

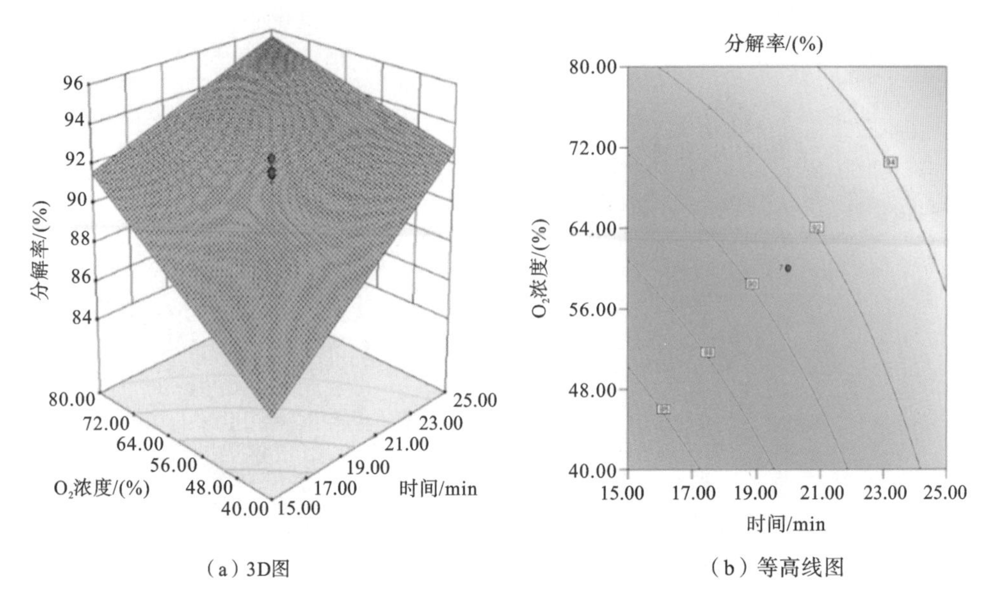

(a) 3D图　　(b) 等高线图

图 2-58　时间和 O_2 浓度的交互作用对环氧树脂分解率的影响

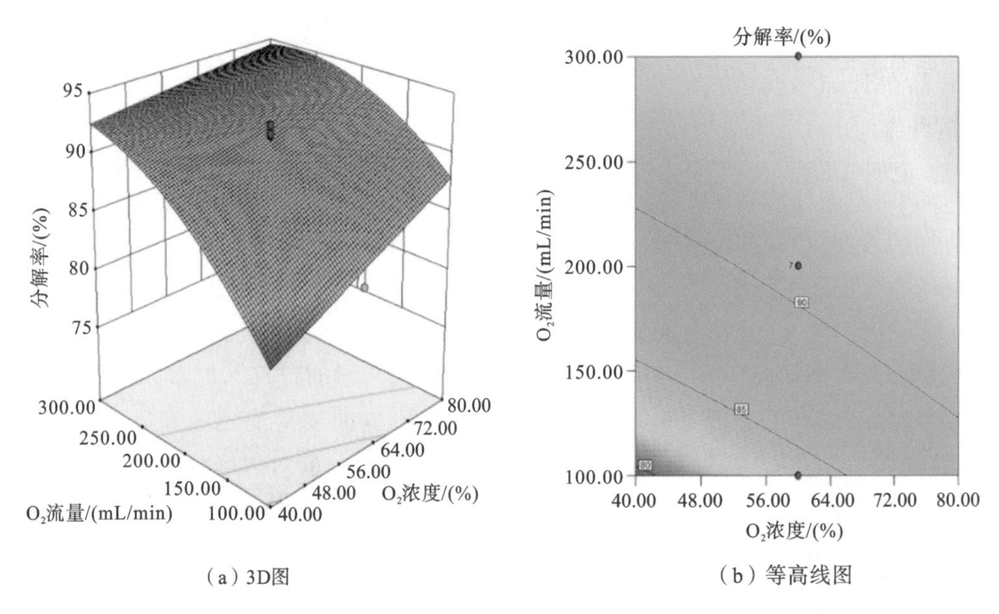

(a) 3D图　　(b) 等高线图

图 2-59　O_2 流量和 O_2 浓度的交互作用对环氧树脂分解率的影响

2.5.4　最优工艺条件下再生碳纤维表征

1. 微观形貌

从最优工艺条件下分解的固相产物中提取碳纤维丝进行 SEM 分析，微观形貌如图 2-60 所示。回收的碳纤维为蓬松的碳纤维丝，无残留树脂存在，单丝之间没有出现黏结现象，碳纤维表面光滑干净，环氧树脂完全分解。

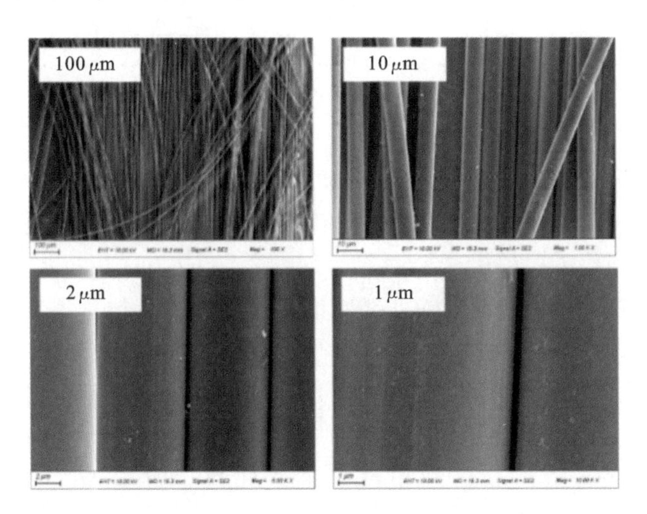

图 2-60　回收碳纤维的 SEM 图

2. 再生碳纤维表面石墨化结构

最优工艺条件下回收的碳纤维与原丝的 Raman 光谱图如图 2-61 所示，表 2-39 是样品在 Raman 光谱图中的 G 峰和 D 峰的强度比。浓度为 80%的 O_2 气氛下回收的碳纤维的 I_G/I_D 明显低于原碳纤维，由于 O_2 浓度过高，碳纤维表层微晶受到氧化刻蚀，说明碳纤维表层的石墨微晶不完整，结构缺陷、边缘不饱和碳原子数都轻微增多。

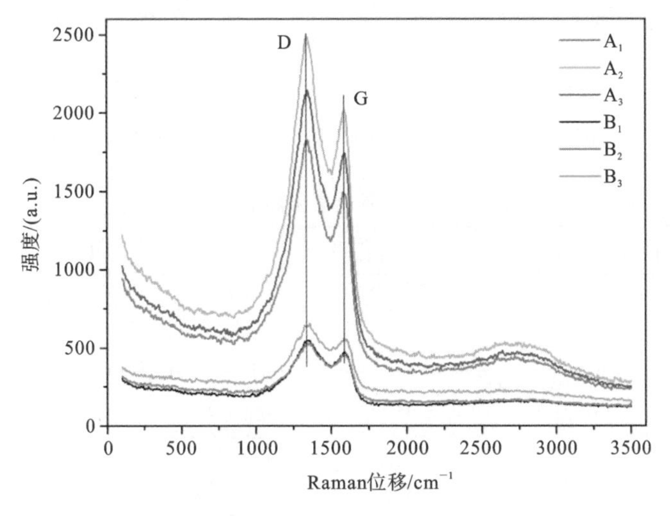

图 2-61　Raman 光谱图

表 2-39 G 峰和 D 峰的强度比

样品	A_1	A_2	A_3	B_1	B_2	B_3
I_G/I_D	0.817584	0.813825	0.817039	0.865993	0.860849	0.862583

注：A_1、A_2、A_3 表示最优工艺条件下回收的单根碳纤维丝的三个不同位置，B_1、B_2、B_3 表示单根原碳纤维丝的三个不同位置。

3. 再生碳纤维表面元素和官能团分析

原碳纤维与再生碳纤维的表面元素和官能团如图 2-62 所示，通过计算各个子峰的积分面积可得出各官能团的相对含量，结果如表 2-40、表 2-41 所示。与原碳纤维相比，最优工艺下回收的碳纤维表面碳元素含量增加了 0.12%，而 O 元素含量减少了 6.64%，故回收碳纤维的氧碳比减小了 16.67%；与原碳纤维相比，回收碳纤维表面的 C—C、C═O 含量明显减少，而 C—OH、COOH 的含量有所增加。在 O_2 浓度为 80% 的条件下，碳纤维表面的残余树脂含量少，裸露的碳纤维表面多，因此，碳纤维表面碳含量增加，同时在 500 ℃温度下，碳纤维表面氧化作用明显，C—C 与 O_2 反应生成 C—OH。

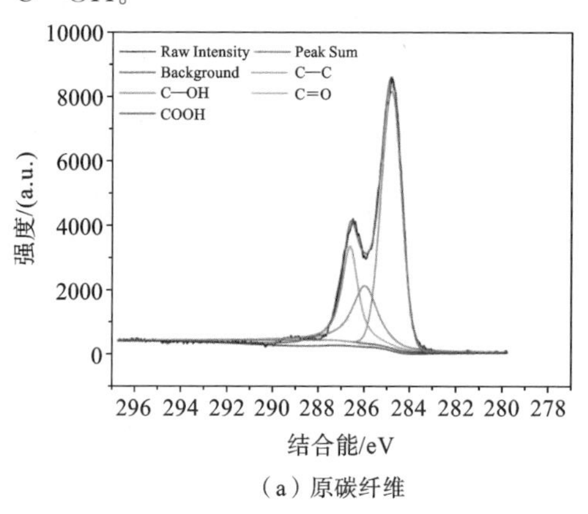

（a）原碳纤维

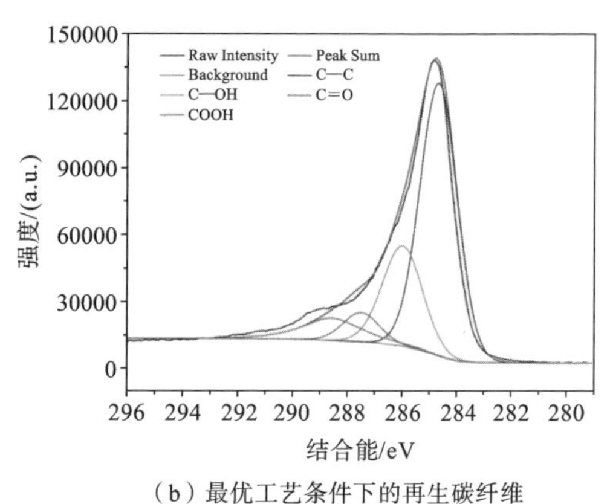

（b）最优工艺条件下的再生碳纤维

图 2-62 原碳纤维与最优工艺下再生碳纤维 XPS 图

表 2-40 表面原子含量(%)

试样	C	N	O	O/C
原丝	77.77	2.66	19.57	0.282
最优工艺条件下回收的碳纤维	77.86	3.87	18.27	0.235

表 2-41 官能团含量(%)

试样	C—C	C—OH	C═O	COOH
原丝	55.39	11.33	33.29	0.00
最优工艺条件下回收的碳纤维	61.11	23.99	6.30	8.59

4. 再生碳纤维力学性能分析

每组试样抽取 25 根单丝作为样本，单丝的直径为 7 μm，计算碳纤维单丝的抗拉强度及杨氏模量，结果如表 2-42、表 2-43 所示。

表 2-42　不同条件下的力学性能

序号	最优工艺条件下回收的碳纤维			T700 原碳纤维		
	F_i/cN	σ_i/GPa	E/MPa	F_i/cN	σ_i/GPa	E/MPa
1	11.43	2.91	161.94	11.84	1.86	123.94
2	12.46	3.18	158.88	8.55	2.52	168.15
3	14.33	3.65	152.27	12.78	1.97	197.39
4	12.06	3.08	180.92	10.91	2.84	177.40
5	11.17	2.85	149.93	10.94	2.33	179.31
6	8.96	2.29	152.34	9.69	2.04	135.85
7	9.77	2.49	177.97	10.08	2.10	123.76
8	11.96	3.05	152.51	10.60	2.47	164.75
9	11.48	2.93	162.65	7.41	2.20	121.99
10	11.99	3.06	138.99	9.05	1.88	188.21
11	12.98	3.31	165.51	9.45	2.58	151.52
12	9.89	2.52	157.64	11.33	2.39	132.62
13	10.23	2.61	173.93	10.69	2.68	167.52
14	9.24	2.36	124.02	13.80	2.20	157.39
15	9.97	2.54	149.57	9.09	2.24	149.45
16	8.00	2.04	156.94	12.10	2.42	186.17
17	13.50	3.44	191.27	9.87	2.45	188.72
18	11.54	2.94	173.12	11.80	1.81	164.84
19	12.65	3.23	153.62	8.02	1.98	141.18
20	8.66	2.21	157.75	8.95	2.41	200.62
21	9.95	2.54	169.17	9.08	2.95	163.64
22	8.84	2.25	140.90	9.86	1.82	165.77
23	10.28	2.62	145.65	6.44	2.91	145.62
24	9.20	2.35	138.02	6.51	2.49	177.79
25	11.33	2.89	137.59	6.75	1.51	189.36

表 2-43　不同条件下的力学性能对比

力学性能	最优工艺条件下回收的碳纤维	T700 原碳纤维
杨氏模量/MPa	156.82	170.13
韦氏模数	7.28	5.81
抗拉强度/GPa	2.71	2.51

碳纤维经合适的氧化表面处理后，可以钝化和消除表面的裂纹缺陷，不同程度地提高碳纤维的强度，但容易过失，破坏碳纤维表面，导致单丝强度下降。如图 2-63 所示，温度为 500 ℃、处理时间为 25 min、O_2 浓度为 80%、O_2 流量为 180 mL/min 下回收的碳纤维的抗拉强度比原碳纤维提高了约 8%。表明在热活化 Cr_2O_3 半导体回收 CFRP 的过程中合理地控制工艺参数，可以在回收的同时对碳纤维进行表面热处理，提高碳纤维的单丝强度。

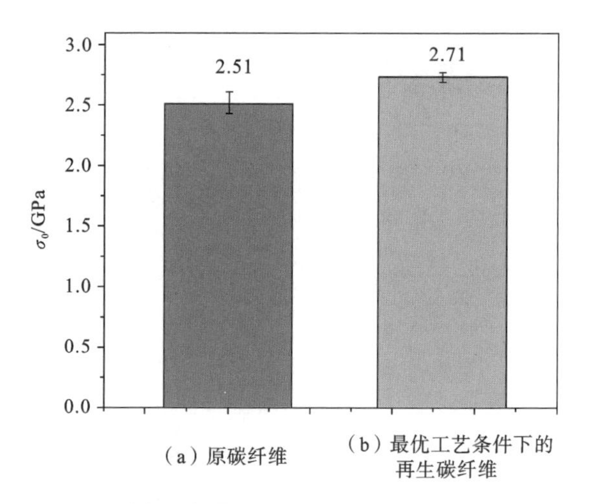

图 2-63　原碳纤维与最优工艺下再生碳纤维单丝抗拉强度

2.6　回收装备样机开发

2.5 节从实验的角度对氧化物半导体热活化回收工艺进行了系统性研究，探讨了回收工艺参数对树脂分解率和再生碳纤维性能的作用规律，并进一步优化了回收工艺参数。在此基础上，本节先依次开发针对层板式和非层板式废弃物的回收样机，以实现对工业化样机开发的前期探索。最后，结合实验结果提出一种可大批量、连续化回收的复合材料废弃物热活化氧化物半导体回收装备，以满足未来工业化生产要求。

2.6.1　层板式废弃物回收样机

如图 2-64 所示，层板式废弃物回收样机主要包括回收单元、O_2 输入单元、温度控制单元以及气动控制单元四个部分。回收单元由蜂窝载体、电热管和夹具组成，其中蜂窝载体为表面负载 Cr_2O_3 涂层的堇青石，以丙酮、乙醇或异丙醇为溶解介质，以硝化纤维素为表面活化剂和分散剂，通过定量配比，将氧化物半导体 TiO_2、ZnO、Cr_2O_3、NiO、Fe_2O_3 等中的一种与溶解介质和硝化纤维素均匀混合，配制含有氧化物半导体的浸渍液，将该浸渍液均匀涂覆于堇青石蜂窝载体中，在其表面形成氧化物半导体涂层，如图 2-65 所示。在蜂窝载体内部设置有 U 形电热管，以实现对涂层的热激发。建立蜂窝载体-复合材料夹心结构，其中上下层为表面有涂层的蜂窝载体，夹心层可内置待复合材料废弃物。电热管内置于蜂窝载体内并与温度控制单元相连接。温度控制单元控制电热管产生热量激发蜂窝载体表面的 Cr_2O_3 从而分解 CFRP 中的树脂基体。夹具分别夹持上下两块蜂窝载体并与气动控制单元相连接。待回收的 CFRP 置于上下两块蜂窝载体之间，气动控制单元使上蜂窝载体往复直线移动从而夹紧 CFRP。O_2 输入单元为回收过程提供一定流量的 O_2。

图 2-64　层板式废弃物回收样机

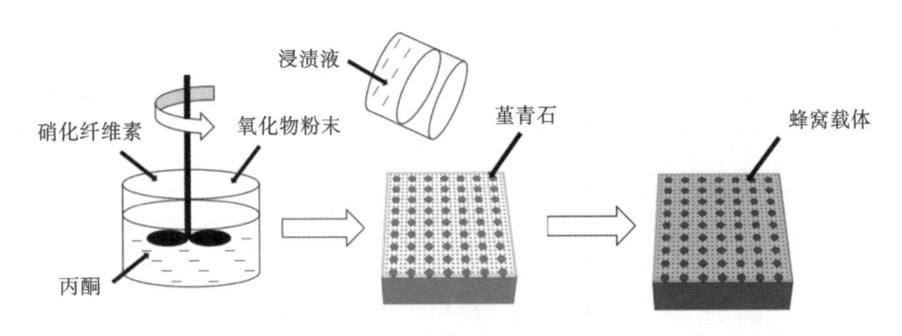

图 2-65　蜂窝载体制作示意图

首先开启温度控制单元升温，当温度稳定在 500 ℃时，打开 O_2 输入单元通入流量为 180 mL/min 的 O_2(80%)。而后打开工作箱放入待回收的 CFRP，通过气动控制单元控制上蜂窝载体移动，将 CFRP 加紧在蜂窝载体之间，使 CFRP 与上下两块蜂窝载体充分接触。关闭工作箱，温度控制单元维持蜂窝载体表面保持 500 ℃的恒温，处理 25 min 后，气动控制单元使上下蜂窝载体分离，而后获得再生碳纤维。

该样机主要用于处理层板类复合材料废弃物。如图 2-66 所示，所回收的再生碳纤维可保持原铺层结构，有利于再生碳纤维再利用，且回收的再生碳纤维单丝抗拉强度保持原碳纤维的 90%以上。

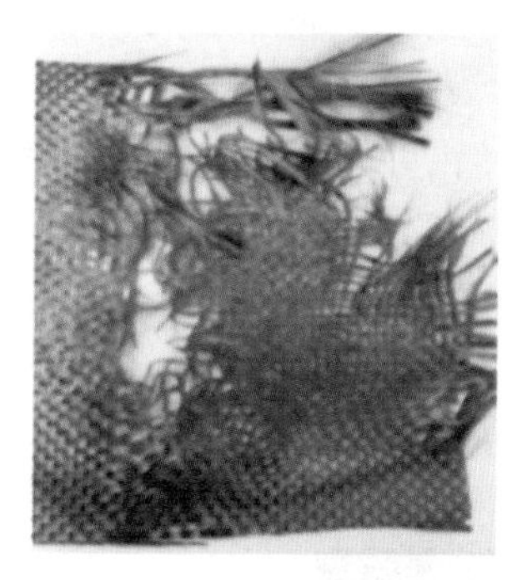
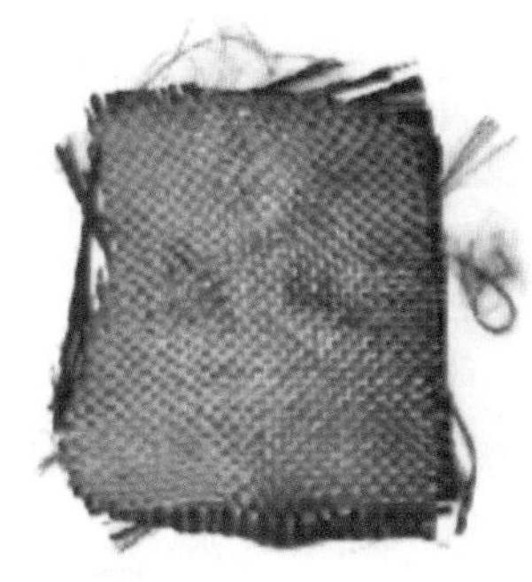

图 2-66 保持原铺层结构的再生碳纤维

2.6.2 非层板式废弃物回收样机

如图 2-67 所示，非层板式废弃物回收样机包括 O_2 输入单元、回收单元以及运动控制单元，O_2 输入单元与回收单元连通，运动控制单元与回收单元固连。回收单元包括反应釜釜体、反应釜上盖、搅拌装置、柔性石墨密封圈、温度检测装置、排气管、Cr_2O_3 粉末、电阻丝。其中反应釜釜体与反应釜上盖采用上述柔性石墨密封圈密封，反应釜上盖与搅拌装置通过支架固连，温度检测装置的感温端放置在反应釜内，排气管安装在反应釜右侧，Cr_2O_3 粉末内置于反应釜内，电阻丝放置于反应釜釜体壁中。运动控制单元旋转轴通过动力控制阀组控制气缸的活塞杆往复运动，从而控制反应釜上盖的启闭。O_2 输入单元为回收过程提供一定流量的 O_2。

首先将破碎的碳纤维增强环氧树脂复合材料废弃物放入网状叶片，网状叶片结构如图 2-68 所示，Cr_2O_3 粉末内置于反应釜釜体中，打开 O_2 输入单元通入体积分数为 100%的 O_2。然后通过电阻丝将反应釜釜体加热到 500 ℃，此时通过运动控制单元控制旋转轴上均匀设置的网状叶片旋转，使碳纤维增强环氧树脂复合材料废弃物与 Cr_2O_3 粉末充分接触。处理 20 min 后，通过运动控制单元控制旋转停止，然后控制反应釜上盖上升使网状叶片脱离 Cr_2O_3 粉末，后再旋转 2 min 去除附着于再生碳纤维表面的 Cr_2O_3 粉末，最后取出表面干净、力学性能优异的再生碳纤维材料，计算树脂基体分解率。

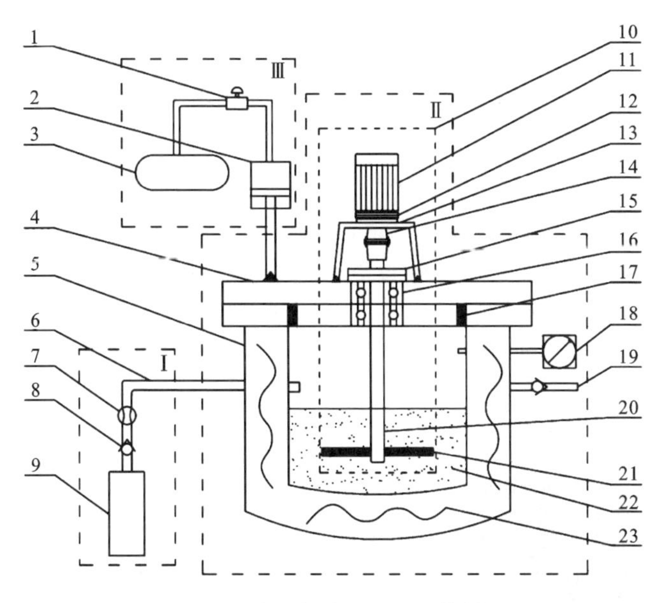

图 2-67　非层板式废弃物回收样机

1—动力控制阀组；2—气缸；3—空气压缩机；4—反应釜上盖；5—反应釜釜体；6—不锈钢管；7—流量计；8—单向止回阀；9—储气罐；10—搅拌装置；11—电机；12—减速机；13—支架；14—联轴器；15—轴封装置；16—滚动轴承；17—柔性石墨密封圈；18—温度检测装置；19—排气管；20—旋转轴；21—网状叶片；22— Cr_2O_3 粉末；23—电阻丝

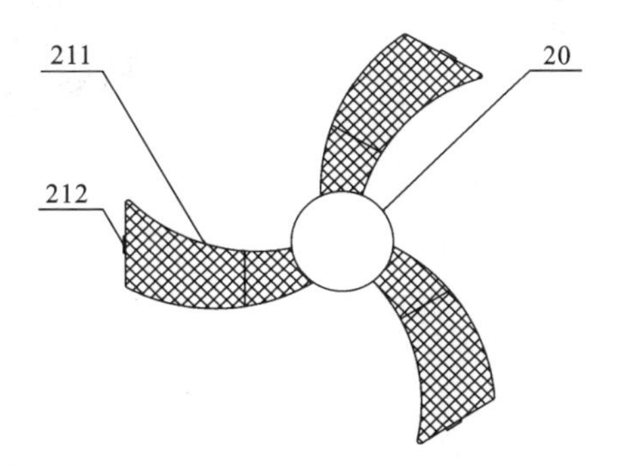

图 2-68　网状叶片结构

20—旋转轴；211—网状叶片本体；212—锁扣

该样机可回收不同尺寸、形状的碳纤维增强树脂基复合材料废弃物，为实现复合材料废弃物的产业化回收装备开发奠定了基础。

2.6.3　工业型复合材料回收装备开发展望

上述两种回收样机虽然能够满足实验室日常回收碳纤维的需求，但是无法实现大批量、连续化的工业化生产。为了密切结合机械制造业节能减排和高端装备绿色低碳发展需求，以废弃的碳纤维复合材料制品、生产过程中的边角料和残次品以及使用过程中破损的结构件为对象，以回收保持原有织构和铺层结构的长纤维为目标，搭建可连续化操作、清洁化生产的碳纤维复合材料废弃物高效低成本回收实验装置，如图 2-69 所示。该装置的基本原理：首先利用具有视觉识别功能的智能化机械臂对层板式和非层板式废弃物进行分拣，随后将分拣后的废弃物通过传送带分别送入相应的回收机器中处理。在处理结束后，将再生碳纤维通过传送带转移至回收处并利用机械臂进行分拣归类。如此循环往复，有效实现碳纤维复合材料废弃物大批量、连续化回收，为未来大规模工业化回收提供新思路。

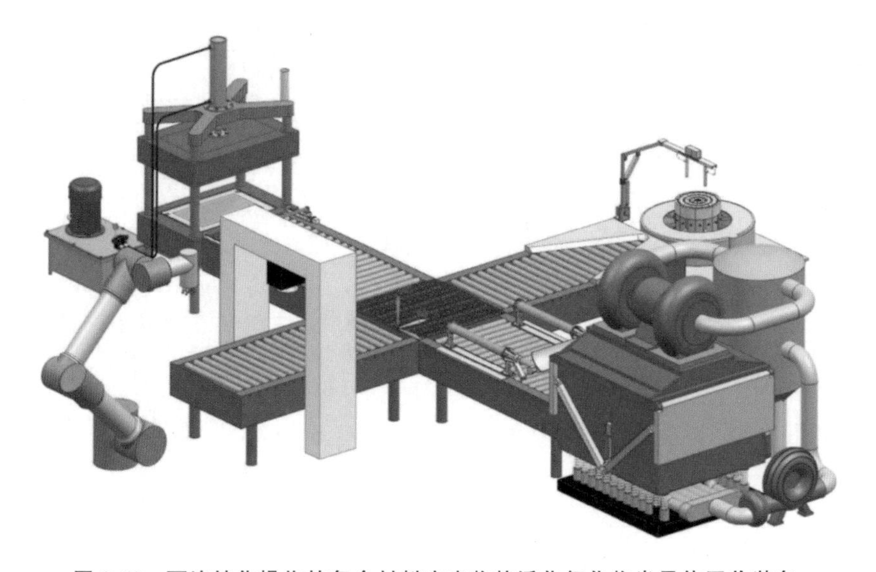

图 2-69　可连续化操作的复合材料废弃物热活化氧化物半导体回收装备

参考文献

[1] CHENG H, SUN Y, WANG X, et al. Recycling carbon fiber/epoxy resin composites by thermal excitation oxide semiconductors [J]. Fibers and Polymers, 2019, 20:760-769.

[2] CHENG H, SUN Y, ZHOU Z, et al. Kinetics of recycling CF/EP composites by thermal excitation of Cr_2O_3[J]. Journal of Polymers and the Environment, 2019, 27:1937-1947.

[3] CHENG H, CHANG J, SUN Y, et al. Numerical simulation of stress distribution for CF/EP composites in high temperatures [J]. Journal of

Thermal Stresses, 2019, 42(4):416-425.

[4] CHENG H, ZHU Y, ZHOU Z, et al. Research on process parameters for recycling CF/EP composites by thermal excitation of oxide semiconductor[J]. Fibers and Polymers, 2020, 21:864-873.

[5] CHENG H, SUN Y, SUN R, et al. A quantitative model investigation on degradation of CF/EP composites [J]. Fibers and Polymers, 2021, 22: 3393-3403.

[6] CHENG H, ZHANG J, HUANG H, et al. Mass transfer model of supercritical fluid degradation for carbon fiber composites [J]. Journal of Composite Materials, 2017, 51(8):1073-1085.

[7] CHENG H, LIU W, HUANG H, et al. Numerical simulation of flow distribution in the reactor used for CFRPs degradation under supercritical condition[J]. International Journal of Chemical Reactor Engineering, 2019, 17 (11):20190048.

[8] 成焕波,郭立军,周金虎,等.再生碳纤维回收利用及其增材制造复合材料性能评价[J].机械工程学报,2023,59(07):375-388.

[9] 成焕波. 碳纤维/环氧复合材料的超临界流体回收机理及工艺研究[D].合肥:合肥工业大学,2016.

[10] HU J, DANISH M, LOU Z, et al. Effectiveness of wind turbine blades waste combined with the sewage sludge for enriched carbon preparation through the co-pyrolysis processes [J]. Journal of Cleaner Production, 2018, 174: 780-787.

[11] JIA Z, LI T, CHIANG F, et al. An experimental investigation of the temperature effect on the mechanics of carbon fiber reinforced polymer composites[J]. Composites Science and Technology, 2018, 154:53-63.

[12] DING Y, ZHANG W, YU L, et al. The accuracy and efficiency of GA and PSO optimization schemes on estimating reaction kinetic parameters of biomass pyrolysis[J]. Energy, 2019, 176:582-588.

[13] GAO X, JIANG L, XU Q, et al. Thermal kinetics and reactive mechanism of cellulose nitrate decomposition by traditional multi kinetics and modeling calculation under isothermal and non-isothermal conditions [J]. Industrial Crops and Products, 2020, 145:112085.

[14] OSMAN A I, FAWZY S, FARRELL C, et al. Comprehensive thermokinetic modelling and predictions of cellulose decomposition in isothermal, non-isothermal, and stepwise heating modes[J]. Journal of Analytical and Applied Pyrolysis, 2022, 161:105427.

[15] NYAMBURA S M, JUFEI W, HUA L, et al. Microwave co-pyrolysis of kitchen food waste and rice straw for waste reduction and sustainable biohydrogen production: Thermo-kinetic analysis and evolved gas analysis[J]. Sustainable Energy Technologies and Assessments, 2022, 52:102072.
[16] AGNIHOTRI N, GUPTA G K, MONDAL M K. Thermo-kinetic analysis, thermodynamic parameters and comprehensive pyrolysis index of Melia azedarach sawdust as a genesis of bioenergy[J]. Biomass Conversion and Biorefinery, 2022:1-18.
[17] ZAKER A, CHEN Z, ZAHEER-UDDIN M, et al. Co-pyrolysis of sewage sludge and low-density polyethylene-A thermogravimetric study of thermo-kinetics and thermodynamic parameters[J]. Journal of Environmental Chemical Engineering, 2021, 9(1):104554.
[18] SAHOO A, SAINI K, NEGI S, et al. Inspecting the bioenergy potential of noxious Vachellia nilotica weed via pyrolysis: Thermo-kinetic study, neural network modeling and response surface optimization[J]. Renewable Energy, 2022, 185:386-402.
[19] ZHANG X M, ZHANG Y Y. Study on pyrolysis of agaric-based waste using TG-FTIR analysis[J]. Kezaisheng Nengyuan/Renewable Energy Resources, 2013, 31(9):74-77.
[20] MISHRA A, KUMARI U, TURLAPATI V Y, et al. Extensive thermogravimetric and thermo-kinetic study of waste motor oil based on iso-conversional methods[J]. Energy Conversion and Management, 2020, 221:113194.
[21] HADIGHEH S A, WEI Y, KASHI S. Optimisation of CFRP composite recycling process based on energy consumption, kinetic behaviour and thermal degradation mechanism of recycled carbon fibre[J]. Journal of Cleaner Production, 2021, 292:125994.
[22] DING Y, ZHANG W, YU L, et al. The accuracy and efficiency of GA and PSO optimization schemes on estimating reaction kinetic parameters of biomass pyrolysis[J]. Energy, 2019, 176:582-588.
[23] ZHANG W, ZHANG J, DING Y, et al. Pyrolysis kinetics and reaction mechanism of expandable polystyrene by multiple kinetics methods[J]. Journal of Cleaner Production, 2021, 285:125042.
[24] JIANG L, ZHANG D, LI M, et al. Pyrolytic behavior of waste extruded polystyrene and rigid polyurethane by multi kinetics methods and Py-GC/MS[J]. Fuel, 2018, 222:11-20.

[25] CHEN R, XU X, LU S, et al. Pyrolysis study of waste phenolic fibre-reinforced plastic by thermogravimetry/Fourier transform infrared/mass spectrometry analysis[J]. Energy Conversion and Management, 2018, 165: 555-566.

[26] XING M, LI Z, ZHENG G, et al. Recycling of carbon fiber-reinforced epoxy resin composite via a novel acetic acid swelling technology[J]. Composites Part B:Engineering, 2021, 224:109230.

[27] HANAOKA T, ARAO Y, KAYAKI Y, et al. Analysis of nitric acid decomposition of epoxy resin network structures for chemical recycling[J]. Polymer Degradation and Stability, 2021, 186: 109537.

[28] 成焕波,冯勇,贾丙辉,等. 一种回收碳纤维增强树脂基复合材料的装置及其方法: CN107417963B[P]. 2020-04-24.

[29] 成焕波,鹿新建,谭启檐. 热活化氧化物半导体回收碳纤维的方法及装置: CN106750505B[P]. 2019-06-21.

[30] 成焕波,王鑫,孙羽,等. 一种碳纤维复合材料再资源化的装置:CN208452028U[P]. 2019-02-01.

[31] 成焕波,周金虎,郭立军,等. 一种高效可产业化回收再生碳纤维的装置及使用方法:CN114561040B[P]. 2023-03-24.

第3章　碳纤维增强复合材料增材再制造

再生碳纤维由于在回收过程中形态性能及工艺性发生退化，其复合材料成型特性改变，难以采用现有的复合材料先进成型工艺（如自动铺放、缠绕、编织等），造成了再生碳纤维复合材料难以高值化制造的问题。针对性地开发适合于再生碳纤维复合材料的先进制造工艺是解决上述问题的有效途径，而目前所面临的核心技术挑战就在于如何开发面向再生碳纤维复合材料的先进制造成型工艺。按材料成型过程中材料质量的增减方式划分，材料成型工艺的发展历程是由等材制造发展到减材制造，再到目前的增材制造。增材制造（3D打印）是一种以三维模型数据为基础，通过材料堆积的方式制造零件或实物的工艺。具体来说，增材制造是通过类似微积分的离散-堆积原理，由零件的三维数据驱动和计算机自动控制实现精准可控地逐点对材料进行成型的制造技术。由此可知，增材制造是一种先进的材料成型技术，具有加工自由度高、零件成型速度快、材料利用率高等优点，可将材料成型为等材制造、减材制造无法加工出的结构，是目前材料成型领域的热点研究方向。

针对再生碳纤维复合材料高值化制造面临的核心技术挑战，为将增材制造所具有的结构成型方面的优势应用在再生碳纤维复合材料成型问题上，本章首先介绍再生碳纤维增强机制，接着阐述再生碳纤维增强热塑性复合材料界面形成理论并建立界面模型，然后重点介绍再生碳纤维增强热塑性复合材料的熔融沉积增材制造工艺，分析增材再制造复合材料的性能和产品应用，最后针对复合材料增材再制造一体化装备开发进行展望。

在复合材料增材再制造工艺中，3D打印技术不仅提供了一个低成本、高性能、绿色化生产CFRP零件的方式，有效促进了CFRP产品的经济循环，使其产品的经济链实现了闭环，大幅降低了CFRP产品的制作成本，而且有效减少了CFRP废弃物的焚烧与填埋量，进而避免由CFRP废弃物处理不当产生的环境影响，具有良好的经济和环境效益。

3.1　再生碳纤维的增强机制

再生碳纤维作为增强体在基体中弥散均匀分布，阻碍位错运动引起位错塞积，增加位错密度强化基体，提高复合材料的强度。当再生碳纤维强度高且与基体非共格时，位错与再生碳纤维作用时无法切过只能绕过再生碳纤维；当再生碳纤维自身强度不高，尺寸又相对较大时，位错与再生碳纤维作用时切过再生碳纤维。因此，再生碳纤维增强机制主要分再生碳纤维切过和未切过以及其他再生碳纤维强化机制。

3.1.1　再生碳纤维切过增强机制

当再生碳纤维直径较大，且自身强度也不高时，外部载荷除了主要由基体承担外，再生碳纤维也承担部分载荷并约束基体的变形。再生碳纤维阻碍位错运动的能力越强，其强化效果越好。在外加载荷的作用下，位错滑移受阻，并在再生碳纤维上产生应力集中，其值为

$$\sigma_i = n\sigma \tag{3-1}$$

式中：n 是应力集中因子，由位错理论求得

$$n = \frac{\sigma D_f}{G_m b} \tag{3-2}$$

式中：G_m 为基体的弹性模量；D_f 为再生碳纤维间距；b 为柏氏矢量。

此时再生碳纤维上的应力集中值为

$$\sigma_i = \frac{\sigma^2 D_f}{G_m b} \tag{3-3}$$

如果再生碳纤维与基体的界面结合良好，或有共格关系，且外加应力又足够大，则位错可以切过再生碳纤维，即发生位错切过现象。位错切过再生碳纤维同样可以强化材料，此时的强化机制有以下几种。

1. 有序强化机制

当再生碳纤维与基体共格时，位错切过，滑移面两 0.1 μm 侧形成两个反相畴。滑移面为反相畴界，反相畴界能量高，需附加应力补偿，使复合材料得到强化。

2. 界面强化机制

位错切过可增加再生碳纤维与基体的界面，界面能增加，也需外力补偿，从而使复合材料得到强化。

3. 共格应变强化机制

当再生碳纤维与基体存在共格关系时，产生的应变场将与位错发生作用，对位错产生排斥或吸引作用，使位错靠近或离开再生碳纤维时均需附加应力。

4. 层错强化机制

当再生碳纤维与基体结构相差较大时，两者的层错能不同，扩展位错宽度将发生变化，位错会受到附加力的作用。

5. 弹性模量强化机制

如果基体与再生碳纤维的弹性模量不同，当位错切过第二相再生碳纤维时，位错应变能发生变化，需要增加外力。

6. 安塞尔-勒尼尔强化机制

安塞尔-勒尼尔等将再生碳纤维的断裂作为复合材料屈服的判据，即认为再生

碳纤维上的切应力等于再生碳纤维自身的断裂应力时，复合材料便发生屈服，引起塑性形变。设再生碳纤维的断裂应力为 σ_p，且 $\sigma_i=\sigma_p$，再令 $\sigma_p=\dfrac{G_p}{c}$，则有

$$\sigma_p=\frac{G_p}{c}=\frac{\sigma^2 D_f}{G_m b} \tag{3-4}$$

式中：c 为常数；G_p 为再生碳纤维的剪切模量。由此可得复合材料的屈服强度为

$$\sigma_y=\sqrt{\frac{G_m G_p b}{D_f c}} \tag{3-5}$$

再将体视关系 $D_f=\sqrt{(1-V_p)\dfrac{2d_p^2}{3V_p}}$ 代入，得

$$\sigma_y=\sqrt{\frac{\sqrt{3}G_m G_p b\ \sqrt{V_p}}{\sqrt{2}d_p\ \sqrt{(1-V_p)c}}} \tag{3-6}$$

式中：D_f 为再生碳纤维间距；V_p 为再生碳纤维体积分数；d_p 为再生碳纤维直径。

由式(3-6)可知，再生碳纤维尺寸越小，体积分数越高，再生碳纤维对复合材料的强化效果越好。此时的再生碳纤维尺寸一般为 1～50 μm，再生碳纤维间距为 1～25 μm，再生碳纤维体积分数为 5%～50%。

3.1.2 再生碳纤维未切过增强机制

1. 低温、高外加应力-位错绕过理论

当再生碳纤维尺寸较小，自身强度较高，弥散分布于基体中时，再生碳纤维无法被位错切过的外加载荷主要由基体承担。弥散再生碳纤维阻碍位错运动的能力越强，其增强效果越好，与合金中时效析出强化机制相似，可用位错绕过理论即奥罗万(Orowan)机制来解释。位错通过基体中的弥散颗粒时会出现拱弯现象，并留下位错环，从而形成弥散强化机制，如图 3-1 所示。

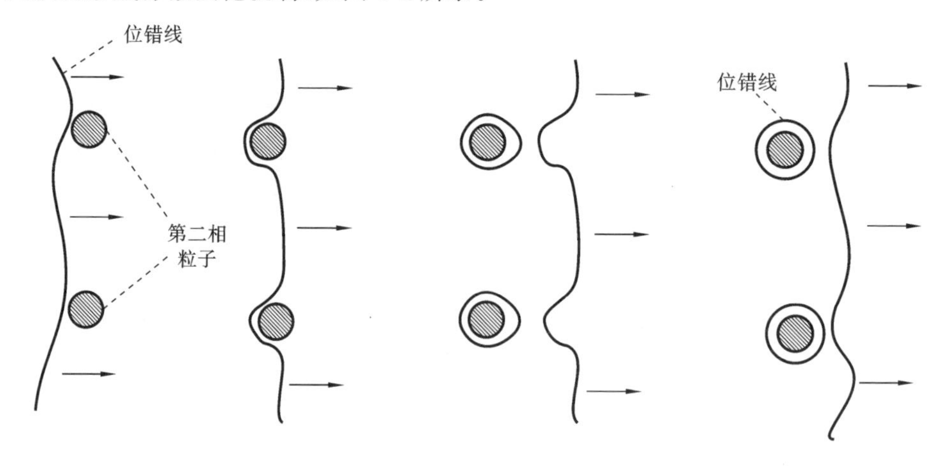

图 3-1 奥罗万增强机制示意图

位错通过弥散再生碳纤维时，由于坚硬再生碳纤维的阻挡，位错弯曲，在剪应力 τ_i 的作用下，弯曲的曲率半径为

$$R=\frac{G_m b}{2\tau_i} \tag{3-7}$$

式中：b 为柏氏矢量；G_m 为基体的剪切模量。

当剪切应力大到使位错的曲率半径为 $\frac{1}{2}D_f$ 时，基体中发生位错运动，复合材料产生塑性变形，此时的剪切应力为复合材料的屈服强度：

$$\tau_c=\frac{G_m b}{\sqrt{\frac{2d_p^2}{3V_p}(1-V_p)}}=\frac{G_m b}{D_f} \tag{3-8}$$

显然，τ_c 为位错绕过再生碳纤维所需的临界应力，又称为奥罗万应力，表示为 τ_o。所以，微粒尺寸越小，体积分数越高，强化效果越好。

由断裂学理论可知，基体的理论断裂应力为 $\frac{1}{30}G_m$，基体的屈服强度为 $\frac{1}{100}G_m$。它们分别为发生位错运动所需剪切应力的上、下限，代入式(3-8)得到再生碳纤维间距的上、下限分别为 300 nm 和 10 nm，即当再生碳纤维直径在 10～300 nm 时，再生碳纤维具有弥散增强作用。一般情况下，增强体体积分数 V_p 为 1%～15%，再生碳纤维直径 d_p 为 1～100 nm。

留下的位错环间接使再生碳纤维尺寸增大，再生碳纤维间距变小，同时位错环间存在相互作用力，使位错的绕过变得更加复杂。

2. 高温、低外加应力-位错攀移机制

高温下使用的复合材料会发生蠕变现象，此时位错一般不会以奥罗万形式绕过再生碳纤维，留下位错环，而是以攀移方式越过，且攀移绕过再生碳纤维所需的临界应力小于奥罗万应力。设位错绕过再生碳纤维所需的应力(门槛应力)为 τ_{th}，当外加应力小于 τ_{th} 时，蠕变可以忽略，而当外加应力大于门槛应力时，蠕变显著。

门槛应力为

$$\tau_{th}\approx(0.4\sim0.7)\tau_o \tag{3-9}$$

式中：τ_o 为奥罗万应力。

根据位错攀移方式的不同，攀移分为整体攀移与局部攀移两种。研究结果表明，位错局部攀移时的门槛应力为 $\tau_{th}\approx(0.4\sim0.7)\tau_o$，该值与实际蠕变所测门槛值基本吻合。然而，许多研究者认为局部攀移时位错线存在着尖锐的弯曲部分，从位错线的张力和能量角度考虑，这是很不稳定的。尖锐的弯曲部分会通过内部的扩散迅速地松散开，趋于整体攀移的位错状态，即从局部攀移转向整体攀移。而整体攀移的门槛应力较小，理论估算值仅为 $\tau_{th}\approx0.04V_f\tau_o$($V_f$ 为再生碳纤维的体积分数)。如此小的门槛应力与实际情况相差较大，因此，位错的攀移机制研究尚未成熟，需做进一步的深入研究。大量研究表明，高温下，位错线与再生碳纤维之间存在相互吸引力，该吸

引力可使位错线与再生碳纤维相互吸附在一起，从而使局部攀移变得稳定和可能。位错攀移粒子后并不与粒子分离，而是被牢牢粘住，即两者间存在着吸引力，因此，要使位错从粒子侧脱离必须施加一定的外力，该外力即脱离门槛应力。

脱离门槛应力，即位错攀移越过粒子后从粒子处脱离所需的最大应力值，该力源于能量的变化。设与粒子接触处位错段的线张力为 T_{AC}，即

$$T_{AC}=KT_{CD} \tag{3-10}$$

式中：K 为松弛参数，0～1；T_{CD} 为远离粒子处位错的线张力，$T_{CD}\approx\frac{1}{2}G_m b^2$，$G_m$ 为基体的剪切模量，b 为柏氏矢量。当 $K=1$ 时，粒子与位错间无吸引力，无松弛产生，位错线各部分的能量均相同。当 $K=0$ 时，位错完全松弛，位错与粒子之间吸引力最大，粒子的行为与空位相似，也就是说，位错与粒子脱离前是接触吸附在一起的，接触部位的线张力为非接触部位的 K 倍（KT_{CD}）。当外加应力大于或等于脱离门槛应力值时，位错将与粒子脱离，从而摆脱粒子的吸引，位错全部不与粒子接触，位错线上各处的张力相同，均为 T_{CD}。而吸附处的张应力 $T_{AC}<T_{CD}$，故使位错线从稳定的低张应力 T_{AC}转换到高张应力 T_{CD}时，必须有外加切应力作用，这是脱离门槛应力 τ_d 的来源。τ_d 的大小可通过理论推导获得，结果如下：

$$\tau_d=\tau_o\sqrt{1-K^2} \tag{3-11}$$

由式(3-11)可知脱离门槛应力是奥罗万应力 τ_o 和松弛参数 K 的函数。在位错脱离粒子时需一个脱离门槛应力，同样在位错攀移粒子时也需一个攀移门槛应力。由于局部攀移门槛应力与实测值较为吻合，故一般假定蠕变中的位错攀移均为局部攀移，此时局部攀移的平均门槛应力为

$$\tau_{c,ave}=0.4K^{\frac{5}{2}}\tau_o \tag{3-12}$$

因此，可知脱离门槛应力和攀移门槛应力均与松弛参数 K 和奥罗万应力 τ_o 有关。

3.1.3　影响再生碳纤维强化的因素

影响再生碳纤维强化的因素较多，除了再生碳纤维的自身性质及其与基体的结合界面外，还有基体的性质、制备工艺等。

1. 再生碳纤维的性质

再生碳纤维的性质如强度、硬度以及形状、在基体中的平均间距和分布均直接影响其增强效果，其中再生碳纤维直径 d_p、体积分数 V_f、平均间距 μ 三者间存在以下关系：

$$\mu=\frac{2}{3}d_p\left(\frac{1}{V_f}-1\right) \tag{3-13}$$

此外，再生碳纤维在基体中的化学稳定性、热稳定性、扩散性、界面能、膨胀系数等也是重要的影响因素。

2. 结合界面

良好的结合界面可有效传递载荷，对再生碳纤维强化基体起到增强作用。这就要求增强再生碳纤维在基体中不溶解，与基体不发生化学反应，界面能小。

3. 基体的性质

同样的增强再生碳纤维、体积分数，加入的基体不同，其增强效果也不同，这主要是基体本身的性质以及界面结构不同的缘故。

4. 制备工艺

增强再生碳纤维进入基体，并在基体中均匀分布，强化效果与制备工艺相关。当增强再生碳纤维由原位化学反应产生时，分布均匀、尺寸细小、与基体的界面干净、结合强度高、强化效果好。反之，当再生碳纤维直接由外界加入，特别是再生碳纤维尺寸较小时，表面活性增强而难以加入基体，在界面结合处易发生反应，存在过渡层，影响界面结合强度和增强效果。由此可见，制备工艺同样直接影响再生碳纤维的增强效果。

3.2　再生碳纤维增强热塑性复合材料的界面

对于给定的增强体和基体，它们之间的界面是复合材料性质的决定性因素。例如，两种不同性质材料的强界面结合可能产生强度成倍增大的新材料，而两种脆性材料通过弱界面结合可以组成一种具有良好韧性的复合材料。本节将介绍现有的几种碳纤维复合材料界面形成理论并在此基础上建立再生碳纤维增强热塑性复合材料多尺度界面模型。

3.2.1　再生碳纤维增强热塑性复合材料界面形成理论

复合材料的界面(interface)并不仅指增强体与基体接触的一个几何面，而是指一个包含该几何面在内的从基体到增强体的过渡区域。复合材料中增强体与基体材料的界面结合(bonding)或界面黏结(adhesive)来源于两种组成物相接触表面之间的化学结合或物理结合，或兼而有之。结合机理包括吸附和润湿(浸润)、静电吸引、元素或分子相互扩散、机械锁合、化学基团连接以及化学反应形成新的化合物等。

1. 润湿理论

两个电中性物体之间的物理吸附可以用液体对固体表面的润湿来描述。由润湿引起的界面结合是电子在原子级尺度的很小范围的范德瓦耳斯力作用或酸-碱相互作用，这种相互作用一般发生在组成物原子之间，其相互距离在几个原子直径内或者在直接相互接触的情况下。对于由聚合物树脂或熔融金属制备的复合材料，在制备过程的浸渍阶段，基体材料对固态增强体的润湿是必要条件。不完全润湿时界面上可能会出现气泡，形成弱界面结合。图3-2所示是固体表面上的一液滴模型的示意

图，根据平衡原理有

$$\gamma_s = \gamma_L + \gamma_V \cos\theta \tag{3-14}$$

式中：γ_s、γ_L 和 γ_V 分别是固体、液体、气体的表面能；θ 是接触角，当其大于 90°时，液体为不润湿的，当其小于 90°时，液体为润湿的。若液体不成液滴，完全铺展在固体表面，即当接触角为 0°时，式(3-14)无效。

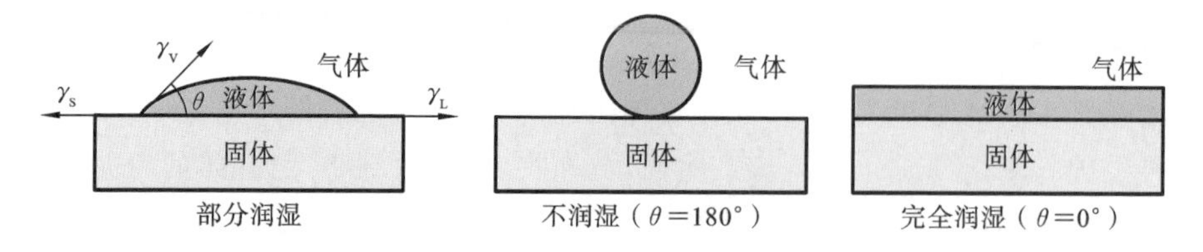

图 3-2　碳纤维与树脂液滴界面浸润示意图

通俗地讲，润湿性是用来描述一种液体在一种固体表面上展开程度的术语。对于真实复合材料，仅仅考虑增强体表面与液态基体(例如树脂)之间的热动力学来讨论润湿性是不够的。例如，由于再生碳纤维增强复合材料是由大量集束在一起的微细纤维包埋于基体之中而构成的，因而，除了基体对再生碳纤维有适当的润湿性能，在再生碳纤维与基体间产生好的界面结合外，在复合材料制备过程中基体应有充分渗入纤维束内部的能力。纤维之间的微小间隙能产生很大的毛细管力，促使基体渗入，毛细管作用的大小(即渗入力的大小)与液体的表面张力和毛细管的有效半径直接相关。需要强调的是，润湿性能与界面结合强弱并非同义词。润湿性能描述固体与液体之间紧密接触的程度，高润湿性能并不意味着界面强结合。一个具有极佳润湿性能的液-固系统，可能只有弱范德瓦耳斯力类型的低能结合。小接触角意味着好的润湿性能，是强界面结合必要但不充分的条件。

2. 机械锁合理论

碳纤维的表面并非绝对光滑，在与树脂基体结合后，表面的凸起、凹陷、褶皱等三维结构使两相存在嵌合效果，如图 3-3 所示。常用的氧化处理还使其表面产生大量的凹陷或凸起和褶皱，同时也增大了表面积。由此产生的机械锁合是碳纤维/聚合物基复合材料重要的界面结合机制。这种类型界面的强度一般在横向拉伸时并不高，但其纵向剪切强度可能达到很高的值，这取决于表面的粗糙程度，碳纤维的表面愈粗糙，其机械锁合效果越好，界面结合强度越高。

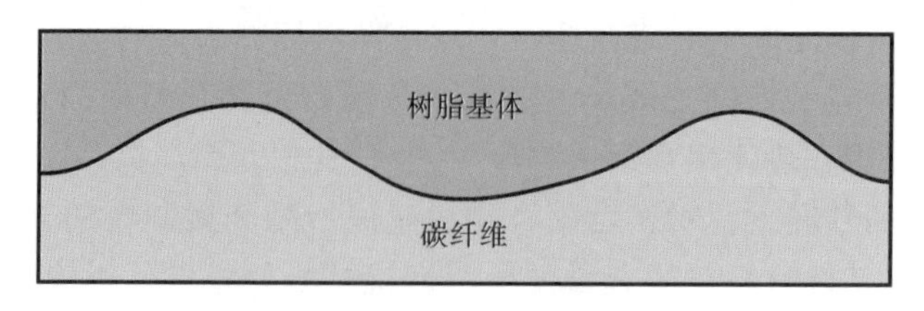

图 3-3　碳纤维与树脂基体的机械锁合

3. 化学键合理论

碳纤维表面的化学基团(如 C═O 、COOH 等)与基体材料中的另一个基团之间会形成一个新的化学键,如图 3-4(a)所示。碳纤维表面存在多种官能团,可能发生多种键合反应,例如,图 3-4(b)所示为碳纤维表面羧基与环氧树脂基体材料发生键合反应的过程。可知,碳纤维表面的含氧官能团数量越多,可能产生的化学键数量越多,化学键合机制形成的界面结合强度越高。

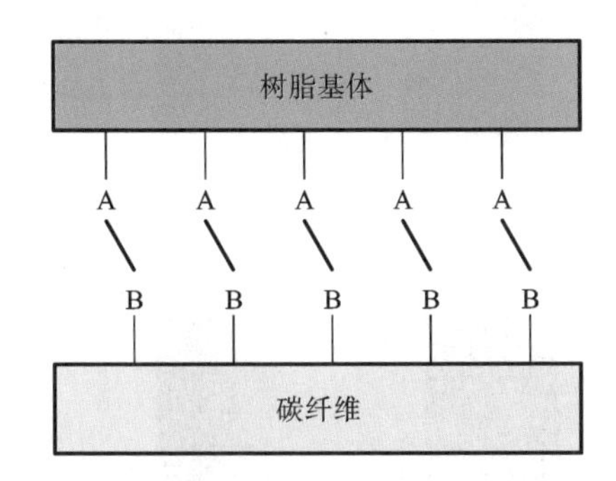

(a) 化学键合示意图

碳纤维表面—C(=O)OH ＋ CH_2—O—CH—R—(环氧) ＝ 碳纤维表面—C(=O)—O—CH_2—C(OH)(H)—R—

碳纤维表面
羧基COOH

环氧树脂

两相化学键合

(b) 化学键合反应

图 3-4　碳纤维与树脂界面化学键合

3.2.2　再生碳纤维增强热塑性复合材料的多尺度界面模型

依据上述碳纤维的界面结合理论,分别建立原碳纤维与再生碳纤维增强树脂基复合材料的多尺度界面模型,如图 3-5 所示。在回收过程中,再生碳纤维表面的上浆剂被去除,导致表面粗糙的原丝形貌裸露,缺陷增多,含氧官能团减少,表面化学活性降低,再生碳纤维与原碳纤维的性质对比如表 3-1 所示。

结合表 3-1 可知,在图 3-5(a)中,原碳纤维增强树脂基复合材料在介观层面上,存在四层结构,分别为:① 最外层的树脂基体材料;② 树脂与原碳纤维表面上浆剂结合而成的界面层;③ 原碳纤维的表面上浆剂;④ 原碳纤维材料。在微观层面上,由于原碳纤维粗糙的表面被上浆剂填补后较为光滑(图中所示为理想状态下的绝对光滑情况。现实情况下上浆剂填补后表面可能仍存在少许沟槽、凸起结构,为与再生碳纤维表面对比,图中将其假设为绝对光滑的平面),界面结合间的机械锁合效应减弱。在纳观层面上,由于上浆剂中含有大量的含氧活性官能团,它们可能与树脂基体

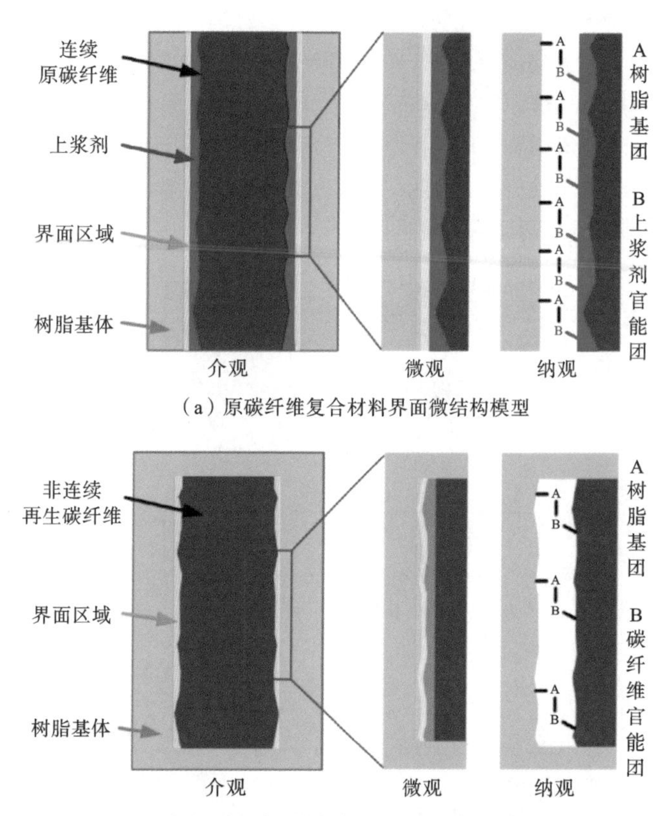

(a) 原碳纤维复合材料界面微结构模型

(b) 再生碳纤维复合材料界面微结构模型

图 3-5 碳纤维复合材料多尺度界面微结构模型

表 3-1 原碳纤维与再生碳纤维的性质对比

纤维性质	原碳纤维	再生碳纤维
碳纤维形态	连续长纤维	非连续短纤维
表面上浆剂	有上浆剂	上浆剂回收过程中被去除
表面粗糙度	表面较为光滑,表面粗糙度低	表面沟槽多,表面粗糙度高
活性官能团	上浆剂上大量官能团	原丝表面少量官能团
表面浸润性	接触角小,浸润性好	浸润角大,浸润性差
碳纤维强度	表面缺陷少,强度高	表面缺陷多,强度低

中的官能团通过化学键连接,因此,界面间可能存在大量的化学键合反应。

图 3-5(b)中,再生碳纤维由于表面上浆剂被去除,再生碳纤维增强树脂基复合材料在介观层面上存在三层结构:① 最外层树脂基体材料;② 树脂与再生碳纤维结合而成的界面层;③ 再生碳纤维材料。在微观层面上,由于再生碳纤维粗糙的表面

暴露，表面褶皱、凸起、凹陷增多，纤维与树脂基体间的机械锁合效应增强。在纳观层面上，由于再生碳纤维表面含氧官能团大幅降低，仅可能存在少量的化学键合连接。

由上述碳纤维复合材料的多尺度微观界面模型可得出，再生碳纤维与树脂基体材料的界面结合主要利用粗糙的表面通过机械锁合机制实现，同时碳纤维表面附有少量的化学键。而原碳纤维与树脂基体材料的界面结合主要利用上浆剂中大量的活性官能团与树脂基体通过化学键合机制实现，机械锁合效应较弱。此外，从碳纤维与树脂基体的界面结合埋论可知，化学键合需依靠树脂与碳纤维表面基团两者的共同作用，不仅需要碳纤维表面具有活性官能团，树脂基体同样需要有与之发生键合的配对基团，否则无法实现化学键合。而机械锁合仅对形貌结构有要求，碳纤维表面有褶皱、凸起、凹陷等粗糙结构，树脂基体即可渗入对其进行嵌入。

3.3　碳纤维增强复合材料增材再制造成型工艺过程

再生碳纤维通常以杂乱分布的短切形态存在，目前其主要作为填充材料被再利用，这极大地降低了再生碳纤维的使用价值。3D 打印对于复杂构件具有一体化快速成型的优势，但单一材料成型的构件存在力学性能差的问题。将再生碳纤维作为增强材料应用于增材制造领域不仅可弥补一般 3D 打印产品力学性能差的缺点，而且不需要制备模具，可降低复杂构件的生产成本，缩短生产周期。如图 3-6 所示，将再生碳纤维研磨、挤塑等一系列工艺，与增材制造工艺相结合，可提高再生碳纤维的再利用价值。

3.3.1　研磨

由于回收的碳纤维往往过长，易在 3D 打印机的喷嘴处造成堵塞，因此需要用行星球磨机对再生碳纤维进行研磨。行星球磨机的工作原理是使磨料与试料在研磨罐内高速翻滚，对物料产生强力剪切、冲击、碾压作用达到粉碎、研磨、分散、乳化物料的目的。行星球磨机在同一转盘上装有四个球磨罐，当转盘转动时，球磨罐在绕转盘轴公转的同时又围绕自身轴心自转，做行星式运动。罐中磨球在高速运动中相互碰撞，研磨和混合样品，使得研磨样品的粒度可达微米级。实验中采用南京南大仪器有限公司提供的 QM-3SP2 立式半圆形行星球磨机(转速范围为 0～580 r/min，最长连续工作时间为 72 h)，在 400 r/min、研磨 2 h 的条件下将再生碳纤维研磨短切。

实验中，采用德国 Bruker 公司生产的 Dimension Edge 型原子力显微镜分别测定原碳纤维与再生碳纤维的表面粗糙度，该原子力显微镜可测定的样品的长、宽为 0.5～3 cm，厚度为 0.1～1 cm，表面粗糙度≤5 μm。原碳纤维与再生碳纤维的 AMF 分析结果如图 3-7 所示。与原碳纤维相比，再生碳纤维的平均表面粗糙度增加了 14.1%，再生碳纤维表面粗糙度增加是由于回收过程中去除了其表面的上浆剂。碳

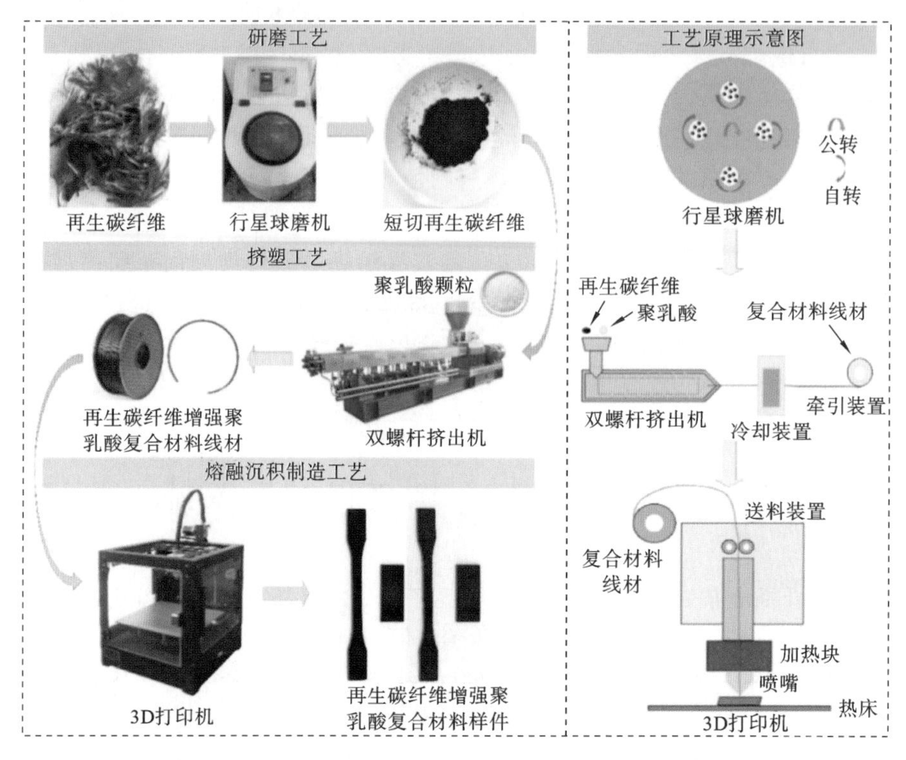

图 3-6　rCFRP 增材制造工艺流程

纤维的表面粗糙度会影响其与树脂的界面结合效果。碳纤维的表面越粗糙，凹槽、沟壑等越多，树脂与碳纤维结合的比表面积越大，结合效果越强；反之，表面粗糙度越小、越光滑的纤维与树脂的结合效果会越差，界面强度越低。因此，增大再生碳纤维表面粗糙度有利于其与聚乳酸形成物理界面结合。

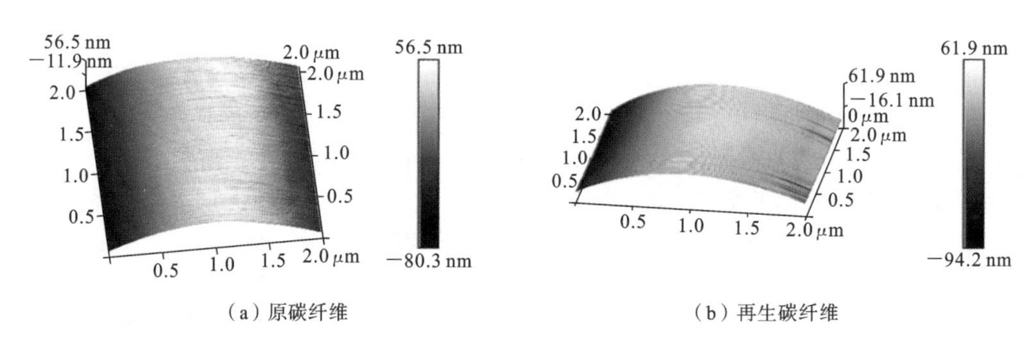

(a) 原碳纤维　　(b) 再生碳纤维

图 3-7　碳纤维 AMF 图

此外，为了探究研磨后的再生碳纤维的粒度分布，采用英国 Malvern 公司生产的 Mastersizer 2000 激光粒度测定仪（粒度仪测定范围为 0.02～2000 μm，扫描速度为

1000 次/秒)进行测定。研磨后的再生碳纤维粒度分布如图 3-8 所示,短切再生碳纤维的最大长度约为 120 μm,远小于喷头直径 0.4 mm,有利于避免 3D 打印过程中喷头堵塞现象的发生。短切再生碳纤维的粒度主要分布于 40～80 μm 范围,分布相对均匀,有助于提高复合材料的力学性能。短切再生碳纤维宏/微观形貌如图 3-9 所示,短切再生碳纤维表面光洁、无污染物附着,表明研磨工艺不会对再生碳纤维表面清洁度造成影响。再生碳纤维光洁的表面有利于聚乳酸与其形成良好的界面结合。

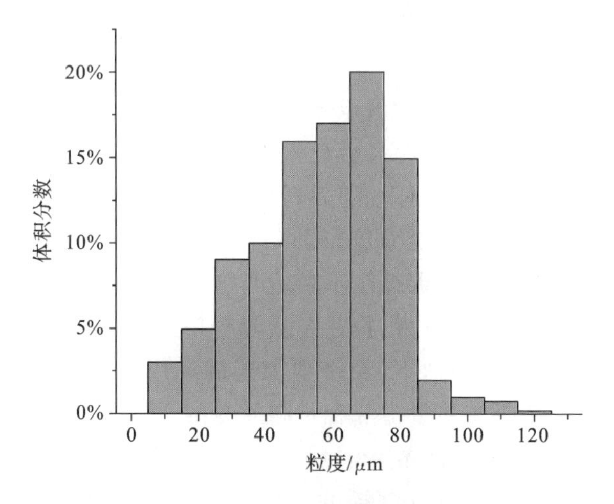

图 3-8　再生碳纤维粒度分布

图 3-9　短切再生碳纤维宏/微观形貌

3.3.2 挤塑成型

由于本实验采用的是Creatbot公司生产的FDM式3D打印机，因此在打印前需要先将研磨后的再生碳纤维和聚乳酸颗粒（型号为4032D，来自美国Nature Works公司）挤出成再生碳纤维增强聚乳酸复合材料线材备用。近年来，双螺杆挤出机在聚合物加工行业得到了越来越广泛的应用，本实验选择武汉瑞鸣实验仪器制造有限公司提供的SJZS-10J微型双锥双螺杆挤出机（螺杆直径为10 mm，最大挤出量为1.5 kg/h，最大加热温度为450 ℃）对研磨后的碳纤维与聚乳酸颗粒进行混合，制备再生碳纤维增强聚乳酸复合材料线材。实验中，设置双螺杆转速为20 r/min，挤出温度为190 ℃，将短切再生碳纤维与聚乳酸颗粒预混合后放入双螺杆挤出机的进料料斗中，其在重力和搅拌桨的作用下匀速进入双螺杆。随后短切再生碳纤维与聚乳酸颗粒充满整个螺槽，并在螺槽中被料筒内表面拖曳输送并压实，接着物料不断吸收热量以达到熔融温度。随着熔融的进行，短切再生碳纤维不断地与融化后的聚乳酸熔体混合，最终物料全部变成均匀的熔体。混合结束后，物料在双螺杆挤出机口模的作用下挤出成丝，最后在牵引装置和冷却装置的辅助下，经挤塑工艺制成线径为(1.75±0.2) mm的复合材料线材，其中再生碳纤维质量占复合材料质量的5%。

为了观测碳纤维增强聚乳酸复合材料3D打印线材的断面微观形貌，实验中使用德国Zeiss公司生产的Supra55扫描电子显微镜（电子显微镜的放大倍数为10～900000，加速电压为0.1～30 kV，15 kV下分辨率为1.0 nm），扫描结果如图3-10、图3-11所示。从宏观上看，再生碳纤维增强聚乳酸复合材料线材与原碳纤维增强聚乳酸复合材料均展现出黑色光滑的宏观形貌特点，两组线材的直径相对均匀，主要分布在1.72～1.78 mm内，从微观上看，聚乳酸基体与原碳纤维、再生碳纤维紧密结合，界面空隙、裂纹较少，聚乳酸基体与碳纤维形成牢固的机械锁合，良好的物理界面结合有利于传递应力，增强复合材料承受载荷的能力。再生碳纤维表面的COOH可提高再生碳纤维表面的浸润性，促使聚乳酸基体与再生碳纤维之间形成化学界面结合，从而进一步提高结合强度。

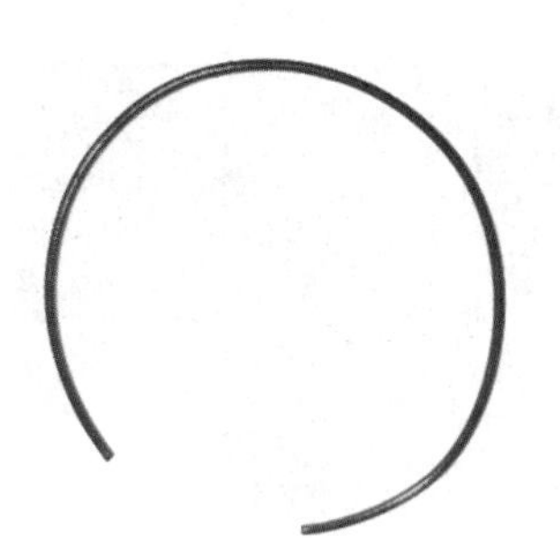

(a) 原碳纤维增强聚乳酸复合材料

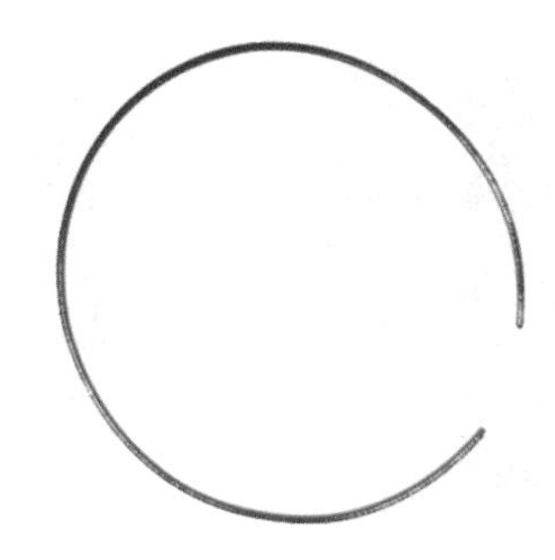

(b) 再生碳纤维增强聚乳酸复合材料

图3-10 碳纤维增强聚乳酸复合材料3D打印线材

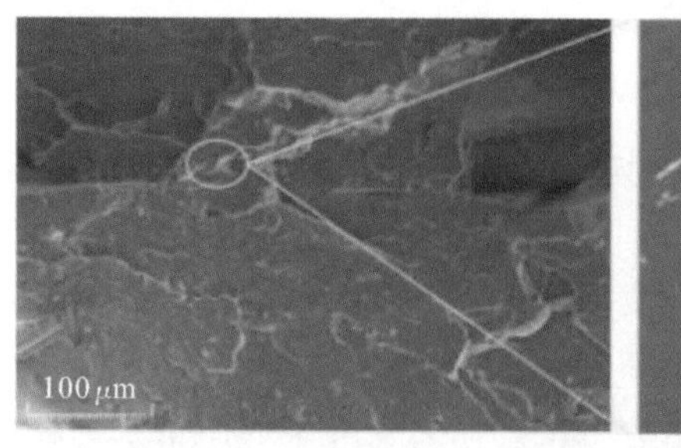

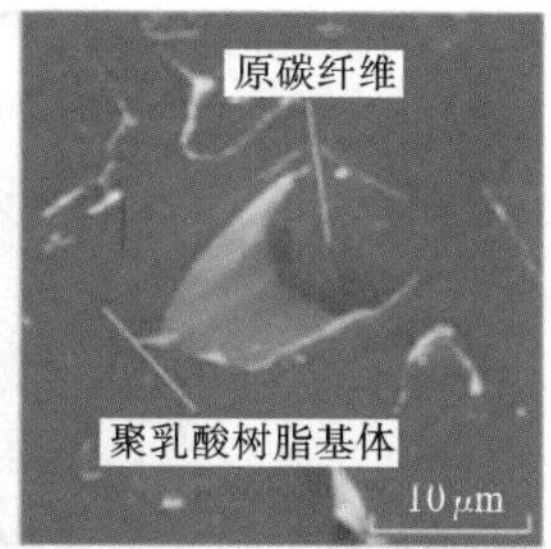

(a) 原碳纤维增强聚乳酸复合材料

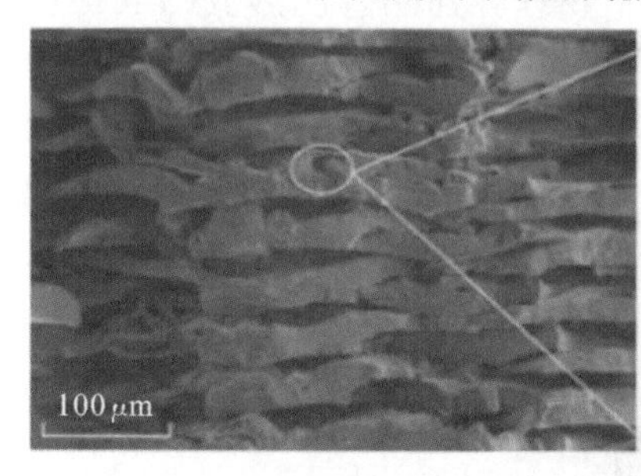

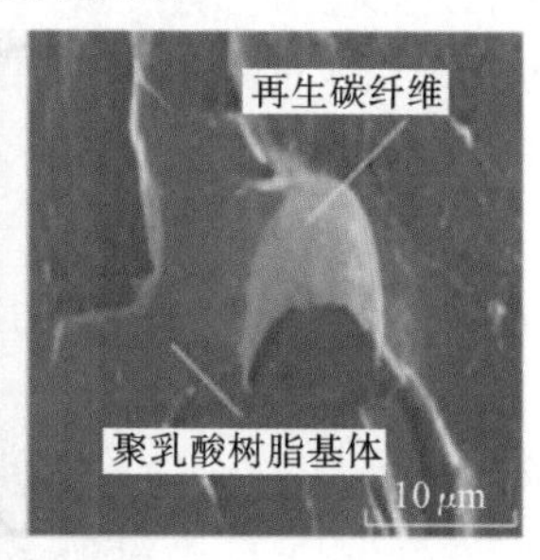

(b) 再生碳纤维增强聚乳酸复合材料

图 3-11 碳纤维增强聚乳酸复合材料 3D 打印线材断面形貌

3.3.3 增材制造

因为回收的碳纤维大多呈现杂乱蓬松的状态，很难被制作成长丝束的预浸料产品，所以往往会将再生碳纤维研磨成更小的颗粒或粉末，添加到树脂基体中使用。在各种 3D 打印技术中，能够进行复合材料 3D 打印的主要有选区激光烧结、熔融沉积成型、分层实体制造以及立体光刻技术。实验中，采取熔融沉积成型技术，利用 Creatbot 公司生产的 FDM 式 3D 打印机将再生碳纤维增强聚乳酸复合材料线材制成试件。由于再生碳纤维的微观结构、表面元素、单丝拉伸性能与原碳纤维接近，因此再制造工艺中的参数采用原碳纤维增强聚乳酸复合材料线材成型与 3D 打印工艺参数，如表 3-2 所示。在打印机的控制下，X-Y 运动机构根据截面轮廓与填充信息，按照设定路径带动打印头运动，复合材料丝不断从喷嘴中挤出堆积，形成单层实体，单层打印完成后，Z 轴工作台下降一个层厚距离，重复以上打印过程，实现再生碳纤维增强聚乳酸复合材料构件的制造。

表 3-2 3D 打印工艺参数

喷嘴温度	热床温度	打印速度	挤出宽度	打印精度	填充角度
210 ℃	50 ℃	50 mm/s	0.4 mm	0.1 mm	90°

实验中，使用日本东荣产业株式会社提供的 Model HM410 型复合材料界面测试装置在室温与空气条件下，采用微滴包埋法分别测试原碳纤维增强聚乳酸复合材

料和再生碳纤维增强聚乳酸复合材料的界面剪切强度。该界面测试装置的测试温度范围为 0～400 ℃，测试气氛为空气或氮气，牵伸装置的最大载荷为 500 gf(1 gf＝0.0098 N)，检测头移动速度为 0.06 mm/min。碳纤维增强聚乳酸复合材料界面剪切强度测试结果如图 3-12 所示。与原碳纤维增强聚乳酸复合材料相比，再生碳纤维增强聚乳酸复合材料的界面剪切强度保持了 85％以上。虽然相比于原碳纤维，再生碳纤维与聚乳酸有更好的物理界面结合，但再生碳纤维由于其表面上浆剂被去除，难以与聚乳酸形成较强的化学界面结合强度。而原碳纤维表面上浆剂促使其与聚乳酸形成较强的化学界面结合强度。相比于物理界面结合所形成的次价键力，化学界面结合形成的共价键力在抗应力集中、防止裂纹扩散和抵抗环境影响等方面的贡献更大。因此，与原碳纤维增强聚乳酸复合材料相比，再生碳纤维增强聚乳酸复合材料的界面剪切强度在一定程度上降低。但总体来看，再生碳纤维增强聚乳酸复合材料保持了大部分的界面剪切强度，对其使用性能影响较小。

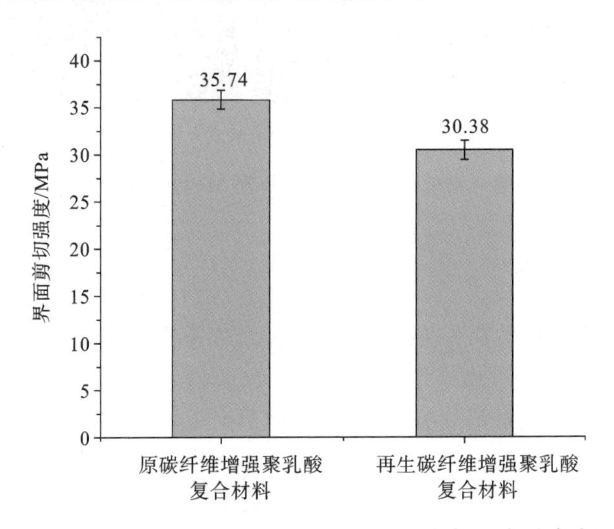

图 3-12　碳纤维增强聚乳酸复合材料界面剪切强度测试结果

3.4　增材再制造复合材料的性能及其产品应用

本节先对再生碳纤维增强复合材料的拉伸、弯曲等力学性能进行评估，测试结果表明，再生碳纤维的加入可以显著提高纯树脂材料的力学性能，相较于原碳纤维增强复合材料也有着较高的性能保持率。接着针对不同的应用场景，打印性能良好、成本较低、环境影响较小的再生碳纤维增强复合材料制品，进一步表明该工艺在未来有着广泛的应用前景。

3.4.1　增材再制造复合材料的宏观力学性能

采用德国的 Zwick Z020 万能材料试验机分别按照 GB/T 1447—2005 与 GB/T 1449—2005 对聚乳酸与复合材料进行拉伸和弯曲强度测试，该试验机最大载荷为 20 kN，测试温度范围为 −70～250 ℃，加载速度范围为 0.0005～1000 mm/min。

1. 拉伸性能分析

根据 GB/T 1447—2005，利用 3D 打印机分别打印纯聚乳酸、原碳纤维增强聚乳酸复合材料、再生碳纤维增强聚乳酸复合材料的拉伸试样，测试时沿试样轴向匀速施加静态拉伸载荷，直至试样断裂或者达到预定的伸长量。在整个过程中，测量施加在试样上的载荷和试样的伸长量，以测定抗拉强度，其计算公式为

$$\sigma_t = \frac{F}{bd} \tag{3-15}$$

式中：σ_t 为抗拉强度(拉伸屈服应力、拉伸断裂应力)，MPa；F 为屈服载荷、破坏载荷、最大载荷，N；b 为试样宽度，mm；d 为试样厚度，mm。

由此可得聚乳酸与复合材料抗拉强度，如图 3-13 所示。与聚乳酸相比，原碳纤维增强聚乳酸复合材料与再生碳纤维增强聚乳酸复合材料的抗拉强度分别提高了 13.08%与 7.48%。碳纤维作为增强体可提高聚乳酸的抗拉强度，且良好的界面结合有助于提高抗拉强度。与原碳纤维增强聚乳酸复合材料相比，再生碳纤维增强聚乳酸复合材料的抗拉强度保持率达 95.0%。温度为 520 ℃、时间为 30 min、O_2 浓度为 99.99%、O_2 流量为 300 mL/min 的条件下回收的再生碳纤维表面树脂基体分解率达 97.1%，且热活化氧化物半导体回收的再生碳纤维表面无积炭产生，所以再生

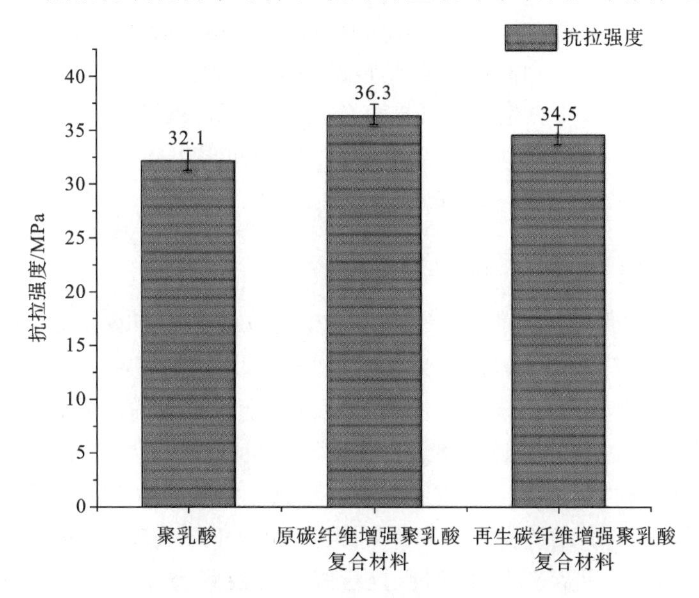

图 3-13　碳纤维增强聚乳酸复合材料抗拉强度

碳纤维增强聚乳酸复合材料保持了较高的抗拉强度。

2. 弯曲性能分析

根据 GB/T 1449—2005，利用 3D 打印机分别打印纯聚乳酸、原碳纤维增强聚乳酸复合材料、再生碳纤维增强聚乳酸复合材料的拉伸试样，测试时采用无约束支撑，通过三点弯曲，以恒定的加载速率使试样破坏或达到预定的挠度值。在整个过程中，测量施加在试样上的载荷和试样的挠度，以测定抗弯强度和弯曲模量。

抗弯强度计算公式为

$$\sigma_f = \frac{3P \cdot l}{2b \cdot h^2} \tag{3-16}$$

式中：σ_f 为抗弯强度，MPa；P 为破坏载荷，N；l 为跨距，mm；b 为试样宽度，mm；h 为试样厚度，mm。

弯曲模量计算公式为

$$E_f = \frac{l^3 \cdot \Delta P}{4b \cdot h^3 \cdot \Delta S} \tag{3-17}$$

式中：E_f 为弯曲模量，MPa；ΔP 为载荷-挠度曲线上初始直线段的载荷增量，N；ΔS 为与载荷增量 ΔP 对应的跨距中点处的挠度增量，mm；b 为试样宽度，mm；h 为试样厚度，mm。

由此可得聚乳酸与复合材料抗弯强度、弯曲模量，结果如图 3-14 所示。与聚乳酸相比，原碳纤维增强聚乳酸复合材料与再生碳纤维增强聚乳酸复合材料的抗弯强度分别提高了 16.69%与 12.29%，弯曲模量分别提高了 47.6%与 52.4%。弯曲过程中，聚乳酸基体在碳纤维之间传递应力，碳纤维成为应力的承载体，起到骨架增强的作用，从而提高了弯曲性能。与原碳纤维增强聚乳酸复合材料相比，再生碳纤维增强聚乳酸复合材料的抗弯强度与弯曲模量保持率分别为 96.23%和 103.25%。在挤塑工艺和 3D 打印过程中再生碳纤维被充分浸润，且回收过程中 COOH 的产生促使再生碳纤维与聚乳酸基体间形成强界面结合，从而使再生碳纤维增强聚乳酸复合材料的弯曲性能保持率高甚至一定程度上增加。

3.4.2　增材再制造产品应用

将 CFRP 废弃物经过回收、研磨、挤塑以及 3D 打印一系列工艺，可以生产出性能良好、成本较低、环境影响较小的复合材料制品。常用的一些检测仪表或自动装置中的敏感元件、弹性支承件、定位装置等对材料刚度与抗弯强度有较高的要求，用于特种压力容器密封过程的密封元件需要有良好的耐磨性。这些材料性能方面的需求为碳纤维的回收与再制造提供了应用领域。将再生碳纤维增强聚乳酸复合材料通过 3D 打印制成图 3-15 所示的密封圈和弹簧垫片，相比于聚乳酸，由复合材料制备的密封圈和弹簧垫片具有更高的弯曲模量、抗弯强度以及耐磨性。碳纤维增强复合材料增材再制造的产品不仅能满足使用中刚度、抗拉强度、抗弯强度需求，还能实现针对

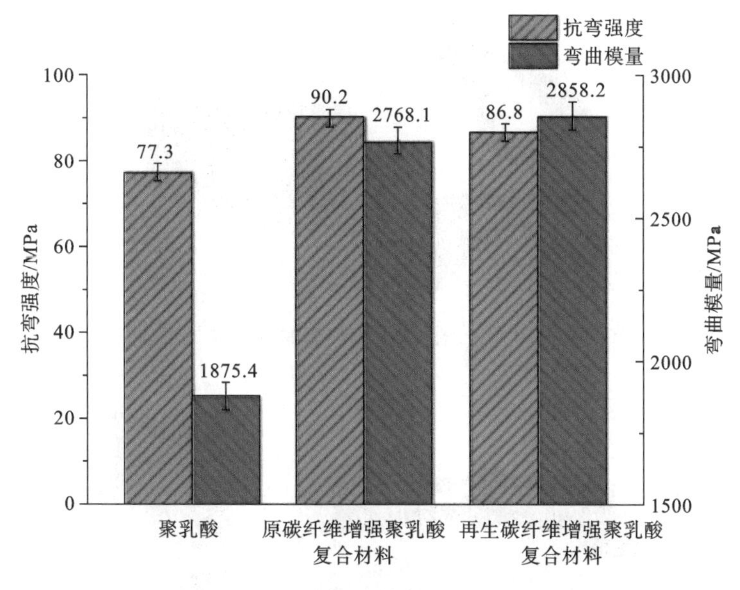

图 3-14　碳纤维增强聚乳酸复合材料弯曲性能

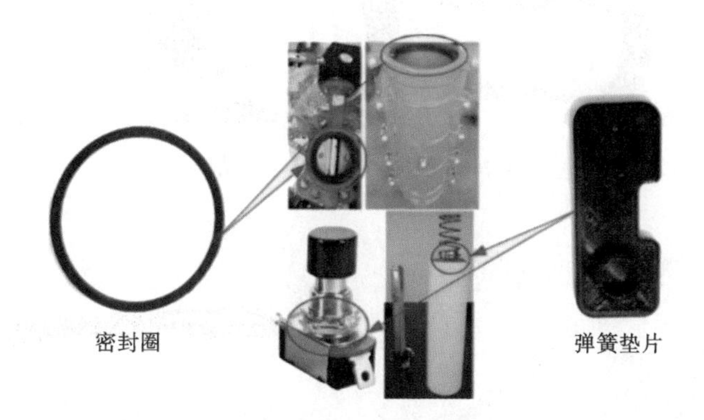

图 3-15　再生碳纤维增强聚乳酸复合材料制成的密封圈和弹簧垫片

不同人的体貌特征进行个性化设计、生产。如图 3-16、图 3-17 所示，由碳纤维增强复合材料增材再制造的运动护目镜与膝关节固定支架不仅可满足使用性能要求，而且可以根据不同人的体貌特征进行个性化定制。此外，碳纤维增强复合材料作为轻量化材料在汽车领域具有广泛的应用，但原碳纤维生产成本高昂，每千克原碳纤维的生产成本约为 150 元，且生产过程中会产生 CO、CH_4、NH_3、NO_2 等污染性物质。通过 TASC 工艺获得的再生碳纤维的成本约为每千克 30 元，且无污染性物质产生。因此以再生碳纤维替代原碳纤维不仅能降低生产成本，而且可以减少环境污染。如采用再生碳纤维增强聚乳酸复合材料制备的汽车雨刷（见图 3-18）不仅能满足使用要求，还能降低生产成本，有助于汽车轻量化设计。

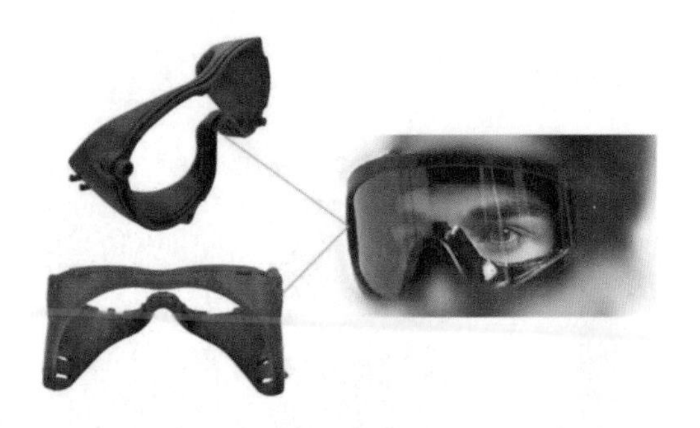

图 3-16　再生碳纤维增强聚乳酸复合材料制成的运动护目镜

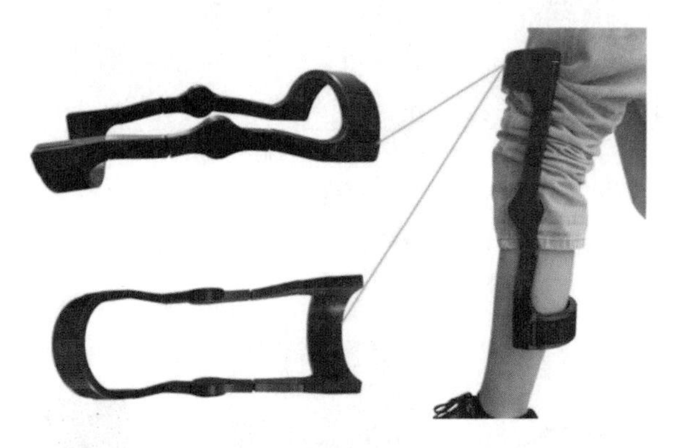

图 3-17　再生碳纤维增强聚乳酸复合材料制成的膝关节固定支架

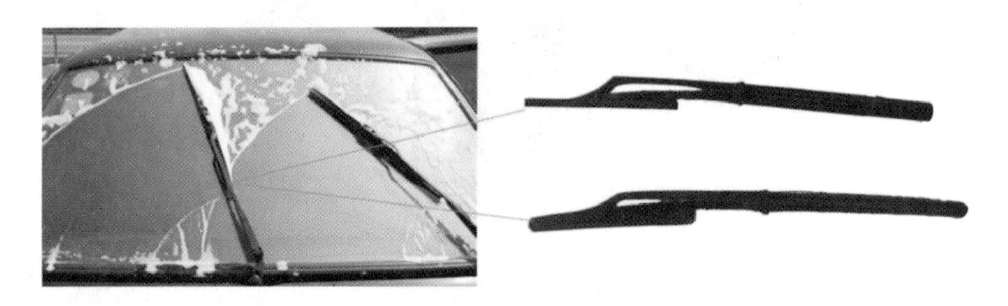

图 3-18　再生碳纤维增强聚乳酸复合材料制成的汽车雨刷

鉴于碳纤维回收技术的日趋成熟与回收规模的逐渐扩大，回收碳纤维亟须开拓新的应用领域。目前采用短切碳纤维增强的热塑性复合材料在 3D 打印行业得到了广泛的应用，尤其是在航空复合材料模具制造领域。由于回收得到的碳纤维往往需要切碎或研磨后才能使用，因此回收碳纤维适合用作 3D 打印复合材料的增强纤维。与原碳纤维相比，回收碳纤维用作 3D 打印复合材料，既可避免废弃复合材料对环境的污染，也有利于降低复合材料 3D 打印的成本。

3.5　复合材料增材再制造展望

再生碳纤维增材制造工艺不仅有效解决了再生碳纤维难以高价值再利用的问题，而且具有较高的经济、社会和环境效益。但是该工艺也存在一些局限性，例如在打印具有复杂曲面的零件时力学性能降低严重，高碳纤维含量线材难以制备，树脂类型单一等。本节将针对以上问题，针对性提出适合复合材料增材再制造工艺的样机，为未来的实际应用提供思路。

3.5.1　热塑性复合材料增材再制造

1. 基于热塑性复合材料的多自由度 3D 打印样机

前面所述的 FDM 式 3D 打印通常使用单一方向、平面切片的方式对模型进行切片和路径规划，这导致再生碳纤维增强复合材料线材的沉积方向往往无法和物体的主要特征方向一致，使得打印的物体在力学表现上的各向异性无法得到合理控制。单一方向的切片方法不但在特定方向上削弱了打印物体的力学强度，而且在处理弯曲表面或较为复杂形状的模型时，会难以避免地产生阶梯效应。阶梯效应不仅影响了表面质量与打印精度，还会产生应力集中，进一步影响打印零件的力学性能。因而开发一种基于机械臂的多自由度 3D 打印样机不仅可以提升所打印物体的力学性能和表面质量，而且能够将路径扩展至空间中的自由曲面。

进行基于多轴机械臂的 3D 打印的前提是建立一种空间连续路径打印方法，其工艺流程如图 3-19 所示，包含模型的预处理、路径规划、工艺生成、机械臂与挤出装置的协同控制四个步骤。首先将模型进行预处理，供后续流程使用，包括网格优化和体素化生成。随后，根据体素化网格生成空间中的多自由度连续打印路径，包含扁平化变形、连续路径规划、空间路径转化三个步骤。与此同时，针对模型的悬垂区域生成支撑结构并为其规划路径。在获得所需的打印路径后，进一步将其处理为打印平

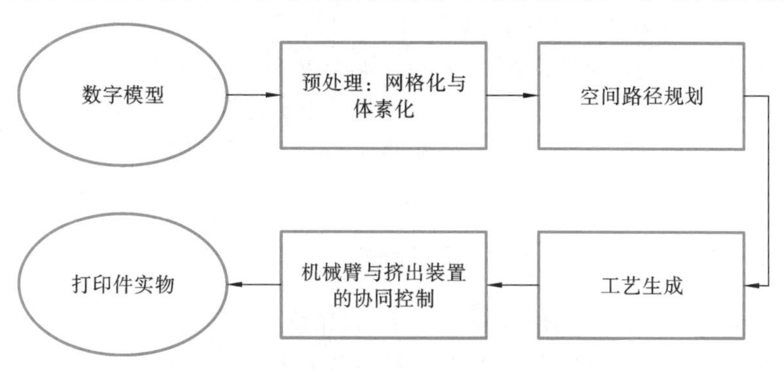

图 3-19　多自由度 FDM 打印工艺流程

台所支持的命令格式,然后进行喷头的无碰撞位姿规划和打印行程的分离。最后控制多轴机械臂和挤出装置协同打印所需零件,如图 3-20 所示。

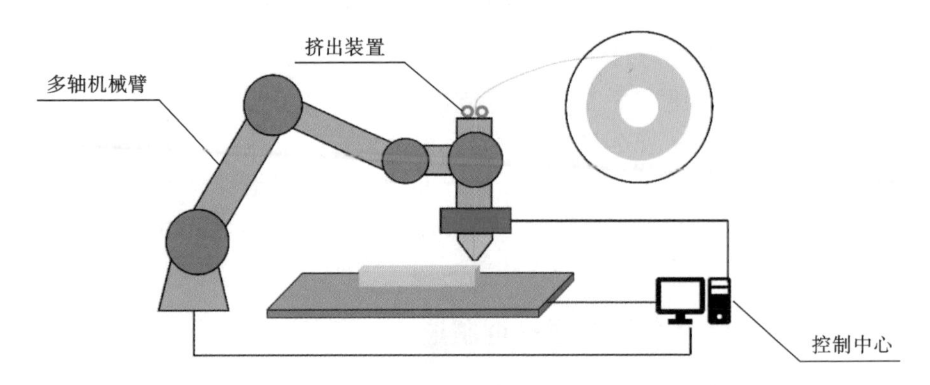

图 3-20　基于热塑性复合材料的多自由度 3D 打印样机示意图

2. 基于双螺杆挤出的一体化 3D 打印样机

如 3.3 节所述,再生碳纤维增强复合材料增材制造工艺的基本流程为:研磨、挤塑和 3D 打印(FDM)。其中,线材性能的优劣直接影响 3D 打印零件的质量。在挤塑和 3D 打印过程中,线材常因脆性过大而断裂,这严重影响了实验的连续性、增加实验成本并且不利于该工艺未来工业化应用。因而,开发出一套集挤塑和 3D 打印于一体的实验样机对于制备高性能再生碳纤维增强复合材料具有重要的现实意义。

该样机基本工作过程如下:储料槽中的热塑性树脂颗粒和再生碳纤维粉末在重力和双螺杆的作用下匀速进入料筒;随后其充满整个螺槽,并在螺槽中被料筒内表面拖曳输送并压实,接着物料不断吸收热量以达到熔融温度;随着熔融的进行,再生碳纤维粉末不断地与融化后的热塑性树脂颗粒浸渍混合,最终物料全部转变成均匀的熔体;混合结束后,通过特定的喷嘴直接挤出并在热床上沉积成型,如图 3-21 所示。

该样机的优点如下:① 省去了挤塑的中间环节,避免线材在挤出和 3D 打印过程中断裂,可以更好地满足工业化、连续化生产的要求;② 相较于传统的 FDM 式 3D 打印机,采用颗粒料直接 3D 打印的方式,可以轻松打印工业级尺寸零部件并且打印件层间结合力强,可充分满足磨具、科研、雕塑等领域需求;③ 相较于昂贵的线材,热塑性树脂颗粒廉价易得,节省成本并且扩展了可应用的热塑性树脂颗粒种类;④ 双螺杆式的挤出结构能更有效地塑化原料,极大改善树脂与再生碳纤维的浸渍效果。

3.5.2　热固性复合材料增材再制造

1. 再生碳纤维增强热固性复合材料 3D 打印样机

目前,再生碳纤维增强热固性复合材料的制备多采用模压成型工艺,存在制作周期长、生产成本高和难以制备结构复杂零件等缺点。而增材制造作为一种先进的材

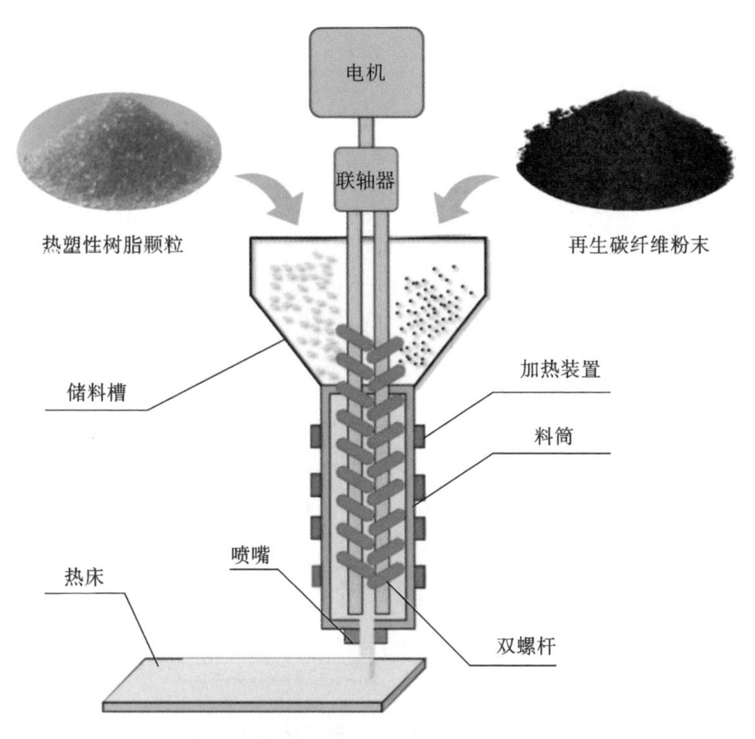

图3-21　基于双螺杆挤出的一体化3D打印样机示意图

料成型工艺，具有零件成型速度快、材料利用率高等优点。为将增材制造所具有的结构成型方面的优势应用到再生碳纤维增强热固性复合材料成型上，开发再生碳纤维增强热固性复合材料3D打印样机，如图3-22所示。

该样机的基本工作原理：首先利用高速搅拌机将再生碳纤维、热固性树脂和增稠剂均匀混合，接着将物料放入真空罐中去除混合液中的残留气泡，然后将混合液装入储料筒中利用气泵均匀挤出，最后在样机运动装置控制下层层打印并在高温热床上受热固化成型。

针对单喷头打印支撑难以去除的问题，在未来样机优化中可采用双喷头进行再生碳纤维增强热固性复合材料的打印，基本原理为：第一喷头保持不变，第二喷头填装易去除材料打印支撑结构。采用双喷头结构可在上述3D打印样机的基础上打印结构更加复杂的零件，有望极大扩展再生碳纤维增强热固性复合材料的应用范围。

2. 基于热固性复合材料的多自由度3D打印样机

常规3D打印技术使用单一方向、平面切片的方式对模型进行切片，打印路径受限于平面内部。同时，平面分层导致的阶梯效应会严重影响打印件的表面质量并产生应力集中。随着机器人技术的发展，基于多轴机械臂的3D打印平台越来越多，其

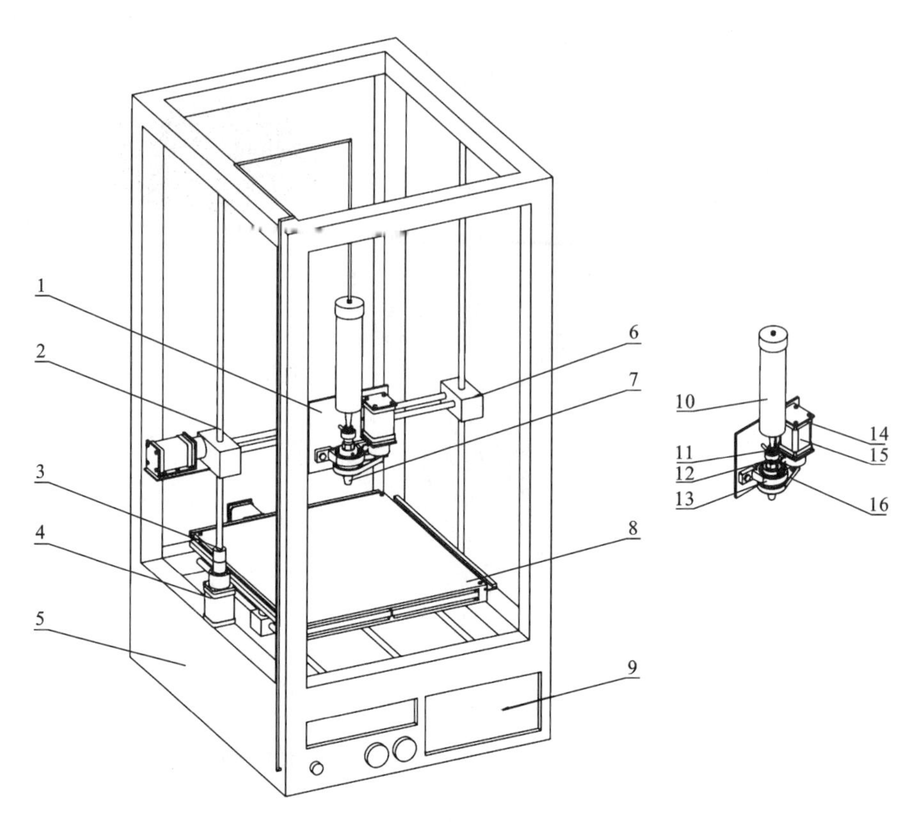

图 3-22　再生碳纤维增强热固性复合材料 3D 打印样机

1—物料挤出背板；2—滚珠丝杠；3—联轴器；4—步进电机；5—装置外架；6—滑块；7—喷嘴；8—热床；9—控制台；10—储料筒；11—旋转接头；12—超声贴片；13—立式轴承座；14—电机支架；15—步进电机；16—同步带

能够将路径扩展至空间的自由曲面，将原先二维平面的图层逐层叠加转化为三维立体空间中多路径点以提高打印件的质量。基于热固性复合材料的多自由度 3D 打印样机如图 3-23 所示，其与再生碳纤维增强热固性复合材料 3D 打印样机的区别在于利用机械臂实现对打印路径的控制以完成多自由度的 3D 打印。

在实际打印中，应注意以下几个方面：① 需要对机械臂的运动和储料筒的送料进行精准的协同控制，提升打印质量和材料附着效果；② 为保证打印成功，打印平台不可与自身或打印物体发生干涉，机械臂运动速度与储料筒的送料速度都应保持稳定；③ 打印路径的间距需要保持一致，并减小空行程的移动距离，以便降低平台打印的难度。

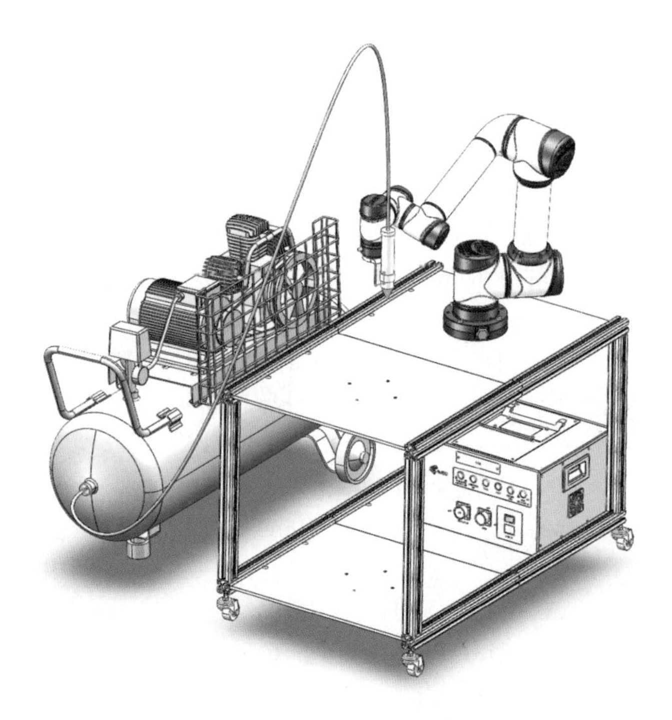

图 3-23　基于热固性复合材料的多自由度 3D 打印样机

参 考 文 献

[1] 成焕波,郭立军,周金虎,等.再生碳纤维回收利用及其增材制造复合材料性能评价[J].机械工程学报,2023,59(07):375-388.

[2] CHENG H, GUO L, QIAN Z, et al. Remanufacturing of recycled carbon fiber-reinforced composites based on fused deposition modeling processes[J]. The International Journal of Advanced Manufacturing Technology, 2021, 116 (5-6): 1609-1619.

[3] 刘威豪.面向再生碳纤维增强复合材料的增材制造成型工艺研究[D].合肥:合肥工业大学,2022.

[4] 张亦弛.一种基于机械臂的多自由度空间 3D 打印方法与实现[D].上海:上海大学,2021.

[5] HUANG H, LIU W, LIU Z. An additive manufacturing-based approach for carbon fiber reinforced polymer recycling[J]. CIRP Annals, 2020, 69(1): 33-36.

[6] ZHANG J, CHEVALI V S, WANG H, et al. Current status of carbon fibre

and carbon fibre composites recycling[J]. Composites Part B: Engineering, 2020, 193: 108053.

[7] PIMENTA S, PINHO S T. Recycling carbon fibre reinforced polymers for structural applications: Technology review and market outlook[J]. Waste Management, 2011, 31(2): 378-392.

[8] OLIVEUX G, DANDY L O, LEEKE G A. Current status of recycling of fibre reinforced polymers: Review of technologies, reuse and resulting properties [J]. Progress in Materials Science, 2015, 72: 61-99.

[9] GIORGINI L, BENELLI T, BRANCOLINI G, et al. Recycling of carbon fiber reinforced composite waste to close their life cycle in a cradle-to-cradle approach [J]. Current Opinion in Green and Sustainable Chemistry, 2020, 26: 100368.

[10] WONG K, RUDD C, PICKERING S, et al. Composites recycling solutions for the aviation industry[J]. Science China Technological Sciences, 2017, 60: 1291-1300.

[11] PALMER J, SAVAGE L, GHITA O R, et al. Sheet moulding compound (SMC) from carbon fibre recyclate[J]. Composites Part A: Applied Science and Manufacturing, 2010, 41(9): 1232-1237.

[12] GUO W, BAI S, YE Y, et al. Recycling carbon fiber-reinforced polymers by pyrolysis and reused to prepare short-cut fiber C/C composite[J]. Journal of Reinforced Plastics and Composites, 2019, 38(7): 340-348.

[13] KIM Y N, KIM Y O, KIM S Y, et al. Application of supercritical water for green recycling of epoxy-based carbon fiber reinforced plastic[J]. Composites Science and Technology, 2019, 173: 66-72.

[14] TAPPER R J, LONGANA M L, YU H, et al. Development of a closed-loop recycling process for discontinuous carbon fibre polypropylene composites[J]. Composites Part B: Engineering, 2018, 146: 222-231.

[15] WEI H, NAGATSUKA W, LEE H, et al. Mechanical properties of carbon fiber paper reinforced thermoplastics using mixed discontinuous recycled carbon fibers[J]. Advanced Composite Materials, 2018, 27(1): 19-34.

[16] HUAN X H, SHI K, YAN J, et al. High performance epoxy composites prepared using recycled short carbon fiber with enhanced dispersibility and interfacial bonding through polydopamine surface-modification [J]. Composites Part B: Engineering, 2020,193: 107987.

[17] HUANG Y, LEU M C, MAZUMDER J, et al. Additive manufacturing: Current state, future potential, gaps and needs, and recommendations[J]. Journal of Manufacturing Science and Engineering, 2015, 137(1):014001.

第4章　再生碳纤维取向毡增强复合材料成型制造工艺

通过热活化氧化物半导体回收获得的再生碳纤维不同于原碳纤维，可以将其看作一种“新材料”。如何实现再生碳纤维的价值、性能最大化是再利用过程中不可忽视的重点。第3章讲述了粉状再生碳纤维增强复合材料增材制造技术，然而，粉状再生碳纤维的增强效果大大降低。再生碳纤维增强复合材料的性能主要受再生碳纤维长度和含量的影响，同时，再生碳纤维有着与原碳纤维相同的各向异性。再生碳纤维取向程度越高，长度越长，含量越高，其增强效果越好，复合材料性能越高。因此，对再生碳纤维进行取向排布，对其高价值再利用具有重要意义。本章依次介绍再生碳纤维取向、悬浮液分散性优化、复合材料制备工艺及其性能，以提升再生碳纤维的再利用价值。

4.1　短切碳纤维取向概述

4.1.1　短切碳纤维取向方法

目前，再生碳纤维的再利用方式是将其制成增强颗粒或增强热塑性树脂基体制备线材，通过注射成型、压缩成型以及3D打印等工艺制备复合材料以增强不同的力学性能。Song等将短切再生碳纤维增强环氧泡沫，与环氧泡沫相比，比压缩强度和模量分别提高98%和75%。Takahashi等通过注塑成型制备再生碳纤维增强丙烯腈-丁二烯-苯乙烯(acrylonitrile butadiene styrene，ABS)复合材料，其弯曲模量与碳纤维体积分数呈正相关。Giorginir等将再生碳纤维与环氧树脂混合，通过热压模具固化成复合材料，其杨氏模量达1.8 GPa。再生碳纤维的排列方向是影响再生碳纤维增强树脂基复合材料力学性能的关键因素之一，将再生碳纤维随机掺入复合材料，无法保证碳纤维方向的一致性，极大地降低了再生碳纤维的利用价值。Liu等通过熔融沉积工艺制备了再生碳纤维增强聚醚醚酮复合材料，与聚醚醚酮相比，抗拉强度和抗弯强度分别提高了17.23%和10.18%。Mantelli等将再生碳纤维进行上浆处理并磨碎后与热固性树脂混合，通过光固化成型工艺制备的复合材料的弹性模量是丙烯酸树脂的3倍。再生碳纤维长度是影响再生碳纤维增强复合材料力学性能的另一关键因素，将再生碳纤维制粉后与热塑性或热固性基体混合，研磨过程缩短了再生碳纤维长度，严重破坏了再生碳纤维的表面结构，极大降低了再生碳纤维的力学性能。相比于注塑法、BMC法以及无规毡法，取向排布能最大限度发挥回收碳纤维的力学性能，最大限度提高碳纤维的堆叠效率，实现碳纤维体积分数的进一步提高，进而实现更高的力学性能。

由于再生碳纤维的短切特性，取向法是最有望实现利用再生碳纤维制备高性能复合材料的途径。目前，针对短切碳纤维取向的方法主要分为干法和湿法。短切碳纤维干法取向技术包括电场取向法、气动取向法以及磁场取向法。磁场取向法和电场取向法在短切碳纤维取向作用上有着共同的特点和要求，即都需要短切碳纤维自身具备相应的磁性质和电性质，这样才能使短切碳纤维有效取向，一般还可通过在碳纤维表面涂覆导电涂层或在碳纤维表面接枝磁性粒子的方式改善短切碳纤维的电磁性能，但这会导致再生碳纤维的利用成本剧增，不符合碳纤维回收利用的本质要求。Ericson等通过气动过程使短切碳纤维撞击在取向板上并落入收集装置中完成取向。取向短切碳纤维干态法制备技术的优点在于其生产效率比较高，通过电场、磁场取向法制得的短切碳纤维取向毡取向程度较低，在取向方向±20°范围内短切碳纤维的数量只有将近70%，而气动法的取向效果更差，在取向方向±50°范围内短切碳纤维的数量才能达到80%。

短切碳纤维湿法取向技术主要通过使短切碳纤维悬浮液流经渐缩喷头实现取向过程，通过使碳纤维悬浮液产生梯度流动速度的运动过程产生取向作用，这个取向过程主要受碳纤维自身特性如碳纤维纵横比、碳纤维质量分数以及分散介质流体黏度的影响。Bagg等将甘油作为分散介质，促进短切碳纤维取向毡制备过程中碳纤维取向的实现。其采用较高黏度的分散介质以使碳纤维悬浮液流经渐缩取向喷头时产生更大的剪切作用，从而产生更好的取向过程，制备得到短切碳纤维取向材料，在取向方向±10°范围内的数量为80%～90%。Kacir等通过同样的方法制备短切纤维取向材料，在取向方向±15°范围内短切纤维的数量超过90%。两者都证明了流体取向过程具备非常好的取向能力以及具备进一步实现规模化的潜力。Wong等设计了离心取向装置，使用离心装置制备取向毡，并将多余的分散介质通过离心作用除去，制备得到了碳纤维长度为5 mm、取向程度大于90%的短切碳纤维取向毡。但这一制备过程并没有被广泛认可采纳，因为其需要不断地对黏性分散载体进行清洗和分离，这将大幅降低其制备效率。Pickering等引入造纸技术来改进短切碳纤维取向毡制备装置。Warrior等成功制备获得了碳纤维体积分数在45%左右、取向程度大于80%的短切碳纤维增强复合材料。Wang等探究不同分散剂对短切碳纤维在水泥基体中的分散性影响，引入超声预振动改善碳纤维在水泥中的分散性。Rong等将短切碳纤维分散在水溶液中获得悬浮液，加入羟乙基纤维素提升了短切碳纤维的分散性，制备了取向度大于80%的连续短切碳纤维排列毡。Kropholler和Sampson等推导了碳纤维长度呈对数正态分布时，碳纤维悬浮液拥挤数的概率密度函数表达式，结果表明，碳纤维长度的不均匀性增大了悬浮液的平均拥挤数。Huan等对再生碳纤维进行表面改性、再生碳纤维含量优化获得了分散性良好的悬浮液，制备了碳纤维分布均匀的非织造毡。

4.1.2　短切碳纤维取向程度分析

短切碳纤维的取向程度如何，很大程度上决定了短切碳纤维增强复合材料的诸多性能。为了表征短切碳纤维的取向方向和取向程度，需要一种有效、量化分析手段，目前对短切碳纤维取向程度的表征方法包括以下几种。

1. 利用增强复合材料的力学性能纵横比来表征取向程度

碳纤维是一种各向异性材料，其增强复合材料产品沿着碳纤维取向方向的性能与垂直碳纤维方向的性能有较大差异，可通过这种差异来表征碳纤维的取向程度。

Ericson 等人利用干法取向获得短切碳纤维取向毡增强复合材料，其纵向抗拉强度与横向抗拉强度比为 2.7∶1～3.8∶1。Flemming 等人利用湿法渐缩流体取向获得短切碳纤维增强复合材料，其纵向抗拉强度与横向抗拉强度比约为 25∶1。根据力学性能纵横比值可以得出，湿法渐缩取向获得的增强复合材料取向程度较干法取向获得的增强复合材料取向程度大。

利用力学性能纵横比来表征短切碳纤维取向程度，方法比较简单，但这种方法仅限于定性对比表征，不能在统计意义上对短切碳纤维的取向程度做量化表征评价。

2. 利用光学照片或者电镜照片等形式进行直接观察

利用光学或者电镜等显微技术进行直接观察，并辅助一定的统计分析手段是表征取向程度最常用的一种方法，该方法被广泛应用在碳纳米管、短切碳纤维等取向程度的分析中，同时辅助取向角度的统计，可以较好地体现观察材料的取向程度。

3. 取向分布函数量化表征手段

取向分布函数通常用于分析一些刚性棒状材料，如碳纳米管、短切碳纤维等在某一区域范围内的取向排列状态。一般使用分布函数 $f(\theta,\psi)\sin\theta d\psi$ 来表示该刚性棒状材料在 x 轴夹角为 $\theta \sim \theta + d\theta$ 间的取值，$f(\theta,\psi)$ 表示该刚性棒状材料沿取向方向的分布概率，又因为所选择区域内所有刚性棒状材料取向分布概率为 1，则可得如下计算公式：

$$\int_0^{2\pi}\int_0^{\pi} f(\theta,\psi)\sin\theta d\theta d\psi = 1 \tag{4-1}$$

此外，对选取区域内所有碳纤维取向的分布函数采用全积分处理可以获得该区域内的均值：

$$< g >= \int_0^{2\pi}\int_0^{\pi} g(\theta,\psi) f(\theta,\psi)\sin\theta d\theta d\psi \tag{4-2}$$

短切碳纤维在某一取向方向上的赫尔曼因子为

$$S = \frac{3 < \cos^2\theta > -1}{2} \tag{4-3}$$

其中，θ 为短切碳纤维取向方向与 x 轴间的夹角。如果短切碳纤维全部取向均匀，则

在平行取向方向上 S 值为 1，垂直取向方向上 S 值为 $-1/2$，而对于无规分布的短切碳纤维，其 S 值为 0。S 值的大小可用来说明碳纳米管或短切碳纤维的取向性。

McGee 等人利用 $N_p(\phi)$ 表征纤维取向分布函数，其指在某一角度 $d\phi$ 内的纤维分数，在二维平面内，其为

$$< \cos^m\phi > = \int_{-\pi/2}^{\pi/2} \cos^m\phi n_p(\phi)d\phi \quad (m=2,4) \tag{4-4}$$

在某区域内的所有碳纤维的平均值为

$$< \cos^m\phi > = \left[\sum_j N(\phi_j)\cos^m\phi_j\right]N_{total} \quad (m=2,4) \tag{4-5}$$

通过一定转化，将 $\cos^2\phi$ 和 $\cos^4\phi$ 转化为表征碳纤维取向的取向因子：

$$f_p = 2 < \cos^2\phi > -1 \tag{4-6}$$

$$g_p = [8 < \cos^4\phi > -3]/5 \tag{4-7}$$

对于均一取向的短切碳纤维，$< \cos^2(\phi) > = < \cos^4(\phi) > = 1$，即 $f_p = g_p = 1$，表明较好的取向行为；对于无规分布的短切碳纤维，$< \cos^2(\phi) > = 1/2$，$< \cos^4(\phi) > = 3/8$，即 $f_p = g_p = 0$，表明短切碳纤维的取向性较差。

上述表征方法可以用来分析复合材料中短切碳纤维的取向分布，但取向状态分布函数无法对短切碳纤维的取向状态进行直接定量表征。根据短切碳纤维取向状态的微观图，并对短切碳纤维的取向程度进行数值化表征处理，同时采用椭圆形状来模拟表征短切碳纤维的取向程度，使其较为直观地展现。这一方法得到许多学者的广泛应用，具体计算公式如下：

$$p_1 = \sin\alpha, \quad p_2 = \cos\alpha \tag{4-8}$$

$$\boldsymbol{W} = \begin{bmatrix} \cos\theta & \sin\theta \\ -\sin\theta & \cos\theta \end{bmatrix} \tag{4-9}$$

$$a_{ij} = \frac{1}{N}\sum_{k=1}^{N} p_i^k p_j^k \tag{4-10}$$

$$\boldsymbol{WAW}^{T} = \begin{bmatrix} \cos\theta & \sin\theta \\ -\sin\theta & \cos\theta \end{bmatrix}\begin{bmatrix} a_{11} & a_{12} \\ a_{21} & a_{22} \end{bmatrix}\begin{bmatrix} \cos\theta & \sin\theta \\ -\sin\theta & \cos\theta \end{bmatrix}^{T} = \begin{bmatrix} a & 0 \\ 0 & b \end{bmatrix} \tag{4-11}$$

$$\text{PAD} = \frac{a-b}{a+b} \tag{4-12}$$

利用短切碳纤维在二维平面上的夹角 θ（即与 x 正轴的夹角）获得短切碳纤维分别在 x 轴方向、y 轴方向上的投影值 p_1 和 p_2；并根据式(4-10)求得二阶取向因子 $\begin{bmatrix} a_{11} & a_{12} \\ a_{21} & a_{22} \end{bmatrix}$，其中 N 是样品中单根短切碳纤维的数量，k 是 1 至 N 中某一整数；通过矩阵对角化转化获得 a、b，其分别表示椭圆的长轴及短轴的长度，通过长轴与短轴之间的相对大小来说明短切碳纤维的取向程度，即取向椭圆的长轴与短轴的长度比越大，说明短切碳纤维的取向程度越好，可较为直观地描述短切碳纤维的取向状态。此外根据式(4-12)求得 PAD 值，即短切碳纤维相对取向程度，实现短切碳纤维综合取向程度的数值化表征。

4.1.3　短切碳纤维取向在复合材料中的应用

短切碳纤维取向毡增强复合材料显著提高了复合材料沿再生碳纤维取向方向的力学性能、热学和电学性能等，越来越受到研究学者和工业界人士的广泛研究。高取向短切碳纤维增强复合材料具有媲美原碳纤维增强复合材料的力学性能，同时在制备结构复杂的材料制品时具有原碳纤维增强复合材料不具备的加工制造优势。同时，高取向碳纤维增强复合材料产品由于短切碳纤维之间的相对运动，一定程度上弥补了原碳纤维增强复合材料产品的脆性断裂行为，表现出较好的韧性和响应特性。

取向短切碳纤维增强复合材料的性能，主要受短切碳纤维取向排布情况、短切碳纤维体积分数、短切碳纤维长度以及纤维与树脂基体间的界面性能影响。短切碳纤维的取向排布情况及纤维体积分数，主要由取向方法、成型方法决定。而纤维长度的影响主要由是否大于纤维的临界长度所决定。当纤维长度小于临界长度 l_c 时，纤维与基体间的传递载荷的上限小于自身拉伸断裂强度，纤维所能承受的最大载荷与其自身长度有关；当纤维长度大于临界长度 l_c 时，纤维与基体间的传递载荷的上限大于自身拉伸断裂强度，纤维所能承受的最大载荷就是自身断裂强度。故只有当纤维长度大于临界长度 l_c 时，纤维增强复合材料中增强体纤维的力学性能才能得到充分发挥。纤维的临界长度 l_c 主要受纤维自身拉伸断裂强度及其与树脂基体间界面性能的影响。而碳纤维表面是非极性的，与通常为极性的树脂基体的结合力较弱，如何改善碳纤维与树脂基体的界面性能，也是目前提高复合材料性能的核心研究方向。目前已经提出了多种表面处理方法：化学和电化学氧化、臭氧处理、上浆、电镀金属涂层、等离子处理等。

在过去的几年中，短切碳纤维取向毡增强复合材料重新引起人们的关注。N. Yu 等利用短切碳纤维/短切玻璃纤维混杂增强制备了具有良好韧性的高强度、高模量环氧树脂复合材料，可有效防止材料产品因脆性断裂造成的突发性破坏，表现出较好的协同增强作用。当碳纤维在复合材料中的体积分数为 20%时，该材料具有较大的塑性应变（1.1%），以及屈服应力（400 MPa），同时还具有高达 110 GPa 的拉伸模量以及 690 MPa 的抗拉强度；当占比达到 0.4 时，拉伸模量达到 134 GPa，高于纯玻璃纤维增强复合材料产品的 3.5 倍。Wong 等利用长度为 12 mm 的回收再生短切碳纤维制备了高取向短切碳纤维增强复合材料，纤维体积分数约为 45%，对其相关力学性能进行测试，可得抗拉强度、拉伸模量分别为 425 MPa 与 80 GPa。此外，Piggott 等利用长度为 2 mm 短切碳纤维制备了纤维体积分数约为 35%的高取向短切碳纤维增强复合材料，并对其力学性能进行测试，其抗拉强度和拉伸模量分别为 650 MPa 和 60 GPa。Edwards 等利用长度为 3 mm 短切碳纤维制备了纤维体积分数为 55%的取向短切碳纤维增强复合材料，其抗拉强度和拉伸模量分别为 1211 MPa 和 119 GPa。

在未来的碳纤维产业链中，连续长纤维复合材料可以用于航空航天、军工产品等上游产业，其加工过程中的废料、边角料、过期料以及退役产品经过碳纤维回收后，获得的再生碳纤维经过取向再利用技术可用于民用及部分工业领域，甚至部分取代连续长纤维用于高端领域，实现碳纤维利用价值最大化。碳纤维增强复合材料回收再利用技术的发展与突破，将会使碳纤维复合材料成为全生命周期利用的典型材料，有利于实现碳纤维产业链的良性发展循环，促进碳纤维产业健康、持续发展，有望实现碳纤维及其复合材料全产业链上下游的“闭环”循环。

4.2 再生碳纤维分散性与取向研究

4.2.1 再生碳纤维分散简介

再生碳纤维均匀分散在分散介质中是获得高取向度再生碳纤维毡的前提和关键。影响短切碳纤维分散程度的主要因素有：分散介质的黏度、碳纤维的表面活性及亲水性、短切碳纤维长度及体积分数。分散介质黏度的影响体现在三个方面：第一，为搅拌分散碳纤维提供高黏度剪切环境，使碳纤维可以从丝束中剥离，形成单丝分散状态；第二，黏度环境为碳纤维提供悬浮条件，使碳纤维不易发生沉降，形成稳定的单丝分散液；最后，黏度环境极大程度阻碍了碳纤维的自聚集、团聚过程，从而使纤维分散状态非常稳定。碳纤维表面活性及亲水性的影响体现在碳纤维表面为化学惰性的，呈现非极性状态，在水中易形成聚集丝束和团聚体，不易分散，可以通过化学接枝改性、涂覆上浆剂、电镀金属、等离子处理等手段进行纤维表面改性处理，以提高纤维在水中的浸润性，进一步提高碳纤维在水中的分散能力，同时也通过表面活性剂的加入，改善纤维的浸润性使纤维的分散状态更加稳定。短切碳纤维长度及体积分数的影响，主要体现在短切碳纤维长度及体积分数的增加会增大单位体积内的纤维密度，增大纤维触碰团聚的概率，从而使纤维的分散程度有所下降，故短切碳纤维的纤维长度及体积分数都应设定上限，以保证碳纤维的分散均匀性。

Cui 等利用脂肪醇醚磷酸酯盐对短切碳纤维进行表面改性，使其表面形成一层光滑聚合物薄膜，减小纤维间的摩擦力，当脂肪醇醚磷酸酯盐的质量分数为 0.3% 时，表现出最佳分散效果。王闯等采用超声处理及分散剂羟乙基纤维素辅助分散，从而改善短切碳纤维在水泥材料中的分散状态，提高水泥产品相关性能。Cao 等利用丙烯酸及甲基纤维素作为短切碳纤维的助分散剂提高碳纤维在水中的分散性，获得了分散性较好的短切碳纤维悬浮液。Chung 等利用羟乙基纤维素来提高短切碳纤维在水泥基体中的分散程度，同时研究了羟乙基纤维素含量对短切碳纤维在水中分散性的影响。

采用分散率 γ 表征短切碳纤维在水中的分散程度，从短切碳纤维悬浮液中随机取样，每个样品体积为 5 mL，γ 值可由式(4-13)至式(4-16)计算：

$$\bar{x}=\frac{\sum_{i=1}^{n}x_i}{n} \tag{4-13}$$

$$S(x)=\sqrt{\frac{\sum_{i=1}^{n}(x_i-\bar{x})^2}{n-1}} \tag{4-14}$$

$$C_{原}=\frac{S(x)}{\bar{x}} \tag{4-15}$$

$$\gamma=\mathrm{e}^{C_{原}}\times 100\% \tag{4-16}$$

式中：n 为选取的样品数量；x_i 为每个样品的纤维质量；$\bar{x}$ 为 n 个样品纤维质量的平均值；$S(x)$为样品标准差；$C_{原}$ 为变异系数；γ 为分散率，γ 值越大，短切碳纤维的分散性越好。

4.2.2　再生碳纤维悬浮液分散性优化

短切碳纤维悬浮液制备过程如图 4-1 所示。首先，称取 0.5～1.25 g 的分散剂羟乙基纤维素(HEC)置于试验烧杯中，加入 250 mL 去离子水，设置顶置电动搅拌器的搅拌转速为 200～300 r/min，搅拌时间为 20～30 min，使 HEC 充分溶于去离子水。而后，向溶液中加入 0.25～1 g 的短切碳纤维并使其完全浸没，将智能超声破碎仪的钛合金工具头置于溶液中，智能超声破碎仪输出功率为 40%～70%，持续时间为 1～5 min。最后，将溶液转移至顶置电动搅拌器下搅拌，搅拌转速为 400～1000 r/min，持续时间为 10～40 min，得到短切碳纤维悬浮液。

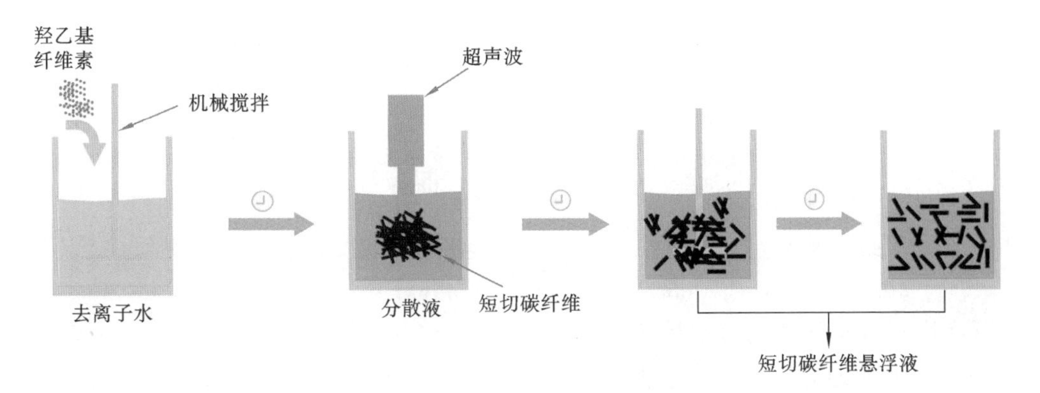

图 4-1　短切碳纤维悬浮液制备流程

基于正交试验设计，将 HEC 含量、超声波功率、超声作用时间、碳纤维长度、碳纤维含量、机械搅拌转速以及机械搅拌时间七个因素作为影响因子，每个因子各取 4 个水平，以分散率为评价指标，设计七因子四水平正交试验，采用 $L_{32}(4^7)$形式的正交表进行试验。表 4-1 列出了 32 次试验的 7 个因子 4 个水平的组合形式。正交表中的试验顺序是随机的，任意的两列或两行可以相互交换，多余的列可作为试验误差列，用以验证试验的可靠性。通过极差分析与方差分析选取各因素最佳水平，从而确定最佳分散条件。

表 4-1　影响短切碳纤维分散率的水平和因素

水平	因素						
	A	B	C	D	E	F	G
	HEC 含量/(g/L)	碳纤维长度/mm	超声波功率/W	超声作用时间/min	机械搅拌转速/(r/min)	机械搅拌时间/min	碳纤维含量/(g/L)
1	6	0.5	720 (40%)	2	400	10	1
2	8	2	900 (50%)	3	600	20	2
3	10	4	1080 (60%)	4	800	30	3
4	12	6	1260 (70%)	5	1000	40	4

极差分析涉及两个参数：K_{ji} 和 R_j。K_{ji} 为各个因素(j=A,B,C,D,E,F,G)的各水平(i=1,2,3,4)的分散率 γ 之和，将 K_{ji} 取平均得到 $\overline{K_{ji}}$，用于评价各个因素之间的最佳水平组合，K_{ji} 和 $\overline{K_{ji}}$ 越大，证明该水平对结果影响越大。R_j 是 $\overline{K_{ji}}$ 的最大值与最小值之差，用于评价各因素重要程度，其值越大表明该因素对 γ 的影响程度越大。下面以因素 C 的计算为例：

$$\begin{cases} K_{ji} = \sum_{i=1}^{n} \gamma_i \\ \overline{K_{ji}} = \dfrac{K_{ji}}{4} \\ K_{C1} = \gamma_1 + \gamma_5 + \gamma_{10} + \gamma_{14} + \gamma_{20} + \gamma_{24} + \gamma_{27} + \gamma_{31} \\ K_{C2} = \gamma_2 + \gamma_6 + \gamma_9 + \gamma_{13} + \gamma_{19} + \gamma_{23} + \gamma_{28} + \gamma_{32} \\ K_{C3} = \gamma_3 + \gamma_7 + \gamma_{12} + \gamma_{16} + \gamma_{18} + \gamma_{22} + \gamma_{25} + \gamma_{29} \\ K_{C4} = \gamma_4 + \gamma_{10} + \gamma_{11} + \gamma_{15} + \gamma_{17} + \gamma_{21} + \gamma_{26} + \gamma_{30} \\ R_j = \max(\overline{K_{Ci}}) - \min(\overline{K_{Ci}}) \end{cases} \tag{4-17}$$

式中：K_{ji} 为不同因素的各水平评价指标之和；γ_i 为第 i 次试验结果的分散率值。

短切碳纤维的分散率 γ 如表 4-2 所示，H、I 列为试验误差列。短切碳纤维的分散率 γ 范围为 80.46%～94.93%，作为极差分析与方差分析的基础数据。各个因素不同水平的 K 值与 $\overline{K}$ 值如表 4-3 所示。如前所述，平均值 $\overline{K}$ 越高意味着该因素对分散率影响越显著。如图 4-2 所示，最佳参数为 A 取 3 水平，B 取 1 水平，C 取 2 水平，D 取 4 水平，E 取 2，F 取 3 以及 G 取 1，即 HEC 含量为 10 g/L、碳纤维长度为0.5 mm、超声波功率为 50%、超声作用时间为 5 min、机械搅拌转速为 600 r/min、机械搅拌时间为 30 min，以及碳纤维含量为 1 g/L。同时，R_j 越大表示该因素对分散率的影响越大，由此判断各因素对分散率的影响显著性如下：HEC 含量＞碳纤维含量＞碳纤维长度＞超声波功率＞机械搅拌时间＞机械搅拌转速＞超声作用时间。极差分析结果表明，HEC 含量、碳纤维含量、碳纤维长度以及超声波功率的变化会引起 γ 的显著变化，而机械搅拌时间、机械搅拌转速以及超声作用时间的改变会引起分散率微小变化。

表 4-2　碳纤维在水溶液中的分散率

序号	因素									分散率 γ/(%)
	A	B	C	D	E	F	G	H	I	
1	1	1	1	1	1	1	1	1	1	84.32
2	1	2	2	2	2	2	2	2	2	88.35
3	1	3	3	3	3	3	3	3	3	87.12
4	1	4	4	4	4	4	4	4	4	80.46
5	2	1	1	2	2	3	3	4	4	92.72
6	2	2	2	1	1	4	4	3	3	86.43
7	2	3	3	4	4	1	1	2	2	90.46
8	2	4	4	3	3	2	2	1	1	82.89
9	3	1	2	3	4	1	2	3	4	94.44
10	3	2	1	4	3	2	1	4	3	94.50
11	3	3	4	1	2	3	4	1	2	85.68
12	3	4	3	2	1	4	3	2	1	88.35
13	4	1	2	4	3	3	4	2	1	92.44
14	4	2	1	3	4	4	3	1	2	91.80
15	4	3	4	2	1	1	2	4	3	87.56
16	4	4	3	1	2	2	1	3	4	90.08
17	1	1	4	1	4	2	3	2	3	87.51
18	1	2	3	2	3	1	4	1	4	81.62
19	1	3	2	3	2	4	1	4	1	90.25
20	1	4	1	4	1	3	2	3	2	85.61
21	2	1	4	2	3	4	1	3	2	86.85
22	2	2	3	1	4	3	2	4	1	90.82
23	2	3	2	4	1	2	3	1	4	87.51

续表

序号	因素									分散率
	A	B	C	D	E	F	G	H	I	γ/(%)
24	2	4	1	3	2	1	4	2	3	81.57
25	3	1	3	3	1	2	4	4	2	88.43
26	3	2	4	4	2	1	3	3	1	88.33
27	3	3	1	1	3	4	2	2	4	90.27
28	3	4	2	2	4	3	1	1	3	91.07
29	4	1	3	4	2	4	2	1	3	94.93
30	4	2	4	3	1	3	1	2	4	87.40
31	4	3	1	2	4	2	4	3	1	85.22
32	4	4	2	1	3	1	3	4	2	86.61

表 4-3　极差分析

水平	因素						
	A	B	C	D	E	F	G
K_{j1}	683.24	721.64	706.01	701.72	696.91	694.91	714.93
K_{j2}	700.65	709.25	718.50	701.74	712.01	705.89	714.87
K_{j3}	721.07	703.47	709.81	701.90	700.30	710.86	709.35
K_{j4}	716.04	686.64	686.68	715.64	711.78	709.34	681.85
$\overline{K_{j1}}$	85.41	90.21	88.25	87.72	87.11	86.86	89.37
$\overline{K_{j2}}$	87.58	88.66	89.81	87.72	89.00	88.24	89.36
$\overline{K_{j3}}$	90.13	87.93	88.73	87.74	87.54	88.86	88.67
$\overline{K_{j4}}$	89.51	85.83	85.84	89.46	88.97	88.67	85.23
R	4.73	4.38	3.98	1.74	1.89	1.99	4.13

短切碳纤维悬浮液的分散率 γ 受试验因素的各级水平与试验误差影响，可通过方差分析判断因素的各级水平与误差引起的试验结果的变化。各个因素的 F 值表示各因素的偏差平方和与试验误差偏差平方和的比，可通过 F 检验分析各个因素对试验结果影响的显著性。每个因素对结果的影响强弱通过贡献百分比表示，误差的贡献百分比体现试验结果的可靠性。

各因素的偏差平方和计算公式为

$$SS_j = \frac{1}{8}\sum_{i=1}^{8} K_{ji}^2 - \frac{\left(\sum_{i=1}^{32}\gamma_i\right)^2}{32} \quad (j = A,B,C,D,E,F,G) \tag{4-18}$$

式中：K_{ji}是 j 因素的 i 水平；γ_i 是第 i 次试验的分散率；SS_j 体现各个因素的水平变化所引起的试验结果的变化以及各个因素对试验结果的影响程度。正交设计表中的两个空列可表示试验误差，试验误差的偏差平方和为

$$SS_e = \frac{1}{8}\sum_{i=1}^{8} K_{ei}^2 - \frac{\left(\sum_{i=1}^{32}\gamma_i\right)^2}{32} \quad (e = H,I) \tag{4-19}$$

各个影响因素的自由度为水平数减 1(即 $df_j=3$)，实验误差的自由度为所有空列对应的自由度之和(即 $df_e=6$)，试验的总自由度为试验总次数减 1，各因素的方差与试验误差为

$$V_j=\frac{SS_j}{df_j}=\frac{SS_j}{3} \quad (j=A,B,C,D,E,F,G) \tag{4-20}$$

$$V_e=\frac{SS_e}{df_e}=\frac{SS_e}{6} \tag{4-21}$$

因此，每个因素的 F 值为

$$F=\frac{V_j}{V_e} \quad (j=A,B,C,D,E,F,G) \tag{4-22}$$

根据各因素的自由度与误差的自由度，在 F 值分布表中寻找不同检验水平下 F 临界值 F_α，当因素的 F 值大于临界值 F_α 时，该因素对结果的影响显著，当因素的 F 值小于临界值 F_α时，该因素对结果的影响不显著。

$$SS'_j=SS_j-V_e\times df_j \quad (j=A,B,C,D) \tag{4-23}$$

$$P_j=\frac{SS'_j}{SS_T}\times 100\% \tag{4-24}$$

对结果影响越显著的因素的贡献率越大。试验误差的贡献率是判断试验可靠性的指标，如果误差的贡献率低于 15%，则表明无重要因素遗漏，试验结果相对可靠；如果误差的贡献率介于 15%～50%之间，有两种原因，一是试验过程存在问题，需要重复试验进行验证，二是有重要因素被遗漏，需要重新设计试验；如果误差的贡献率超过 50%，则表明重要因素明显被忽略，试验存在较大误差，试验结果严重不可靠，不可采用。分散率 γ 的方差分析结果如表 4-4 所示，各因素的原值均不小于误差原值的两倍，进行 F 检验是可靠的，检验水平采用 $\alpha=0.01$，各因素自由度为 3，误差自由度为 6，寻找 F 值分布表，$F_{0.01}(3,6)=9.78$。由表 4-4 可知，$F_A>F_{0.01}$、$F_B>F_{0.01}$、$F_C>F_{0.01}$、$F_D<F_{0.01}$、$F_E<F_{0.01}$、$F_F<F_{0.01}$、$F_G>F_{0.01}$，结果表明，HEC 含量、碳纤维长度、超声波功率以及碳纤维含量是影响碳纤维在水溶液中分散率的主要因素。依据贡献百分比，可以推断影响碳纤维分散率的显著因素依次是 A(HEC 含量)、B(碳纤维长度)、C(超声波功率)以及 G(碳纤维含量)。方差分析结果与极差分析结果相同。

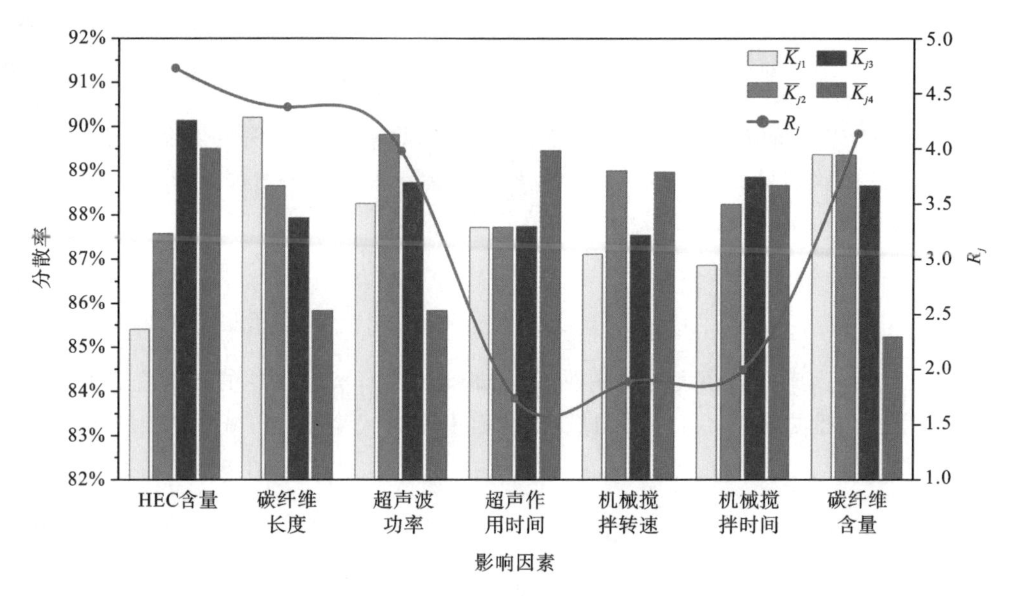

图 4-2 极差分析

表 4-4 方差分析

方差来源	SS	f	原	F	$F_{0.01}$	SS′	P/(%)	显著性
A	109.04	3	36.35	20.28	9.78	103.66	24.63	* *
B	79.27	3	26.42	14.74	9.78	73.89	17.56	* *
C	67.72	3	22.57	12.60	9.78	62.35	14.81	* *
D	17.99	3	6.00	3.35	9.78	12.62	3.00	—
E	22.80	3	7.60	4.24	9.78	17.42	4.14	—
F	19.44	3	6.48	3.62	9.78	14.06	3.34	—
G	93.83	3	31.29	17.45	9.78	88.45	21.02	* *
e	10.75	6	1.79	—		48.38	11.50	
T	420.84	27	—	—		420.84	100	

4.2.3 工艺参数对再生碳纤维悬浮液分散性的影响

根据前期试验探索可知，短切碳纤维在水溶液中的分散率主要受水溶液中 HEC 含量、碳纤维含量、碳纤维长度以及超声波功率的影响。下面通过单因素试验探究这 4 个显著因素对短切碳纤维在水溶液中的作用规律。试验分析的最佳参数组合是：HEC 含量为 10 g/L、碳纤维含量为 1 g/L、碳纤维长度为 0.5 mm、超声波功率为 50%、超声波时间为 5 min、机械搅拌转速为 600 r/min 以及机械搅拌时间为 30 min。

但是由于碳纤维毡增强复合材料的力学性能与碳纤维长度与含量成正相关关系，且碳纤维含量为 3 g/L 与含量为 1 g/L 和 2 g/L 时的 K 值相近，碳纤维长度为 4 mm 与长度为 0.5 mm 和 2 mm 时的 K 值相近，因此，碳纤维含量取 3 g/L，碳纤维长度为 4 mm。

1. HEC 含量对短切碳纤维分散率的影响

分析 HEC 含量在 3 ～14 g/L 范围内对短切碳纤维分散率 γ 的影响规律，其他参数如下：碳纤维含量为 3 g/L、碳纤维长度为 4 mm、超声波功率为 50%、超声作用时间为 5 min、机械搅拌转速为 600 r/min、机械搅拌时间为 30 min。如图 4-3 所示，随着 HEC 含量增大，水溶液黏度增大，分散率 γ 先增大后降低，当 HEC 含量为 10 g/L 时，分散率 γ 高达 92.97%，分散效果最好。HEC 可溶于水，具有大范围的溶解性和黏度特性，其水溶液黏度随 HEC 含量的提高而增大，当 HEC 含量较小时，水溶液的黏度较低，当其含量达到阈值时，水溶液黏度较高，水溶液黏度随 HEC 含量的增加呈指数型增大。

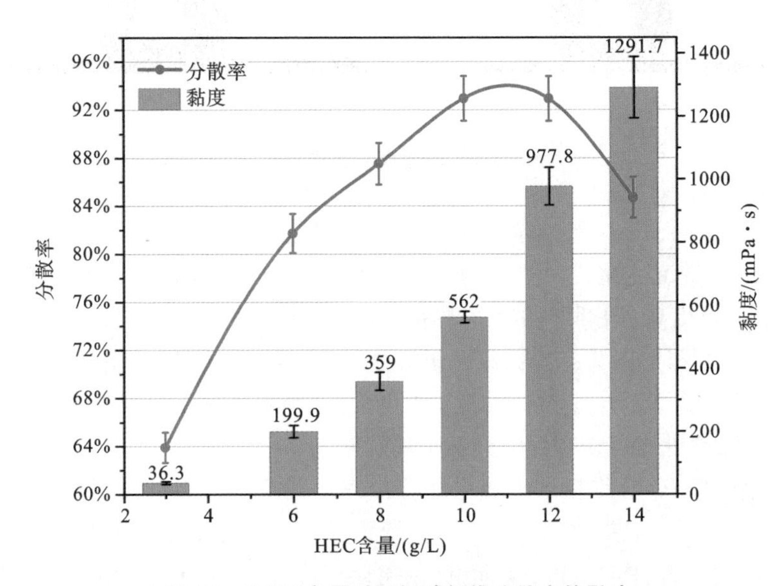

图 4-3 HEC 含量对短切碳纤维分散率的影响

对碳纤维进行表面接触角测试，如图 4-4 所示。水溶液与碳纤维表面初始接触时接触角为 143.2°，浸润 30 s 后接触角稳定为 142.0°，角度无明显变化，碳纤维呈现明显的疏水特性。HEC 含量为 10 g/L 的水溶液与碳纤维表面初始接触时接触角为 129.6°，浸润 30 s 后角度减小为 117.1°，碳纤维亲水性提升。这是由于碳纤维表面的羟基或羰基与水分子之间可以形成氢键，HEC 含有较多的极性羟基，溶于水中可形成氢键并且与碳纤维表面的极性基团架桥，从而增强碳纤维表面的亲水性和润湿性，进一步改善碳纤维的分散性。

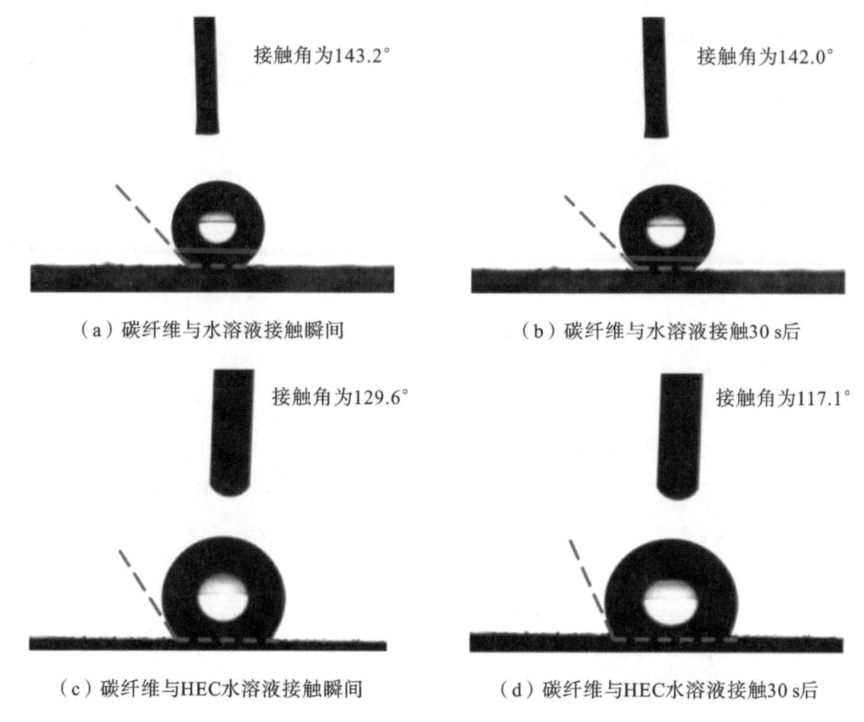

图 4-4 碳纤维表面接触角

碳纤维在不同 HEC 含量的水溶液中的分散状态如图 4-5 所示。当 HEC 的含量较小时,碳纤维易沉淀聚集,分散效果差。随着 HEC 含量的增加,碳纤维在水溶液中的分散率不断提高,碳纤维的缠绕现象不断减少,当加入量达到 10～12 g/L 时,短切碳纤维分散效果最好,只有少数碳纤维聚成一团。因此,HEC 含量对碳纤维在水溶液中的分散率有显著影响,提高 HEC 含量可以改善碳纤维在水溶液中的分散效果。

2. 碳纤维含量对短切碳纤维分散率的影响

碳纤维含量对碳纤维在水溶液中的分散率 γ 的影响如图 4-6 所示,碳纤维含量范围为 1～6 g/L,其他参数如下:HEC 含量为 10 g/L、碳纤维长度为 4 mm、超声波功率为 50%、超声作用时间为 5 min、机械搅拌转速为 600 r/min、机械搅拌时间为 30 min。碳纤维含量为 1 g/L 时碳纤维分散率达 94.05%,随着碳纤维含量的增加,短切碳纤维分散率逐渐减小。根据 Kerekes 等于 1992 提出的拥挤因子概念可知,拥挤因子 N 值不同,代表单根纤维扫过体积内的连接点不同。其值越小表明纤维在水溶液中的分散效果越好,对于同一类纤维,其值与纤维的质量浓度 C_m 以及纤维的长度 L 成正比。在有限体积的水溶液中,碳纤维含量越小,短切碳纤维越能自由运动,互相不受影响,分散效果就越好;碳纤维含量越大,团聚的碳纤维就越难被分散,分散效果就越差。

不同含量的短切碳纤维在水溶液中的分散状态如图 4-7 所示。碳纤维含量对短

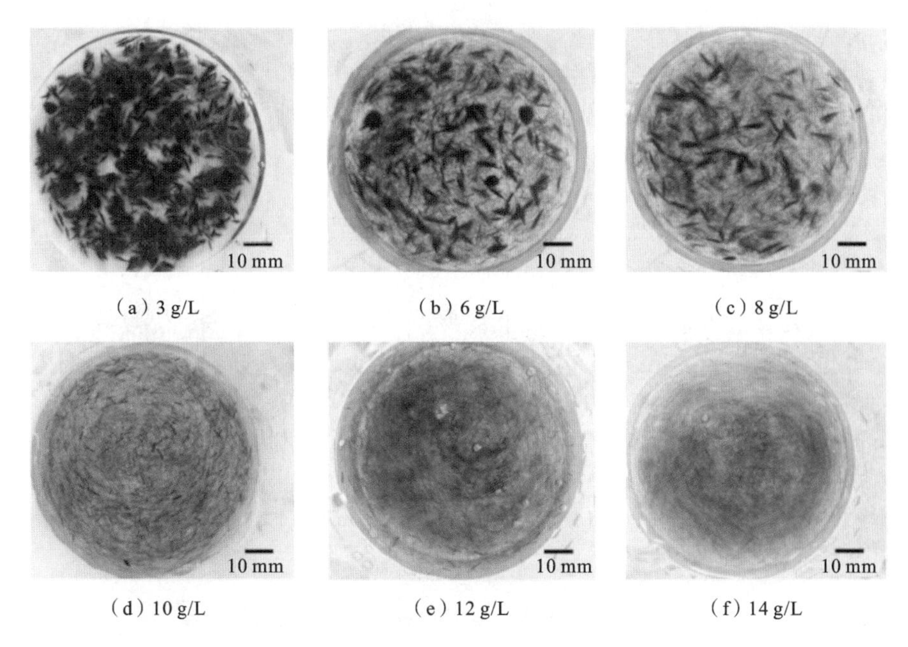

(a) 3 g/L (b) 6 g/L (c) 8 g/L

(d) 10 g/L (e) 12 g/L (f) 14 g/L

图 4-5 不同 HEC 含量的水溶液中短切碳纤维的分散状态

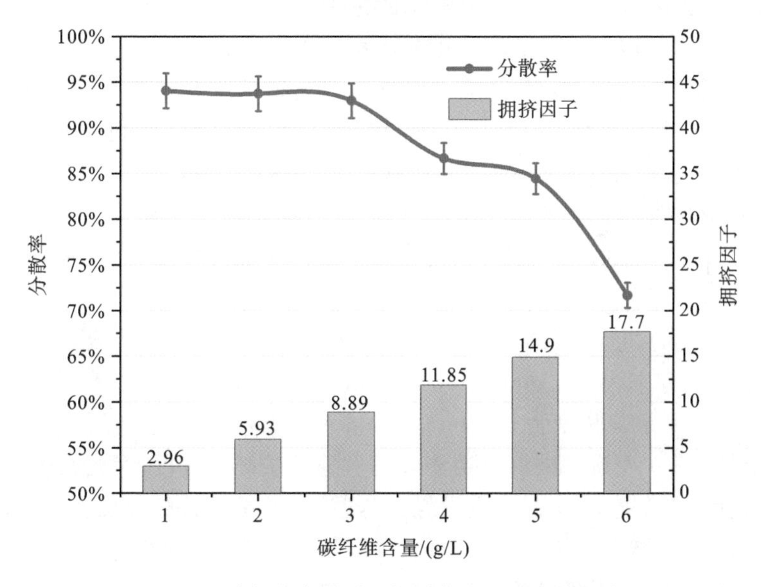

图 4-6 碳纤维含量对短切碳纤维分散率的影响

切碳纤维在水溶液中的分散率有显著影响，当碳纤维含量较小时，碳纤维之间不易聚集沉淀，当加入量为 1～3 g/L 时，碳纤维分散效果最好。随着碳纤维含量的增加，碳纤维的间距缩短，碳纤维之间易发生缠绕、黏结，出现大量碳纤维团聚的现象。因此，控制碳纤维含量可以改善短切碳纤维在水溶液中的分散效果。

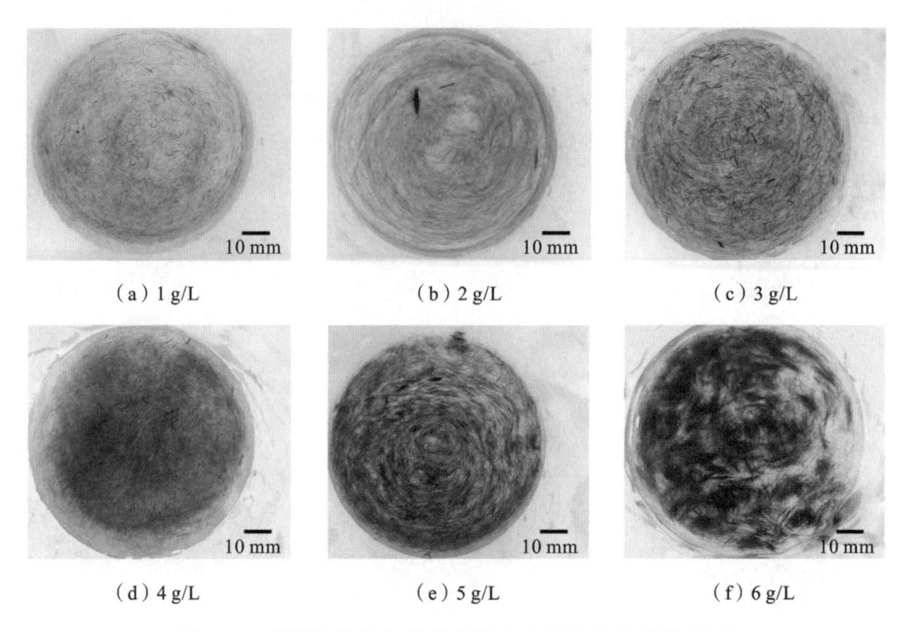

(a) 1 g/L　(b) 2 g/L　(c) 3 g/L

(d) 4 g/L　(e) 5 g/L　(f) 6 g/L

图 4-7　不同含量的短切碳纤维在水溶液中的分散状态

3. 碳纤维长度对短切碳纤维分散率的影响

碳纤维长度对碳纤维在水溶液中的分散率的影响如图 4-8 所示，碳纤维长度为 0.5～4 mm，其他参数如下：HEC 含量为 10 g/L、碳纤维含量为 3 g/L、超声波功率为 50%、超声作用时间为 5 min、机械搅拌转速为 600 r/min、机械搅拌时间为 30 min。当碳纤维长度为 0.5 mm 时，短切碳纤维分散率 γ 达 93.43%，随着碳纤维长度的增加，短切碳纤维分散率 γ 逐渐减小。根据拥挤因子的概念，当碳纤维长度为 0.5 mm 时，拥挤因子的值为 0.14，短切碳纤维之间不相互影响，能在水溶液中均匀分散，随着短切碳纤维长度的增大，拥挤因子的值不断增加，当短切碳纤维长度为 6 mm 时，拥挤因子的值为 20，碳纤维之间容易发生碰撞缠绕，抑制了短切碳纤维的分散。

碳纤维长度分别为 0.5 mm、2 mm、4 mm、6 mm 时，短切碳纤维在水溶液中的分散状态如图 4-9 所示。长度为 0.5 mm、2 mm 和 4 mm 的碳纤维分散效果较好，碳纤维呈悬浮状态，只有少量的碳纤维聚成一团。随着碳纤维长度的增加，碳纤维在水溶液中容易发生碰撞、缠绕，抑制了碳纤维的分散，尤其是当碳纤维长度为 6 mm 时，碳纤维团聚现象明显增多。因此，碳纤维长度应保持在 0.5～4 mm。

4. 超声波功率对短切碳纤维分散率的影响

超声波的波长远大于短切碳纤维尺寸，因此，超声波本身不能对短切碳纤维产生作用，而是通过对短切碳纤维周围环境的物理作用来影响短切碳纤维。超声波在水这个介质中传播时，会产生力学、热学、化学等一系列效应，而分散效应主要由力学及空化两种最基本的作用产生。一般来说在液体中进行的超声处理技术几乎都与空化作用有关，所谓超声空化作用是指超声波作用于液体时，液体中产生的微小气泡(空

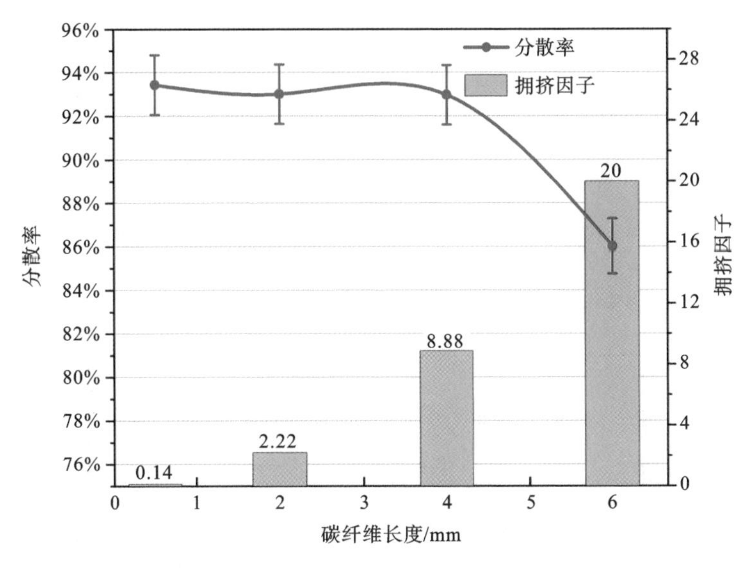

图 4-8　碳纤维长度对短切碳纤维分散率的影响

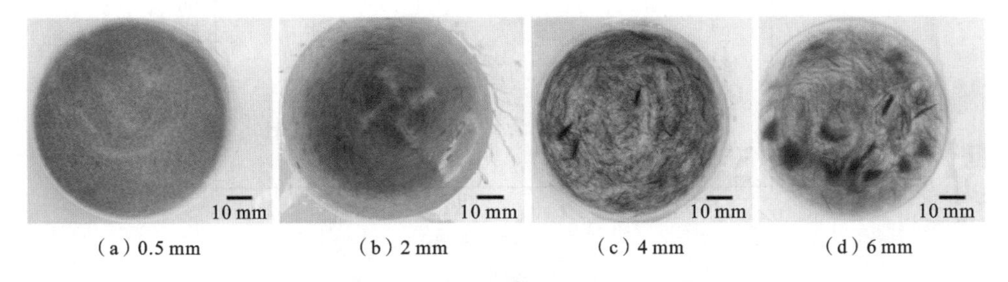

(a) 0.5 mm　(b) 2 mm　(c) 4 mm　(d) 6 mm

图 4-9　不同长度的短切碳纤维在水溶液中的分散状态

化核)在声场作用下振动、生长扩大、收缩和崩溃的动力学过程。超声波的空化作用与传统搅拌技术相比更容易实现短切碳纤维的均匀分散。超声处理对短切碳纤维分散性的作用归结为超声波在短切碳纤维水溶液中产生的空化效应和声流效应,这些条件足以使短切碳纤维发生明显的细化作用,使短切碳纤维在水溶液中均匀分散。当液体受到超声作用时,液体介质中会产生大量的微气泡,液体中的微气泡在形成、生长扩大、收缩和崩溃过程中,会伴随着能量的释放,产生空化效应。气泡崩溃时,在空化现象产生的瞬间会形成强烈的振动波,液体中空气泡的快速形成和突然崩溃产生了短暂的高能微环境,产生高速射流。用超声波分散短切碳纤维的分散机制主要是利用超声空化时产生的局部高温、高压、强冲击波以及微射流和超声波在悬浮液中形成的驻波,较大幅度地弱化短切碳纤维之间的团聚作用,有效地防止短切碳纤维团聚,从而使之充分分散。一方面,由于超声波传播而伴生的力学效应、激波以及声流效应会通过介质传递给短切碳纤维,除去短切碳纤维表面吸附的杂质及氧化物,使其表面能提高,短切碳纤维在水溶液中的分散性得以改善,从而解离和细化短切碳纤维,实现短切碳纤维的预分散;另一方面,超声波对水溶液的作用同样可以传递给短切碳纤维,这样会加强 HEC 对短切碳纤维的吸附渗透能力,进而强化短切碳纤维的解离与细化。

超声波功率范围为 30%～80%,其他参数如下:HEC 含量为 10 g/L、碳纤维含量为 3 g/L、碳纤维长度为 4 mm、超声作用时间为 5 min、机械搅拌转速为 600 r/min、机械搅拌时间为 30 min。如图 4-10 所示,随着输出功率的增大,短切碳纤维在水溶液中的分散率出现了先增大后减小的现象,在输出功率为 50%时,碳纤维的分散效果最好,分散率达 92.97%。超声波功率越大,其在水溶液中产生的能量越大,大幅减少了短切碳纤维的缠绕和团聚现象。

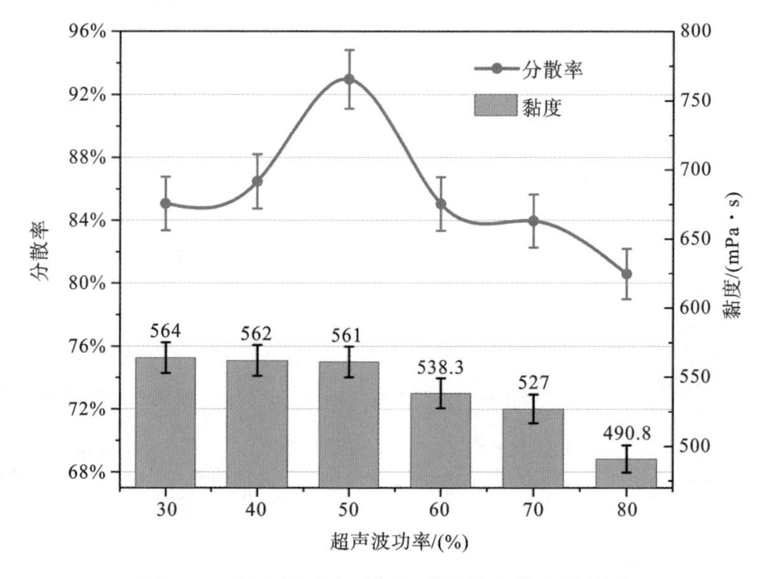

图 4-10　超声波功率对短切碳纤维分散率的影响

然而,当输出功率超过一定值时,其产生的能量导致水溶液的温度升高,降低了 HEC 对水溶液黏度的增强效果。水溶液黏度受温度的影响情况如图 4-11 所示,当细胞破碎仪输出功率为 80%时,水溶液黏度降低至 490.8 mPa·s,从而使短切碳纤维的分散率降低。

超声波功率对短切碳纤维在水溶液中分散状态的影响如图 4-12 所示。超声波功率的增加,改善了短切碳纤维在水溶液中的分散程度,输出功率为 50%时,碳纤维的分散效果最好,呈现出单丝分散的状态。输出功率超过 60%时,超声波产生的能量使水溶液的温度升高,水溶液的黏度降低,碳纤维团聚现象逐渐增多。因此,合适的超声波功率是碳纤维在水溶液中均匀分散的关键。

综上可知,HEC 含量小于 12 g/L 时,分散率 γ 与 HEC 含量呈正相关,HEC 含量为 14 g/L 时,分散率 γ 减小;碳纤维长度和碳纤维含量与分散率 γ 呈负相关;细胞破碎仪输出功率小于 50%时,超声波功率与分散率 γ 呈正相关,输出功率大于 50%时,超声波功率与分散率 γ 呈负相关。

因此,为了获得分散状态良好的短切碳纤维悬浮液,制备高取向度的碳纤维毡,

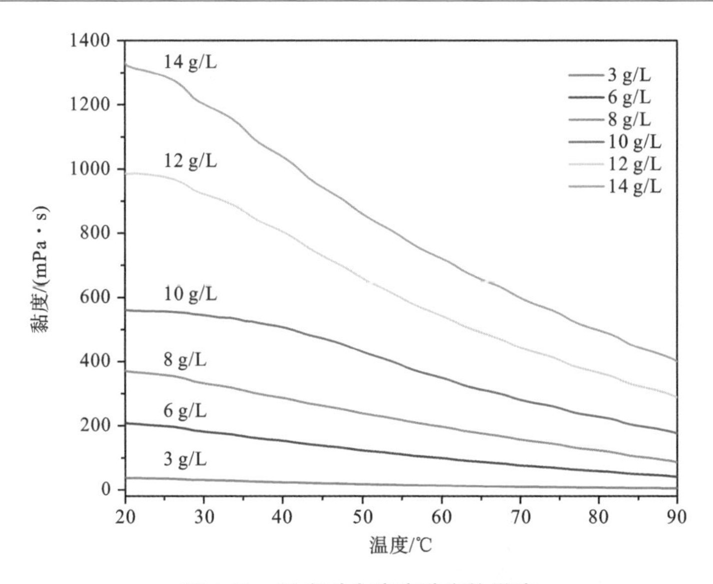

图 4-11　温度对水溶液黏度的影响

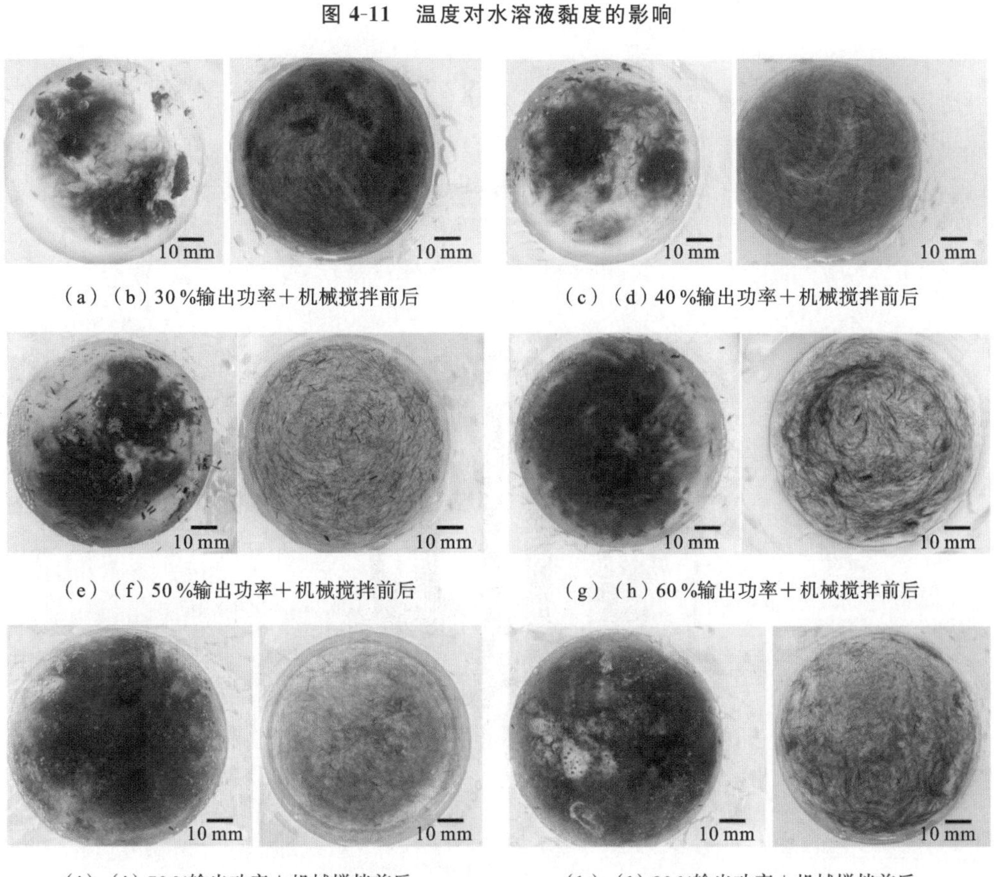

（a）（b）30 %输出功率＋机械搅拌前后　（c）（d）40 %输出功率＋机械搅拌前后

（e）（f）50 %输出功率＋机械搅拌前后　（g）（h）60 %输出功率＋机械搅拌前后

（i）（j）70 %输出功率＋机械搅拌前后　（k）（l）80 %输出功率＋机械搅拌前后

图 4-12　不同超声波功率下水溶液中短切碳纤维的分散状态

各个因素的最佳取值如下：HEC 含量为 10 g/L、碳纤维含量为 3 g/L、碳纤维长度为 4 mm、超声波功率为 50%、超声作用时间为 5 min、机械搅拌转速为 600 r/min、机械搅拌时间为 30 min。

4.2.4　制备再生碳纤维取向毡

湿法取向技术制备再生碳纤维取向毡的原理如图 4-13(a)所示，将悬浮液倒入储料筒中，悬浮液在电动推杆的作用下，通过取向喷头狭缝流向加热平台，在狭缝处产

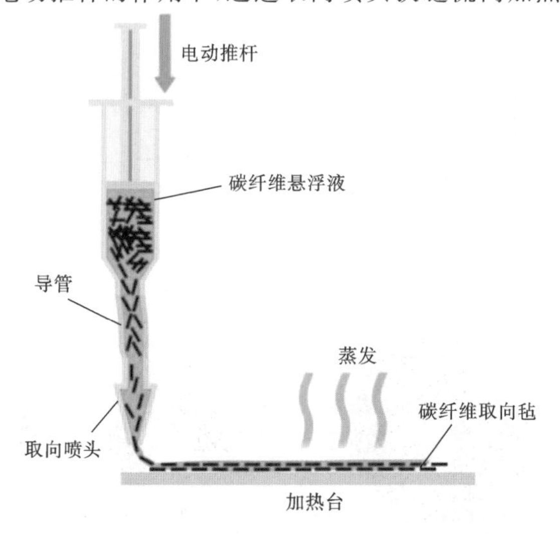

(a) 短切碳纤维取向毡的制备原理

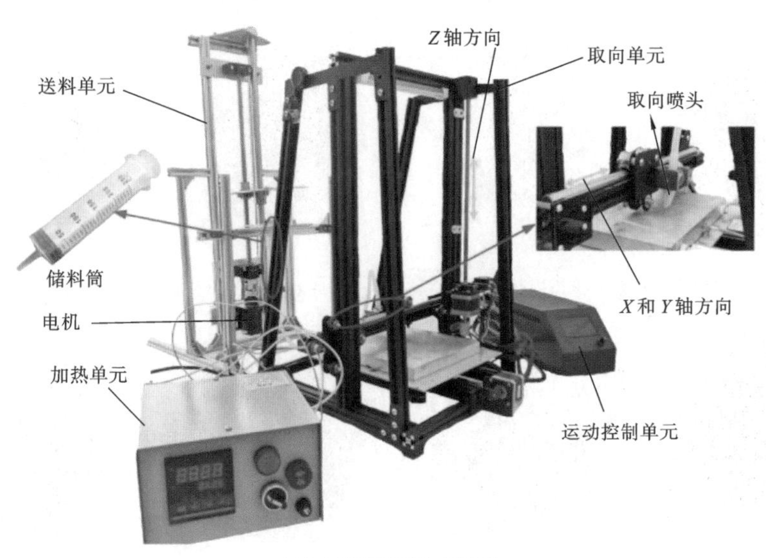

(b) 短切碳纤维取向装置

图 4-13　短切碳纤维取向原理和取向装置

生剪切流动，短切碳纤维受剪切力作用，沿着流动方向排列，待水分受热蒸发后获得短切碳纤维取向毡。

如图 4-13(b)所示，短切碳纤维取向装置包括送料单元、取向单元以及加热单元三个部分。送料单元主要由储料筒和电机组成，储料筒用于存放短切碳纤维悬浮液，将储料筒中短切碳纤维悬浮液输送至取向单元。取向单元中的导管连接送料单元的储料筒，取向单元主要由取向喷头和运动控制系统组成。运动控制系统用于驱动 X、Y、Z 三轴运动，悬浮液经取向喷头后完成取向。加热单元用于加热沉积平台，蒸发短切碳纤维悬浮液中的去离子水。

在最佳分散工艺条件下，制备原碳纤维和再生碳纤维悬浮液，碳纤维具有优良的分散状态。通过自制的取向装置制备再生碳纤维和原碳纤维取向毡，如图 4-14(a)

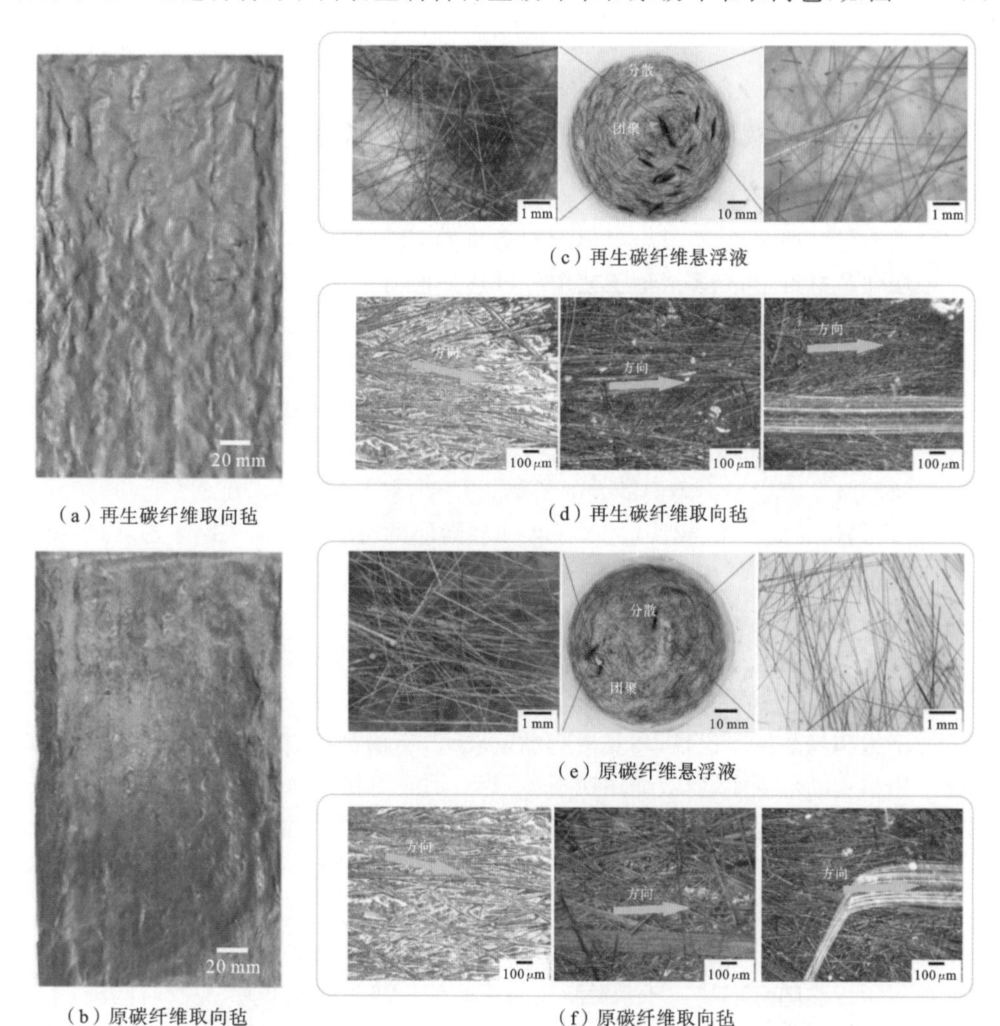

(a) 再生碳纤维取向毡

(b) 原碳纤维取向毡

(c) 再生碳纤维悬浮液

(d) 再生碳纤维取向毡

(e) 原碳纤维悬浮液

(f) 原碳纤维取向毡

图 4-14　再生碳纤维和原碳纤维取向毡及悬浮液的宏/微观形貌

(b)所示。由于渐缩喷头内的流体动力作用，短切碳纤维两端产生速度差，短切碳纤维朝向液体流动方向，最终短切碳纤维沿着一个方向排列至平台上。如图 4-13 所示，渐缩喷头的细小狭缝要求短切碳纤维在水溶液中具有优良的分散状态。再生碳纤维和原碳纤维悬浮液在最佳分散工艺下的分散状态如图 4-14(c)(e)所示，再生碳纤维和原碳纤维在水溶液中分散良好，悬浮液团聚较少。再生碳纤维和原碳纤维取向毡的光学显微镜图像如图 4-14(d)(f)所示，碳纤维沿着同一方向排列，多数碳纤维之间的角度差小，再生碳纤维悬浮液的团聚多于原碳纤维，其取向毡的取向程度较差。

4.3 再生碳纤维取向毡增强复合材料制造成型

4.3.1 再生碳纤维取向毡增强复合材料成型方法

复合材料的力学性能很大程度上受到材料制备过程中成型方法的影响。复合材料成型技术已发展多年，为复合材料的制备提供了成熟而多元化的选择。对于再生碳纤维取向毡材料，在众多成型工艺中可以选择的有手糊成型、袋压成型、树脂传递(RTM)成型、模压成型等。

1. 手糊成型工艺

手糊成型工艺是复合材料制备环节众多成型方法中最原始、最简单的方法。最常见的用于手糊成型的增强材料是玻璃纤维制品，其次是碳纤维、芳纶纤维等。不饱和聚酯树脂是手糊成型中用量最大的树脂，占各种树脂用量的 80%以上，树脂种类繁多，应根据制品的要求合理选用。手糊成型树脂的交联剂一般采用苯乙烯，但由于苯乙烯在常温下的蒸气压力较高，且易于挥发，不少国家陆续规定了车间空气中苯乙烯含量的极限值。

手糊成型工艺常选用低相对分子质量的双酚 A 型环氧树脂，平均相对分子质量为 300～700，软化点在 30 ℃以下，常用的牌号为 E-51(618)、E-44(6101)、E-42(634)等。与不饱和聚酯树脂比较，环氧树脂黏度较大，有的品种在使用时要加入稀释剂；固化剂用量变动范围小，胶液使用期不易调节；用胺类化合物作固化剂时，毒性较大。用环氧树脂制造的复合材料制品力学性能、耐腐蚀性能好，固化收缩率低，但是脆性较大且价格昂贵。因此，环氧树脂主要用于制造各种受力结构制品、电绝缘制品和耐碱制品。

环氧树脂凝胶时间的控制不如不饱和聚酯树脂那样方便，这是因为环氧树脂的固化剂用量无法随意增减。环氧树脂使用脂肪族伯胺类固化剂时，凝胶时间短，不方便操作。为了延长树脂的适用期，常采用活性低的固化剂如二甲基苯胺、二乙氨基苯胺、咪唑、聚酰胺等与伯胺共用来调整凝胶时间。活性低的固化剂反应温度高，而伯胺反应活性大，反应温度低，二者共用后可利用伯胺反应的放热效应，来促进低活性固化剂反应，从而减少伯胺的用量，延长凝胶时间。

手糊成型时，树脂要容易渗透再生碳纤维取向毡，容易排除气泡，与取向毡的黏结力强；在室温条件下，全年树脂的凝胶、固化特性不能变化太大，收缩率要小，挥发物少；黏度一般为 0.2～0.75 Pa · s，尽量避免流胶现象的产生。手糊成型工艺流程如下。

先在模具上刷一层树脂，然后铺一层再生碳纤维取向毡，并注意排除气泡，使取向毡贴合紧密、含胶量均匀，如此重复，直至达到设计厚度。每次糊制厚度不应过大，否则固化发热量大，使制品内应力大而引起变形、分层。手糊制品一般采用常温固化。

与其他成型工艺相比，手糊成型工艺的优点是操作简单便捷、操纵者容易培训；设备投资少、生产费用低；能生产大型和复杂结构制品；制品的可设计性好，且设计容易改变；模具材料来源广；可以制成夹层结构。其缺点是劳动密集程度高，生产效率低；制品质量与操作者技术水平有关；生产周期长；制品力学性能波动大。

2. 袋压成型

袋压成型工艺可分为两种：加压袋法和真空袋法。其主要用于预浸料的成型。

1）加压袋法

加压袋法是将预浸料铺层后，放上一个橡胶袋，固定好上盖板，然后通入压缩空气，使复合材料表面承受一定压力，同时加热固化得到制品。

2）真空袋法

真空袋法是将预浸料铺层后，用橡胶袋密封，抽真空除去预浸料中的空气，使复合材料表面受大气压力，经加热固化即得制品。

然而，再生碳纤维取向毡与预浸料不同。预浸料是通过高压高温技术将环氧树脂复合在碳纤维上，由碳纤维纱、环氧树脂、离型纸等材料，经过涂膜、热压、冷却、覆膜、卷取等工艺加工制成，树脂与碳纤维已初步含浸。而再生碳纤维取向毡没有与树脂预先含浸，通过改进的真空袋法可制备再生碳纤维取向毡增强复合材料。其工艺流程为：首先准备好成型所需模具，将再生碳纤维取向毡进行剪裁和铺放，将吸胶毡、隔离膜、导流管等按要求装配好，封装好真空袋并检查密封情况，之后通过真空抽滤或提前预浸的方式将树脂加入，保持真空袋负压，在热环境或热压罐中进行固化操作，最后进行脱模便可制得短切碳纤维取向毡增强复合材料。真空袋法的优点在于制品表面光洁、受力均匀、制备工艺稳定、制品性能优异、孔隙率低，适用于制备大型复杂结构等；其缺点在于工艺流程复杂、设备成本高等。

3. 树脂传递成型

树脂传递成型的原理如下：先将增强材料铺放在模具里，合模夹紧后，在一定的温度和压力下，将经静态混合器混合后的树脂与固化剂的混合物通过模具上的注射口注入模具，固化后脱模得到制品。

再生碳纤维取向毡增强复合材料树脂传递成型的工艺流程为：先将短切碳纤维

取向毡放置在闭合模腔中，然后将液体树脂用专用设备注入，树脂在流动充模过程中对纤维毡进行浸润并完成固化。如果模型尺寸较大，树脂流动性差浸润不充分，便可在树脂注入口的另一端增加真空口，注入树脂的同时抽真空，这样便有了VARTM成型，最后进行脱模便可制得短切碳纤维取向毡增强复合材料。

树脂传递成型工艺的技术特点主要体现在：① 不需要胶衣涂层即可为制件提供双面光滑的表面；② 可制备具有高尺寸精度、良好表面质量的复杂制件，提高了制件结构的整体性和性能的可靠性；③ 可采用多种形式的增强材料，如短切毡、连续纤维毡、纤维布、无皱折织物、三维织物及其组合材料，并可根据性能要求进行择向增强、局部增强、混杂增强或形成预埋与夹芯结构，充分发挥复合材料性能的可设计性；④ 成型公差可精确控制，重复性可以保证，制品具有恒定的形状和重量，质量稳定，厚度均匀，孔隙率低；⑤ 自动化程度高，生产周期较短，材料浪费少，成型后整修工作量很小，适合中等批量制品的生产；⑥ 闭模操作使成型过程中散发的挥发性物质很少，利于身体健康和环境保护。

树脂传递成型工艺在国内外普遍存在的难点和问题主要表现在：① 树脂对纤维的浸润不够理想，导致成型时间长，制品孔隙率较高；② 制品的纤维含量较低；③ 在大面积、结构复杂的模具型腔内，树脂流动不均衡，该动态过程很难观察，更不容易进行预测和控制。

4. 模压成型

模压成型工艺是将短切碳纤维预浸料置于金属对模中，在一定的温度和压力下，压制成型为复合材料制品的一种成型工艺。在模压成型过程中需加热和加压，使模压料塑化、流动，充满模腔，并使树脂发生固化反应。在模压料充满模腔的流动过程中，不仅树脂流动，增强材料也要随之流动，所以模压成型工艺的成型压力较其他工艺高，属于高压成型。因此，它既需要能对压力进行控制的液压机，又需要高强度、高精度、耐高温的金属模具。

在模压过程中，模压料中的树脂将经历黏流、胶凝和固化三个阶段，而树脂分子本身也将由线形分子链变成不溶不熔的空间网状结构。将模压料转化成合格制品所需的外部条件就称为模压料的模压工艺参数。实际生产中常称为压制制度，它包括温度制度和压力制度两项。模压工艺的基本流程为：模具预热装模—压制—脱模—打底及辅助加工—检查—成品料称量—材料预热或预成型。

再生碳纤维取向毡增强复合材料模压成型的工艺流程为：首先将再生碳纤维取向毡材料通过手糊、真空浸渍及预浸料胶膜浸渍等方法将树脂基体与碳纤维取向毡浸渍好，再将预浸好的材料放入预热好的压膜内，施加压力使模具腔体闭合，短切碳纤维取向毡及树脂基体充满整个模具，模具保持一定压力及温度条件下进行固化，最后进行脱模便制得了短切碳纤维取向毡增强复合材料。模压成型的优点在于制品表面光洁、尺寸控制精准、制备效率高、可重复性高，适用小制品的大规模生产等；其缺点在于模具设计制造投入大、只适用于中小尺寸制品、易受设备限制等。

4.3.2 再生碳纤维取向毡增强复合材料界面与性能

再生碳纤维取向毡增强复合材料制造工艺流程如图4-15所示，该工艺主要分为三个过程：再生碳纤维分散、再生碳纤维取向、复合材料成型。即在最佳分散工艺条件下制备再生碳纤维悬浮液，通过自制的取向装置制备取向毡，以再生碳纤维取向毡与热固性树脂为原材料，将再生碳纤维取向毡置于模具中，通过复合材料成型装置注入热固性树脂，在一定压力和温度下获得再生碳纤维取向毡增强复合材料。

图4-15 再生碳纤维回收与再制造工艺流程

再生碳纤维增强树脂基复合材料的力学性能除了受到树脂类型与再生碳纤维本身的力学性能影响以外，增强的效果也受到两者界面结合情况的影响。再生碳纤维增强树脂基复合材料的界面通常是指再生碳纤维与树脂在给定外部条件作用下，复合过程中产生的两相之间的作用面，是连接复合材料中树脂基体与增强纤维的微观区域。从力学观点看，界面层的作用就是使基体和增强体之间实现完整的结合，形成力学连续体，对界面层的力学要求是具有均匀的强度，确保基体与增强体之间载荷的有效传递，使它们在承载时，充分发挥各自的功能，呈现最佳的综合性能。实际应用也证实，多相材料的大多数断裂破坏现象源于软硬相界面。因此，只有提高界面结合力，才能使界面层两相之间获得足够的界面强度并产生良好的复合效果。此外，适当的界面结合力能起到阻止裂纹扩展、减缓应力集中的作用，但在复合过程中界面区域也极易产生孔隙、脱黏等微观缺陷，成为复合材料最容易破坏的薄弱环节。因此，复合材料界面性能的优劣将会直接影响构件最终的力学性能，稳定可靠的界面是保证复合材料发挥其优异性能的关键因素甚至是决定性因素。复合材料的界面尺寸很小且不均匀、化学成分及结构复杂、力学环境复杂，其性能受诸多因素影响，不仅与基体材料和增强材料的结构、形态、状态、物理性质、化学性质等相关，而且因不同的成型方式以及不同的工艺条件而存在差异，不同的界面状态与强度都会导致复合材料不同的性能。因此，在复合材料成型过程中，对界面的调控与设计至关重要。要实现上述目标，需要对复合材料界面作用机理有所认识，目前，界面相的作用机理可以总结为以下几种理论。

(1) 机械黏结理论。纤维增强体是被黏物，其表面存在高低不平的峰谷和疏松孔隙结构，而树脂基体是黏结剂，可以填充纤维表面的孔隙，固结后二者形成互锁。黏结强度与碳纤维表面粗糙度和树脂基体对纤维的润湿性成正相关关系。

(2) 弱边界层理论。如果在界面处存在弱内力聚力层，则在低的应力下，黏结键可能在弱边界层处断裂，这种断裂的发生与弱边界层的厚度密切相关。

(3) 扩散理论。扩散理论认为扩散作用是高分子自黏和互黏的主要驱动力，增强体和基体的原子或分子越过组成物的边界相互扩散而形成界面。

(4) 物理吸附与浸润理论。树脂与纤维间可具有良好的润湿性，使得两者紧密接触，若润湿不良会产生界面缺陷，进而产生应力集中导致局部开裂，作用力一般为分子间作用力。

(5) 化学键合理论。碳纤维表面的活性官能团与附近树脂中的活性官能团在界面处发生化学反应并形成化学键，结合力主要是主价键力，该理论特别适用于多束热固性树脂基复合材料。

(6) 静电理论。碳纤维与基体在界面上的静电荷符号的不同会引起相互吸引力，结合力大小取决于电荷密度，在用交联剂处理纤维表面后，该作用将变得更加明显。

针对每一种复合材料成型工艺，可根据工艺特点、材料属性的不同确定界面的作用机理类型以及各自强弱程度，再通过工艺控制、材料处理等技术手段实现界面调控。

再生碳纤维的再利用性能是衡量一个碳纤维回收工艺最为重要的指标，为此对再生碳纤维取向再制造复合材料的力学性能进行初步评估。如图 4-16 所示，采用真空导流工艺分别制备原碳纤维增强复合材料和再生碳纤维增强复合材料的力学试

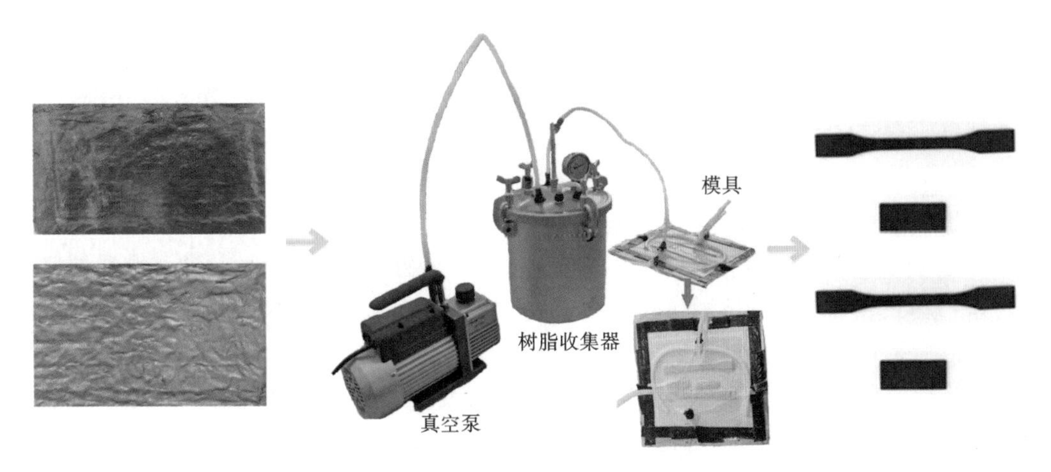

图 4-16　真空导流工艺制备原碳纤维增强环氧树脂、再生碳纤维增强环氧树脂复合材料

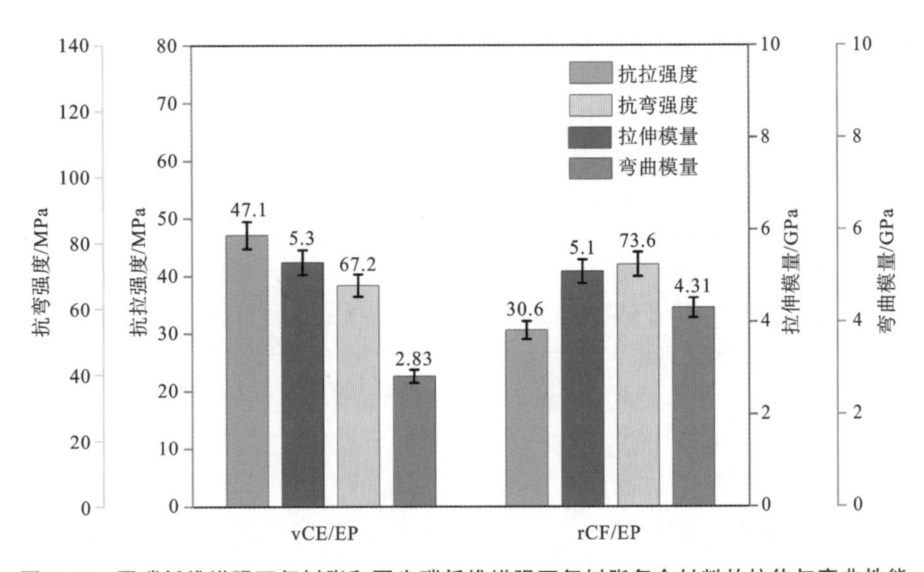

图 4-17　原碳纤维增强环氧树脂和再生碳纤维增强环氧树脂复合材料的拉伸与弯曲性能

样。再生碳纤维增强环氧树脂和原碳纤维增强环氧树脂复合材料的拉伸和弯曲性能如图 4-17 所示。原碳纤维增强环氧树脂复合材料的抗拉强度为 47.1 MPa，拉伸模量为 5.3 GPa；再生碳纤维增强环氧树脂复合材料的抗拉强度为 30.6 MPa，拉伸模量为 5.1 GPa，与原碳纤维增强环氧树脂复合材料相比，性能保持率为 64.97%与 96.23%。再生碳纤维增强环氧树脂复合材料中碳纤维取向程度略低于原碳纤维增强环氧树脂复合材料，因此，再生碳纤维增强环氧树脂复合材料抗拉强度的保持程度较低。通过热活化氧化物半导体工艺回收获得的再生碳纤维表面几乎没有残留树脂

且没有产生积炭，所以再生碳纤维增强环氧树脂复合材料保持了较高的拉伸模量。原碳纤维增强环氧树脂复合材料的抗弯强度为67.2 MPa，弯曲模量为2.83 GPa，再生碳纤维增强环氧树脂复合材料的抗弯强度为73.6 MPa，弯曲模量为4.31 GPa，与原碳纤维增强环氧树脂复合材料相比，分别提高了9.52%和52.3%。回收的再生碳纤维表面的COOH含量增加，提升了再生碳纤维与环氧树脂的界面结合程度，一定程度上提升了再生碳纤维增强环氧树脂复合材料的弯曲性能。

原碳纤维增强环氧树脂和再生碳纤维增强环氧树脂复合材料的拉伸与弯曲性能较差，主要原因如下：一是短切碳纤维借助HEC在去离子水中形成良好分散状态，通过取向装置排列至受热平台上，经干燥去除水分制成取向毡，其中分散剂有残留，碳纤维取向毡层间形成HEC薄膜层，导致制备复合材料时环氧树脂难以与碳纤维取向毡充分结合；二是取向毡由碳纤维逐层堆积而成，取向毡的分层效果较明显，层间结合不紧密，环氧树脂不能充分渗透；三是通过真空导流工艺，多数环氧树脂包覆在取向毡的外表面，内部树脂含量少，树脂分布不均匀，导致复合材料的碳纤维含量低。

4.4 总结与展望

本章从取向方法、成型工艺、制件性能等方面对再生碳纤维增强复合材料进行了介绍，基于湿法取向技术制备再生碳纤维悬浮液并优化了其分散性，自主搭建再生碳纤维取向试验平台，初步评估再生碳纤维取向毡增强复合材料的性能，证实了湿法取向技术实现再生碳纤维高值再利用的潜力。如何提高再生碳纤维的取向度以提高其增强复合材料的力学性能，并不断探索复合材料制件的应用性能将成为下一步的研究方向。现已初步设计并搭建高取向度的再生碳纤维取向实验装置，如图4-18所示，包括送料单元（Ⅰ）、取向单元（Ⅱ）和加热单元（Ⅲ）。利用电动挤出方式将再生碳纤维悬浮液通过喷头垂直挤出至加热平台上，同时采用三轴移动平台控制喷头按照所需零件轮廓形状匀速移动，去除悬浮液中水分后即可获得再生碳纤维取向毡。为了实现再生碳纤维高值再利用，未来将通过解决以下问题来改善再生碳纤维取向毡增强复合材料的力学性能：① 改进取向装置以去除再生碳纤维取向毡层间的分散剂并提升取向毡的取向程度；② 对再生碳纤维进行表面处理，修复再生碳纤维的表面损伤，提升其与树脂的结合能力；③ 探究不同的成型工艺对复合材料成型质量的影响，以期获得较高的纤维体积分数并提升复合材料的力学性能。

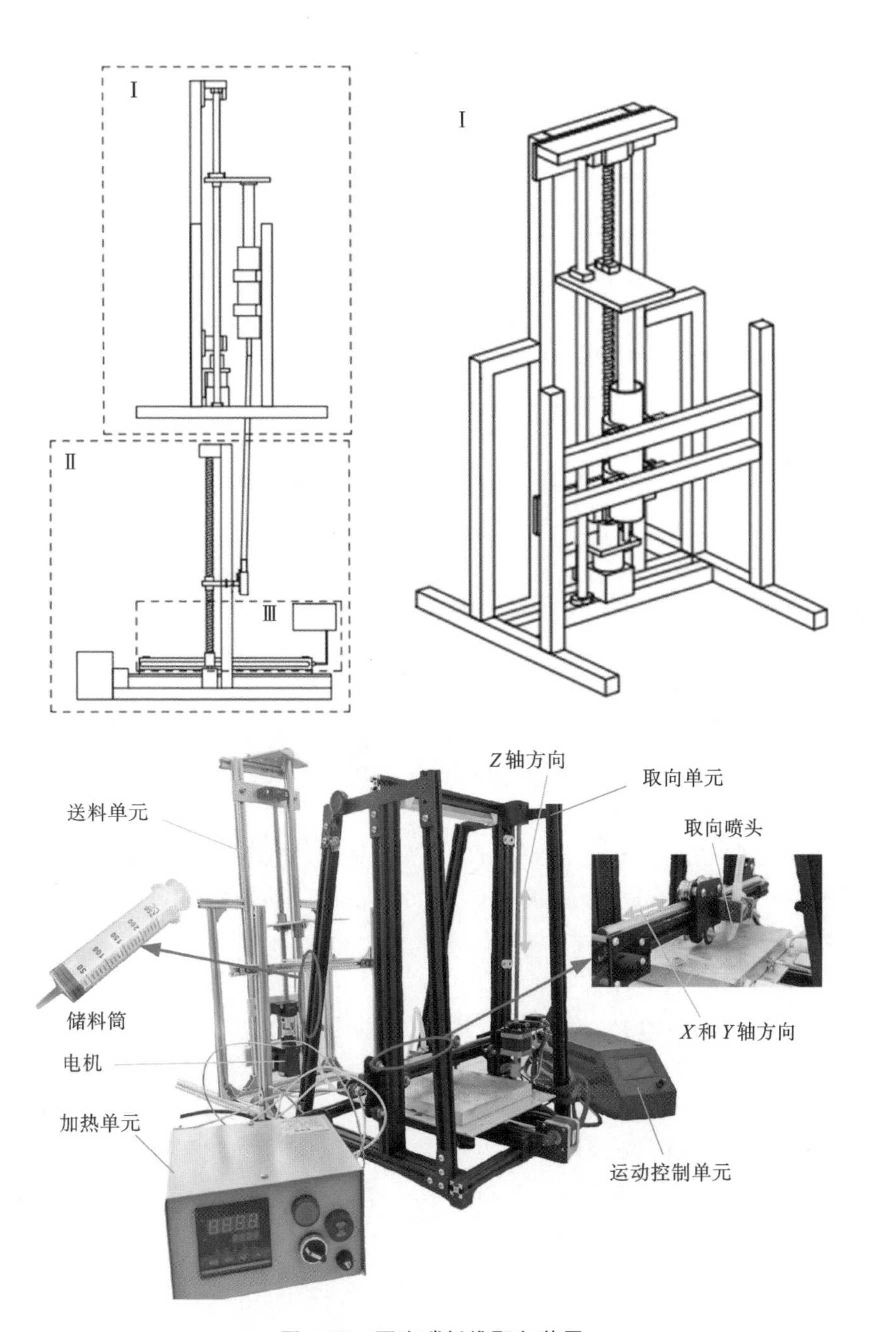

图 4-18　再生碳纤维取向装置

参考文献

[1] CHENG H, ZHOU J, GUO L, et al. Dispersibility optimization of short carbon fiber suspension for the preparation of carbon fiber aligned mat reinforced composites[J]. Journal of Cleaner Production, 2023,389: 136075.

[2] SONG W, MAGID A, LI D, et al. Application of recycled carbon-fibre-reinforced polymers as reinforcement for epoxy foams [J]. Journal of Environmental Management, 2020, 269: 110766.

[3] TAKAHASHI J, MATSUTSUKA N, OKAZUMI T, et al. Mechanical properties of recycled CFRP by injection molding method[C]. Kyoto: ICCM-16, 2007.

[4] GIORGINI L, BENELLI T, MAZZOCCHETTI L, et al. Recovery of carbon fibers from cured and uncured carbon fiber reinforced composites wastes and their use as feedstock for a new composite production [J]. Polymer Composites, 2015, 36(6): 1084-1095.

[5] LIU W, HUANG H, ZHU L, et al. Integrating carbon fiber reclamation and additive manufacturing for recycling CFRP waste[J]. Composites Part B: Engineering, 2021, 215: 108808.

[6] MANTELLI A, ROMANI A, SURIANO R, et al. UV-assisted 3D printing of polymer composites from thermally and mechanically recycled carbon fibers [J]. Polymers, 2021, 13(5): 726-726.

[7] VYAKAMAM M N, DRZAL L T. Composite material of aligned discontinuous fibers: US6025285[P]. 2000-2-15.

[8] ERICSON M L, BERGLUND L A. Processing and mechanical properties of orientated preformed glass-mat-reinforced thermoplastics [J]. Composites Science and Technology, 1993, 49: 121-130.

[9] BAGG G E G, EVANS M E N, PRYDE A W H. The glycerine process for the alignment of fibres and whiskers[J]. Composites, 1969,1(2):97-100.

[10] KACIR L, NARKIS M, ISHAI O. Oriented short gass-fiber composites. I. Preparation and statistical analysis of aligned fiber mats [J]. Polymer Engineering & Science, 1975, 15(7):525-531.

[11] WONG K H, TURNER T A, PICKERING S J, et al. The potential for fibre alignment in the manufacture of polymer composites from recycled carbon fibre[J]. SAE International Journal of Aerospace, 2009, 2: 225-231.

[12] PICKERING S J. Carbon fibre recycling technologies: What goes in and what comes out [C]. Hamburg: Carbon Fibre Recycling and Reuse 2009 Conference, 2009.

[13] TURNER T A, PICKERING S J, WARRIOR N A. Development of high value composite materials using recycled carbon fibre[C]. Baltimore, MD: SAMPE'09, 2009.

[14] CHUANG W, LEI P, BING-LIANG L, et al. Influences of molding processes and different dispersants on the dispersion of chopped carbon fibers in cement matrix[J]. Heliyon, 2018, 4(10): e00868.

[15] RONG Y, LUO G, HUAN X, et al. An environment-friendly approach for the large-scale preparation of aligned mat using recycled carbon fiber[C]. Xi'an: ICCM-21, 2017.

[16] KROPHOLLER H W, SAMPSON W W. The effect of fibre length distribution on suspension crowding[J]. Journal of Pulp and Paper Science, 2001, 27(9): 301-305.

[17] HUAN X, SHI K, YAN J, et al. High performance epoxy composites prepared using recycled short carbon fiber with enhanced dispersibility and interfacial bonding through polydopamine surface-modification [J]. Composites Part B: Engineering, 2020, 193: 107987.

[18] FLEMMING T, KRESS G, FLEMMING M. A new aligned short-carbon-fiber-reinforced thermoplastic prepreg[J]. Advanced Composite Materials, 1996, 5: 151-159.

[19] YU H, POTTER K D, WISNOM M R. A novel manufacturing method for aligned discontinuous fibre composites (high performance-discontinuous fibre method)[J]. Composites Part A: Applied Science and Manufacturing. 2014, 65: 175-185.

[20] YU H, LONGANA M L, JALALVAND M, et al. Pseudo-ductility in intermingled carbon/glass hybrid composites with highly aligned discontinuous fibres [J]. Composites Part A: Applied Science and Manufacturing, 2015, 73: 35-44.

[21] ADVANI S G, TUCKER C L. The use of tensors to describe and predict fiber orientation in short fiber composites[J]. Journal of Rheology, 1987, 31(8): 751-784.

[22] LEE Y, LEE S, YOUN J, et al. Characterization of fiber orientation in short fiber reinforced composites with an image processing technique[J] Materials Research Innovations, 2002, 6: 65-72.

[23] YAO S H, YUAN J K, ZHOU T, et al. Stretch-modulated carbon nanotube alignment in ferroelectric polymer composites: Characterization of the orientation state and its influence on the dielectric properties[J]. The Journal of Physical Chemistry C, 2011, 115(40): 20011-20017.

[24] JIA X, LI W, XU X, et al. Numerical characterization of magnetically aligned multiwalled carbon nanotube-Fe_3O_4 nanoparticle complex[J]. ACS Applied Materials & Interfaces, 2015, 7(5): 3170-3179.

[25] PIGGOTT M R, KO M, CHUANG H Y. Special issue micro phenomena in advanced composites aligned short-fibre reinforced thermosets: Experiments and analysis lend little support for established theory[J]. Composites Science and Technology, 1993, 48: 291-299.

[26] CUI Y, ZHENG G, WU B, et al. The influence of fatty alcohol ether phosphate salt on carbon fiber's dispersion property[J]. Journal of Applied Polymer Science, 2015, 132(7):41470.

[28] 王闯，李克智，李贺军，等.短碳纤维的分散性与CFRC复合材料的力学性能[J].精细化工,2007, 24: 521-525.

[29] CAO J, CHUNG D. Carbon fiber reinforced cement mortar improved by using acrylic dispersion as an admixture [J]. Cement and Concrete Research, 2001, 31:1633-1637.

[30] CHUNG D. Dispersion of short fibers in cement[J]. Journal of Materials in Civil Engineering, 2005, 17:379-383.

第 5 章　闭环的碳纤维增强树脂基复合材料生命周期环境影响评价

回收的目的是以可持续的方式重复使用材料来减小对环境的影响。一般来说，在回收操作中应尽可能多地从废料中回收具有经济价值的材料，因为这种材料的价值在很大程度上代表了生产这种材料所需的资源投入或材料的稀缺性，所以回收过程可最大限度地减小对环境的影响，具有一定的成本效益。本章首先分析生命周期评价方法与常用软件；然后，建立闭环的碳纤维增强树脂基复合材料生命周期模型；最后，对比评价氧化物半导体热活化回收技术工艺与填埋、焚烧和热分解回收的环境影响，分析原碳纤维生产与氧化物半导体热活化回收技术回收碳纤维的能量消耗和环境影响，从环境影响和能耗的角度探究氧化物半导体热活化回收技术工业化应用的潜在价值。

5.1　概　　述

5.1.1　生命周期评价的概念和发展

生命周期是指某一产品（或服务）从取得原材料，经生产、使用直至废弃的整个过程，即从“摇篮到坟墓”的过程。生命周期评价（life cycle assessment，LCA）作为一种环境管理工具，不仅能对当前的环境冲突进行有效的定量分析和评价，而且能对产品及其“从摇篮到坟墓”的全过程所涉及的环境问题进行评价，因而是面向产品环境管理的重要支持工具。LCA 是评价产品从材料获取到设计制造、使用、循环利用和最终废弃处理等整个生命周期阶段内有关的环境负荷过程的方法，它通过识别和量化整个生命周期中消耗的资源、能源以及废物排放来评价这些消耗和排放对环境的影响，以及寻求减小这些影响的改进措施。

关于 LCA，各国组织机构有着不同的定义，其中国际标准化组织和国际环境毒理与环境化学学会的定义具有权威性。国际标准化组织对 LCA 的定义是：汇总和评估一个产品（或服务）体系在其整个生命周期间的所有投入及产出对环境造成的潜在的影响的方法。国际环境毒理与环境化学学会对 LCA 的定义更方便理解：LCA 是一种对产品、生产工艺和活动对环境的压力进行评价的客观过程，它通过分析能量和物质利用、废物排放对环境的影响，寻求改善环境影响的机会并研究如何利用这种机会。

各国际机构目前已经趋向于采用比较一致的框架和内容，其总体核心是：LCA是用于评价与某一产品（或服务）相关的环境因素和潜在影响的方法，它是通过编制某一系统相关投入与产出的存量记录，评价与这些投入、产出有关的潜在环境影响，根据 LCA 的研究目标解释存量记录和环境影响的分析结果来进行的。

LCA 最早起源于美国，其发展可分为三个阶段。

（1）初步探索阶段（20 世纪 60 年代末至 70 年代初）。20 世纪 60 年代末至 70 年代初全球爆发石油危机，人类意识到资源和能源的有限性，开始关注资源与能源的节约问题，因此 LCA 研究最初主要集中在对能源和资源的关注上。美国最先对产品生命周期进行研究，20 世纪 60 年代末至 70 年代初美国开展了一系列针对包装品的分析、评价，当时称为“资源与环境状况分析”。1969 年由美国中西部资源研究所开展的对可口可乐公司饮料包装瓶的环境影响评价研究标志着 LCA 研究的开始，该研究对从最初的原材料开采到最终的废弃物处理进行全过程的跟踪，并定量分析不同的包装对资源、能源和环境的影响。

（2）理论发展论证阶段（20 世纪 70 年代中期至 80 年代末期）。随着工业化进程的不断推进，工业发展带来的环境、能源等问题凸显，一些政府开始支持并参与 LCA 研究，发达国家推行环境报告制度，要求对产品形成统一的环境影响评价方法和数据，开发环境影响评价技术。比如，荷兰住房、规划和环境部针对传统的“末端控制”环境政策，首次提出了制定面向产品的环境政策，涉及产品的生产、消费到最终废弃物处理的所有环节，并对产品整个生命周期内的所有环境影响进行评价；英国的 Boustead 咨询公司针对清单分析方法做了大量研究，奠定了著名的 Boustead 模型的理论基础；瑞士联邦材料测试与开发研究所开展了有关包装材料的项目研究，首次采用了健康标准评估系统，后来发展为临界体积方法。这些都为 LCA 方法论的发展和应用领域的拓展奠定了基础，LCA 的研究已逐步从实验室阶段转向实际应用。

（3）迅速发展阶段（20 世纪 90 年代以后）。1991 年，国际环境毒理与环境化学学会首次主持召开了有关 LCA 的国际研讨会，该会议首次提出了“LCA”的概念，并且后续多次召开学术讨论会，对 LCA 理论和方法进行了探讨。1993 年，国际标准化组织开始起草 ISO 14000 系列国际标准体系，正式将 LCA 纳入该体系。LCA 在许多工业行业中取得了很大成功，并在决策制定过程中发挥了重要的作用，已经成为产品环境特征分析和决策支持的有力工具。

21 世纪以来，“互联网＋”技术逐渐发展成熟，这为产品生命周期基础数据知识库的建立以及数据信息的交流提供了可能。近年来，西方制造大国开始强调智能制造、绿色制造，这需要强大基础数据知识库的支持，为此各国专家学者基于本国国情相继进行了产品生命周期数据收集和数据挖掘及分析研究。此外，为提高产品环境性能及缩短产品开发周期，一些专家学者提出将 LCA 与典型 CAD 设计软件集成的思想，并且相继在电子、家电、汽车等行业进行推广应用。

5.1.2　生命周期评价的目的与意义

(1) 有利于提高环境保护的质量和效率,提高人类生活质量。环境专家曾做过估算,按照现在全球的发展速度,包括人口的增长和生活水平的提高,为了维持目前地球的环境状况,50 年后的环境负荷要降至目前的 1/10 水平。这种负荷大幅降低,仅靠末端处理来解决是不可能的,因为末端处理本身就需消耗大量的资源和能源。而进行产品 LCA,加强产品生态设计在实践中的应用,可以真正地从源头开始预防污染,构筑新的生产和消费系统。

(2) 加强与现有其他环境管理手段的结合,可更好地服务于环保事业。目前在产品环境性能评估方面,除 LCA 外,还有风险评价、环境审计和环境绩效、物质流分析等几个理论体系,LCA 与以上方法互为补充,可达到最优效果。例如风险评价技术是 LCA 方法的一个重要补充,借助风险评价技术,能够评价产品生命周期生产的污染物,特别是有毒、有害污染物对人类、生物群体,甚至整个生态系统的潜在风险,使得生命周期影响评价的对象从非生命的环境扩大到人类和生物群体。

(3) 有利于企业实现生产、环保和经济效益三赢的局面。企业应用 LCA 方法对产品设计、生产等环节进行指导,可以从四个方面获得益处。第一,产品系统的生态辨识与诊断:不同产品在不同的生命周期阶段对环境的影响是不同的,通过 LCA,不仅可以识别对环境影响最大的过程和产品寿命阶段,而且可以评估产品的资源效益,即对能耗、物耗进行全面平衡,既降低产品成本,又帮助设计人员尽可能采用有利于环境的原材料和能源。第二,产品环境评价与比较:以对环境影响最小化为目标,分析比较某一产品系统内的不同方案或者与替代品进行比较。第三,生态设计与新产品开发:LCA 可直接应用于新产品的开发与设计之中。第四,再循环工艺设计:大量 LCA 工作结果表明,产品用后处理阶段的问题十分严重,解决这一问题要从产品的设计阶段就考虑产品用后的拆解和资源的回收利用。

(4) 有利于政府和环境管理部门借助 LCA 进行环境立法、制定环境标准和产品生态标志。近年来,通过产品 LCA,一些发达国家相继在环境立法上开始反映产品和产品系统相关联的环境影响,制定环境法律、政策并建立环境产品标准;通过一系列生态标志计划促进生态产品设计、制造技术的创新,为评估和区别普通产品与生态标志产品提供了具体的指标;优化政府的能源、运输和废物管理方案;向公众提供有关产品和原材料的资源信息;促进国际环境管理体系的建立。

5.2　生命周期评价的技术框架与分析方法

5.2.1　生命周期评价的技术框架

国际标准 ISO 14040 对 LCA 的框架做了图 5-1 所示的描述,LCA 框架主要包括目的与范围的确定、清单分析、影响评价和结果解释四个步骤。

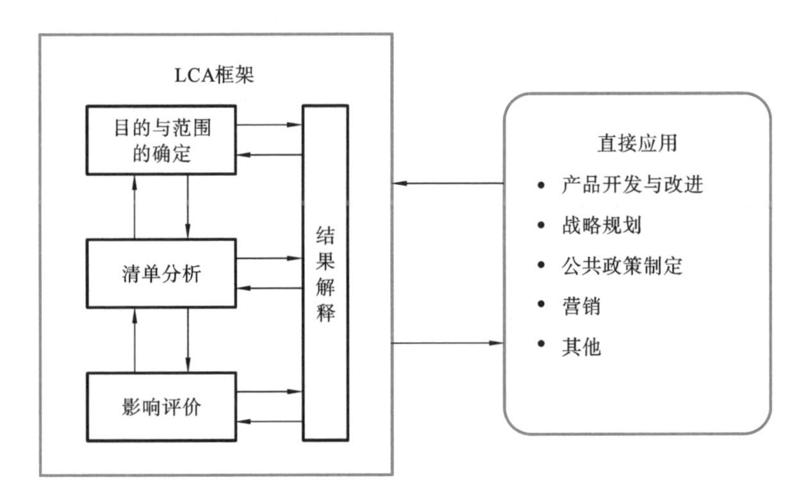

图 5-1 LCA 的技术框架

（1）目的与范围的确定。目的与范围的确定是 LCA 的第一个步骤，说明开展 LCA 研究的预期应用意图及开展研究的原因和目标受众等，范围的不同可能导致最终能源和物质的输入输出不同。目的与范围的定义在 ISO 14041 中进行了详细的描述，该标准要求目的与范围的确定需要与 LCA 预期的应用一致。同时目的与范围的确定将直接影响后续工作量的大小，范围太大会导致工作量很大，最终将无法进行研究，范围太小会使研究的结果不准确，与真实值出现很大偏差。由于 LCA 是一个迭代的过程，因此其目的与范围的确定并不是一成不变的，有时需要基于对结果的解释适当地调整已界定的范围来满足研究目的。

（2）清单分析。生命周期清单（life cycle inventory，LCI）分析是进行 LCA 工作的重要环节和步骤，是生命周期环境影响评价的基础，同时为评价提供基础数据支持。清单分析包括数据的收集、整理与分析，主要工作是收集在产品生命周期内各阶段资源、能源的使用情况以及环境排放情况的详细数据。其中，数据的收集至关重要，数据的质量直接影响最终的分析结果。数据的分析与处理主要是对收集到的数据按照相关阶段进行输入流和输出流的定性划分和定量分析。LCI 的范围如图 5-2 所示。

（3）影响评价。生命周期影响评价（life cycle impact assessment，LCIA）是 LCA 中最重要的阶段，也是最困难的环节和目前争议最大的部分。影响评价的目的是根据生命周期清单分析的结果对潜在的环境影响程度进行相关评价，具体来说，就是将清单数据和具体的环境影响相联系的过程，将生命周期清单分析得到的各种相关排放物对现实环境的影响进行定性和定量评价。国际标准化组织将生命周期影响评价分为四个步骤：影响分类、特征化、归一化和分组加权。其中，影响分类与特征化为必选要素，归一化和分组加权为可选要素，如图 5-3 所示。影响分类是把清单数据

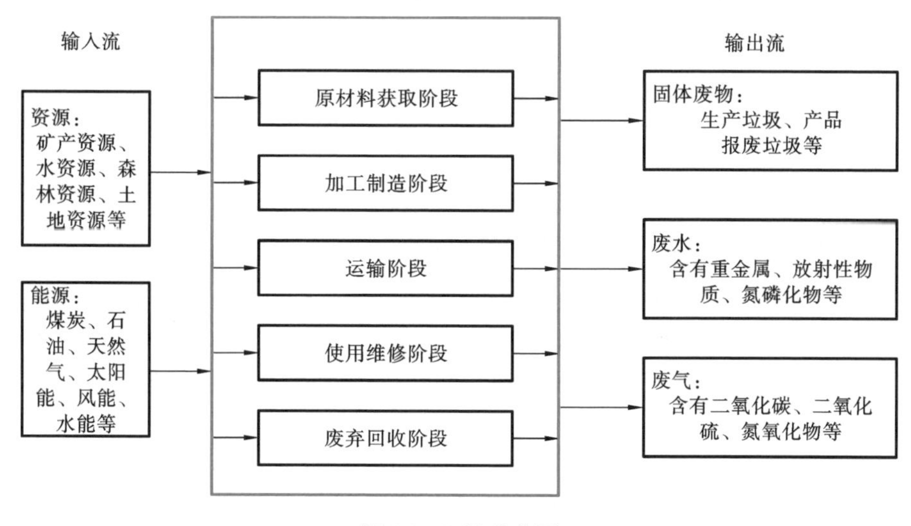

图 5-2　LCI 的范围

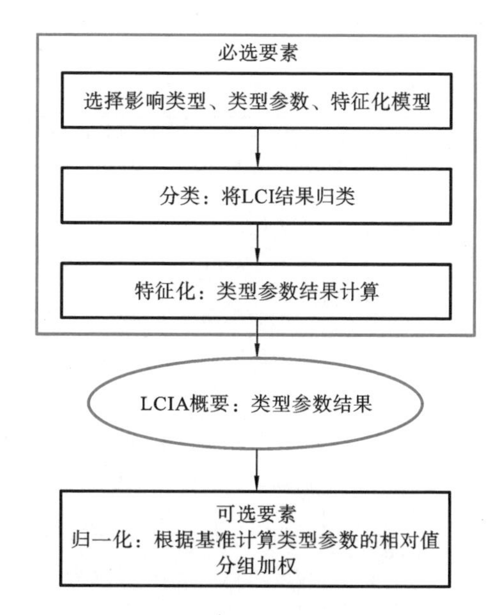

图 5-3　ISO 14044 环境影响评价要素

中具有环境效应的基础物质按照环境影响类别进行划分，归类到不同的环境影响类型。影响类型的划分会直接影响清单数据的归属。特征化是把导致不同环境影响类别的相似物质的环境影响根据前述影响分类方法折算为一种对该类型环境影响较大的基准物的当量值，如在环境影响类别中导致全球变暖的物质有二氧化碳(CO_2)、甲烷(CH_4)等温室气体，通常将 CO_2 作为全球变暖的基准物质对其他温室气体进行合并处理，最终以等效二氧化碳当量来表示对全球变暖影响的大小。

(4) 结果解释。结果解释是对前几个阶段的研究结果进行分析与总结，根据规定的目的和范围，综合考虑清单分析和影响评价的结果，对产品设计方案、加工工艺或技术环节等进行分析，从而找出定量或定性的改进措施，例如选用环保材料、改善制造工艺、进行清洁生产以及改善产品报废后的回收处理等，从产品生命周期的角度考虑，达到减少排放、提高产品环境性能的目的。

5.2.2 生命周期评价的软件及特点

产品的 LCA 分析是一个复杂的过程，该过程涉及大量的数据收集和计算工作，仅依靠人工来实施是非常困难的，很多研究机构开发出了多种 LCA 软件，极大地方便了 LCA 的实施，提高了 LCA 的效率，并且在一定程度上方便了数据的交流和使用。目前已经开发完成且商业化的 LCA 软件有很多种。其中，比较著名的 LCA 软件有德国 Thinkstep 集团（前身为 PE International 公司）研发的 GaBi 软件、荷兰 PRé Consultans B. V.（PRé）开发的 SimaPro 软件、日本产业环境管理协会（JEMAI）开发的 JEMAI-LCA Pro 软件、法国 CODDE 组织开发的 EIME 软件以及中国亿科环境科技有限公司（IKE）开发的 eBalance 等。部分主流 LCA 分析软件的简要介绍如表 5-1 所示。

表 5-1　部分主流 LCA 软件简介

软件名	提供商	软件的主要功能
GaBi	德国 Thinkstep	生命周期评价（LCA）、生命周期清单（LCI）分析、生命周期影响评价（LCIA）、面向环保设计（DFE）、生命周期工程（LCE）等
SimaPro	荷兰 PRé Consultans B. V.	生命周期评价（LCA）、生命周期清单（LCI）分析、生命周期影响评价（LCIA）、生命周期工程（LCE）、物质/材料流分析（SFA/MFA）等
JEMAI-LCA Pro	日本 JEMAI	生命周期评价（LCA）、生命周期清单（LCI）分析、生命周期影响评价（LCIA）等
EIME	法国 CODDE	生命周期评价（LCA）、生命周期清单（LCI）分析、生命周期影响评价（LCIA）等
eBalance	中国亿科	生命周期评价（LCA）、生命周期清单（LCI）分析、物质/材料流分析（SFA/MFA）、多方案对比等
KCL-ECO	芬兰 KCL	生命周期评价（LCA）、生命周期清单（LCI）分析、生命周期影响评价（LCIA）、生命周期工程（LCE）等
BEES	美国国家标准与技术研究院（NIST）	生命周期评价（LCA）、生命周期清单（LCI）分析、生命周期影响评价（LCIA）等

现有的 LCA 软件基本集成了相关的 LCI 数据库，都可以进行生命周期影响评价，结果输出方式也具有多样性，这为 LCA 分析工作的实施提供了极大的便利。总体而言，各种 LCA 软件之间的差别并不大，各个软件的功能也都大同小异。下面以广泛应用的 GaBi 软件为例，对 LCA 工具软件的使用做进一步的介绍。

GaBi 软件是一款多用途的集成软件，不仅能够从产品或服务的生命周期角度建立复杂的评价模型、平衡输入输出流、计算影响、进行结果可视化和产品生命周期阶段比较等，而且集成了参数化功能，提供敏感性分析以及蒙特卡洛模拟。GaBi 软件同时也是一款世界上应用广泛的 LCA、生命周期工程、碳足迹计算软件，具有良好的可靠性和高柔性，广泛地应用于各行业的 LCA 研究和对工业决策的支持中。在数据库方面，GaBi 软件集成了一个全面的、有很高数据质量的数据库系统——GaBi databases，其包含了欧盟委员会的 ELCD 数据库，同时也支持 Ecoinvent 数据库和美国国家可再生能源实验室（NREL）的 LCI 数据库等。GaBi 软件具有以下的功能特点。

（1）在清单分析与建模方面，GaBi 软件可以通过功能模块，用输入输出流和它们间的连接来建立实际的工艺链模型以描述特定产品的生命周期过程。GaBi 软件功能强大的图形化用户操作界面可以为用户提供一个全面和透明的产品结构图。

（2）在环境影响评价方面，GaBi 软件包含了多个环境影响评价方法，如 CML2001、Eco-indicator 95、Eco-indicator 99、Ecological scarcity 和 EDIP 2003 等，支持用户自定义环境影响评价方法。

（3）在分析和结果解释方面，GaBi 软件的平衡分析视图能以百分比或者绝对值的形式显示评价结果。超过用户所设定界限的指标值，将自动以不同的颜色高亮显示。在 GaBi 软件的平衡分析中，用户可以使用自定义的加权类型。GaBi 软件提供了阶段分析、参数变更、敏感度分析和蒙特卡洛分析等几种不同的分析方法。

5.3　碳纤维增强树脂基复合材料生命周期评价模型

5.3.1　碳纤维增强树脂基复合材料生命周期评价的目的和意义

CFRP 生产过程需要消耗大量的能量和原材料，将其回收是通过以可持续的方式重复使用材料来减小对环境的影响。同时，再生碳纤维相对于原碳纤维具有巨大的成本优势。现有的相关研究表明与原碳纤维制造相比，再生碳纤维回收的能量需求显著降低。然而，目前很少有研究定量化分析碳纤维增强树脂基复合材料回收方法的环境影响，缺乏 CFRP 环境影响评价体系和可靠的生命周期清单数据库。LCA 已被广泛认为是有助于废弃物管理系统决策或有关资源使用优先权的战略决策的有用工具。LCA 可以概述不同废弃物管理策略的环境影响，并能够有效地比较这些决策的潜在环境影响。为了定量化分析碳纤维增强树脂基复合材料回收方法的环境影响，有必要建立 CFRP 环境影响评价体系。

5.3.2 碳纤维增强树脂基复合材料生命周期评价模型建立

1. 原碳纤维生产

碳纤维按照制备原料可分为聚丙烯腈基、沥青基、黏胶基和人造丝基。其中，聚丙烯腈基碳纤维生产量最大，约占使用量的 90%。原材料的替代品(如生物质衍生的木质素)正在研究中，尚未实现商业化生产。

聚丙烯腈基碳纤维的生产工艺如图 5-4 所示，由该工艺制备的聚丙烯腈基碳纤维具有比沥青基碳纤维更高的抗拉强度。其制备过程主要包括五个阶段：丙烯腈聚合、氧化、碳化、表面处理和上浆。原料丙烯腈采用 Sohio 法在丙烯氨氧化过程中生成。制备聚丙烯腈基碳纤维时，传统上使用溶剂(如二甲亚砜、硫氰酸钠、硝酸、二甲基高强碳纤维乙酰胺或二甲基甲酰胺)聚合丙烯腈，然后通过湿法或干喷湿法纺丝，包括纤维的拉伸和洗涤，纺丝后，施加施胶工艺以完成聚丙烯腈碳纤维的生产。

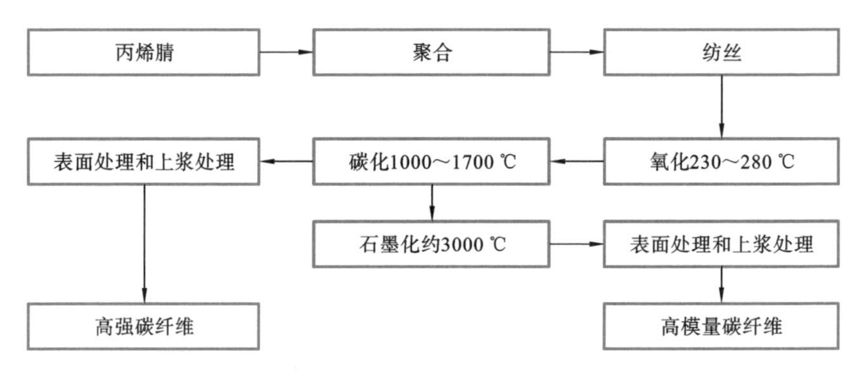

图 5-4　聚丙烯腈基碳纤维的制备工艺

聚丙烯腈纤维转化为碳纤维是通过一系列步骤完成的。首先，在大多数商业化过程中，在氧化阶段对纤维施加张力，在此期间纤维暴露在 230～280 ℃温度下的空气中(也称稳定阶段)。稳定后，聚丙烯腈纤维在 1000～1700 ℃的惰性气氛中进行碳化，该过程在很大程度上带来了较高的能耗。在该过程中，大部分非碳元素(氢、氮和氧原子)以 CH_4、H_2、HCN、NH_3、CO、CO_2 等气体的形式从纤维中除去。这些化合物的去除导致纤维质量减小 40%～45%。同时随着非碳元素的去除，纤维直径减小。该过程对能耗与环境影响同样很大，因为炉子一般采用电加热且涉及有毒有害气体的排放。在氧化后，进行最终的热处理(称为碳化)从而提高碳纤维的抗拉强度(范围为 0.5～4.0 GPa)和拉伸模量。并且不同的热处理温度对碳纤维的抗拉强度和拉伸模量影响不同，因此制造商可以通过在此阶段改变热处理温度来生产不同等级的聚丙烯腈基碳纤维。此外，在热处理过程中会发生石墨化从而导致无序碳结构的转变。将碳化阶段的纤维置于氩气条件下，当温度高达 3000 ℃时，可生产出高模量的石墨纤维（模量为 325 GPa 或更高）。

为使碳纤维表面易于与树脂基体结合，往往需要对碳纤维表面进行处理，清除其表面杂质，并在碳纤维表面刻蚀沟槽或形成微孔以增大表面积，来改变碳纤维表面性质，以增加碳纤维表面的极性官能团及进行表面活化，进而使碳纤维更容易浸润和发生化学反应，使复合材料界面连接更紧密从而增加强度。碳纤维表面处理方法一般分为氧化处理法和非氧化处理法。氧化处理法是利用氧化性气体氧化纤维表面，从而引入极性基团，并给予适宜的表面粗糙度来提高复合材料的剪切强度，消除其弱性界面。非氧化处理法是通过引入活性炭、晶须、活性基团聚合膜等物质，改变其表面形态和组成，提高复合材料界面性能。目前国内外对非氧化处理法的研究仍旧停留在实验室阶段，实现工业化生产还有待进一步研究。氧化处理法中的电化学氧化法不仅可大幅提高碳纤维的表面浸润性能和反应性，而且处理条件温和，易于控制，且碳纤维的表面处理相对均匀，是目前应用较为广泛的碳纤维表面处理方法。

上浆是碳纤维经表面处理后收绕成卷成为碳纤维成品前的最后一道工序。上浆的主要作用是对碳纤维进行集束，类似黏合剂使碳纤维聚集在一起，改善工艺性能，便于加工，同时起到保护作用，减少碳纤维之间的摩擦，在后续收卷、包装、运输过程中减少碳纤维的损伤。此外，通过对碳纤维进行上浆处理，在碳纤维表面形成的聚合物层还可以起到类似偶联剂的作用，改善碳纤维和树脂之间的化学结合，提高复合材料的界面性能。碳纤维表面的聚合物层还能改善碳纤维的浸润性能，便于树脂浸渍，缩短复合材料的制备时间，提高复合材料的质量。碳纤维生产过程中不同上浆剂对碳纤维力学性能和复合材料力学性能有着重要影响。根据工艺实施角度上浆剂可以分为溶剂型和乳液型两类。溶剂型上浆剂是利用丙酮等易挥发型有机溶剂将聚氨酯、环氧树脂等有机高分子配制成一定浓度的溶液，通过溶剂的挥发干燥达到快速上浆的目的。乳液型上浆剂是利用乳化剂将有机高分子树脂形成水基乳液，该上浆剂可以根据需要添加或者不加交联剂。乳液型上浆剂以水为树脂载体，具有环境影响小、上浆过程稳定可控的特点，适合于碳纤维大规模生产使用，但对其后续的烘干工艺要求较高。碳纤维上浆剂的选择应根据相似相溶原理，选择与基体树脂材料类似的组分，如环氧树脂基体选择环氧树脂系上浆剂，不饱和聚酯基体选择不饱和聚酯类上浆剂。

2. CFRP 成型

CFRP 是以碳纤维为增强体、树脂为基体的高性能复合材料，其中常用的树脂基体材料包括热固性树脂和热塑性树脂。热固性树脂是一种高分子聚合物材料，分子链通过化学交联而形成一个刚性的三维网络结构，在聚合过程中这种交联结构不能重复加工成型。常用的热固性树脂有环氧树脂、聚酯树脂、乙烯基酯、双马来酰胺、热固性聚酰亚胺、氰酸酯等。热塑性树脂是线型或带少量支链的聚合物，分子间无交联，仅借助范德瓦耳斯力或氢键互相吸引。在成型加工过程中，热塑性树脂具有受热软化、冷却硬化的特性，且不发生化学交联，可重复使用。常用的热塑性树脂有聚乳酸、尼龙、聚醚醚酮、聚乙烯、聚丙烯、聚酰胺等。相比于热塑性树脂，热固性树脂具有更高的比刚度、比强度和更好的耐久性，但生产成本较高，且难以循环利用。树脂体系的选择应根据使用场景的材料性能需求以及成本综合考虑。

在树脂体系确定后，成型工艺的选择是关键步骤之一。成型工艺的选择需要满足产品的外形构造、尺寸大小、性能以及质量的要求，同时也应考虑产品的生产时间和经济效益。随着复合材料应用领域的拓宽，复合材料工业得到迅速发展，其成型工艺日渐完善。目前商业化应用的 CFRP 成型工艺主要有拉挤成型、热压罐成型、缠绕成型、注射成型、模压成型以及树脂传递成型。

拉挤成型工艺是通过牵引装置的连续牵引，使纱架上的无捻碳纤维粗纱、毡材等增强材料经胶液浸渍，通过具有固定截面形状的加热模具后，在模具中固化成型，并实现连续出模的一种自动化生产工艺。拉挤成型工艺具有生产效率高，易于实现自动化，生产过程中树脂损耗少，制品的纵向和横向强度可任意调整等优点；且制品中碳纤维的含量一般为 40%～80%，能够充分发挥其作为增强材料的作用，制品性能稳定可靠。由于拉挤成型工艺能够不受特定横截面形状和长度的限制，因此其适用于管状、棒状、槽形、工字形、方形等形状的 CFRP 产品的生产。拉挤成型工艺的缺点是产品形状单调，只能生产线形型材，而且横向强度不高。

热压罐成型工艺是指将单层预浸料按预定方向铺叠成的复合材料坯料放在热压罐内，在一定温度和压力下完成固化过程的工艺方法。热压罐是一种能承受和调控温度、压力范围的专用压力容器。复合材料坯料被铺放在附有脱模剂的模具表面，然后依次用多孔防粘布（膜）、吸胶毡/透气毡覆盖，并密封于真空袋内，再放入热压罐中。加温固化前先将袋抽真空，除去空气和挥发物，然后按不同树脂的固化制度升温、加压、固化。热压罐成型工艺主要适用于碳纤维增强热固性复合材料，其具有压力均匀、温度可控、适用范围广（板状、壳状、棒状、管状、块状）的特点，且成型的复合材料孔隙率低，质量分布均匀。由于热压罐的材质选择和制造过程要求较高，因此该成型工艺具有经济成本高的缺点。

缠绕成型工艺是一种在控制张力和预定线型的条件下，应用专门的缠绕设备将连续碳纤维或布带浸渍树脂胶液后连续、均匀且有规律地缠绕在芯模或内衬上，然后在一定温度环境下使之固化，成为一定形状制品的复合材料成型方法。缠绕成型工艺又分为湿法缠绕、干法缠绕和半干法缠绕。湿法缠绕是将无捻粗纱经浸胶后直接缠绕到芯模上的成型工艺。干法缠绕是将预浸纱带或预浸布在缠绕机上加热至黏流态，然后缠绕到芯模上的成型工艺。半干法缠绕是将无捻粗纱或布带浸渍树脂胶液，预烘后随即缠绕到芯模上的成型工艺。缠绕成型工艺具有自动化程度高、生产迅速、纤维含量高，且成型过程碳纤维浪费较少的优点。但制品的轴向增强比较困难，芯模和设备价格昂贵，产品形状受到工艺限制较大。

注射成型工艺是树脂基复合材料生产中的一种重要成型方法，它适用于热塑性和热固性复合材料，但以热塑性复合材料应用最广。注射成型工艺是根据金属压铸原理发展起来的一种成型方法。利用该方法制备热塑性复合材料时，将热塑性树脂颗粒、短切碳纤维送入注射腔内，加热熔化、混合均匀，并以一定的挤出压力注射到温度较低的密闭模具中，经过冷却定型后，开模便得到碳纤维增强热塑性复合材料制品。加工热固性复合材料时，一般是将温度较低的树脂体系(防止物料在进入模具之前发生固化)与短切碳纤维混合均匀后注射到模具，然后加热模具使其固化成型。注射成型工艺主要用于制备短切 CFRP，且碳纤维含量不宜过高，一般为 30%～40%。在制备过程中，由于熔体混合物的流动会使短切碳纤维在树脂基体中的分布有一定的各向异性。如果制品形状比较复杂，则容易出现局部碳纤维分布不均匀或大量树脂富集区，影响材料的性能。因此，注射成型工艺要求树脂与短切碳纤维混合均匀，且混合体系有良好的流动性。

模压成型工艺是利用树脂固化反应中各阶段特性来实现制品成型的，即模压料塑化、流动并充满模腔，树脂固化。在模压料充满模腔的流动过程中，不仅树脂流动，作为增强材料的碳纤维也要随之流动，所以模压成型工艺的成型压力较其他工艺方法高，属于高压成型。因此，它既需要能对压力进行控制的液压机，又需要高强度、高精度、耐高温的金属模具。模压成型工艺有较高的生产效率，制品表面光洁，多数结构复杂的制品可一次成型，不需要二次加工，制品外观及尺寸的精确度高，容易实现机械化和自动化等。由于模具设计制造复杂，压机及模具投资成本高，且制品尺寸受设备限制。因此，模压成型工艺一般适用于制造批量大的中、小型制品。

树脂传递成型工艺属于复合材料液体成型技术的范畴，是手糊成型工艺的改进技术，可以生产出两面光的制品。首先在模腔中铺放好与制件结构形式一致的碳纤维预成型体；然后在一定的温度、压力下，采用注射设备将低黏度的液态树脂注入闭合模腔中，树脂在浸渍碳纤维预成型体的同时，置换出模腔中的全部气体，在模具充满模腔后，通过加热使树脂固化，最终脱模获得产品。树脂传递成型工艺对原材料、生产过程工艺参数控制要求严格，要求增强材料具有良好的耐树脂流动冲刷能力和良好的浸润性，要求树脂黏度低、反应活性高，能中温固化，固化放热峰值低，浸渍过程中黏度较小，注射完毕后能很快凝胶。树脂传递成型工艺能制造出具有良好表面品质、高精度的复杂构件，模具的制造与选材的灵活性强。树脂传递成型工艺属于闭模操作工艺，成型过程中苯乙烯排放量小，是一种相对环境友好的 CFRP 的成型工艺。但树脂传递成型工艺中加工双面模具费用较高，预成型坯的投资成本也较大。

依据碳纤维在复合材料中的连续性，碳纤维增强树脂基复合材料可分为连续 CFRP 和非连续 CFRP。目前，连续碳纤维主要用于增强热固性树脂基体，非连续碳纤维主要用于增强热塑性树脂基体。基于目前 CFRP 成型工艺应用情况，结合连续碳纤维与非连续碳纤维对成型工艺的要求，连续 CFRP 成型工艺选择应用广泛的热压罐成型，非连续 CFRP 成型工艺选择注射成型。由于有两种类型的 CFRP，因此选择质量功能单元并定义研究对象为 3 kg CFRP，其由 1 kg 连续 CFRP 和 2 kg 非连续 CFRP 组成。连续 CFRP 中碳纤维的含量为 70%，非连续 CFRP 中碳纤维的含量为 35%。

3. CFRP 回收

CFRP 的回收方法主要有机械回收法、化学回收法以及热分解回收法。机械回收法获得的再生碳纤维力学性能较差，因此该方法的应用价值较低。化学回收法回收成本较高，且难以实现大批量、连续化操作，目前仍处于实验室阶段。热分解回收法获得的再生碳纤维力学性能较好，且能够实现大批量回收，是目前唯一工业化应用的方法。

热分解回收法是通过高温(600～800 ℃)将 CFRP 中的不饱和聚酯、环氧树脂和酚醛树脂等树脂基体分解为气体小分子化合物后获得再生碳纤维。回收过程中逸出的小分子化合物热值较高，可以作为燃料燃烧以提供回收过程所需的能量。热分解回收通常是在惰性气氛下进行的，但热固性树脂热分解后往往在碳纤维表面生成大量积炭或结焦，为了除掉这些积炭或结焦，通常需要通入可控量的氧气。

为了从能耗和环境影响的角度评价氧化物半导体热活化回收技术工业化应用的潜在价值，将其与热分解回收法进行对比评价。考虑到重复使用碳纤维会大幅降低其力学性能，因此假设 CFRP 的回收与再利用过程只进行一次。基于实验数据，预计工业化的氧化物半导体热活化回收技术回收碳纤维设备的使用寿命为 10 年，10 年内可处理约 300 t CFRP 废弃物。由于氧化物半导体热活化回收技术研发工作在南京进行，因此假设 CFRP 废弃物回收工厂建立在南京。

4. CFRP 再制造

通过氧化物半导体热活化回收技术和热分解回收技术得到的再生碳纤维不同于原始纤维，其通常以短簇、蓬松杂乱的形式存在。再生碳纤维长度越长，作为增强体其性能增强效果越好，但是长度越长，其回收处理效率越低。在一定范围内，再生碳纤维含量越高，CFRP 性能越好，但再生碳纤维多蓬松杂乱，不易制得高填料含量的复合材料。因此，在再生碳纤维二次利用过程中，需要根据碳纤维的长度、排列状态等特性，选择合适的再利用技术以实现其价值的最大化。

再生碳纤维作为增强材料可分别与热塑性、热固性树脂成型为再生 CFRP，再生 CFRP 成型工艺如图 5-5 所示。

再生碳纤维在热塑性复合材料中的应用通常是将其研磨为粉末状碳纤维(<2 mm)，然后经注射成型、挤出成型、模压成型等工艺制成再生碳纤维增强热塑性复合材料产品。由于热塑性树脂基体的熔体黏度较大，碳纤维的浸润、分散比较困难，因此再生碳纤维在树脂基体中的良好分散是复合材料最终性能的重要影响因素。采用将热塑性树脂预先与再生碳纤维混合的办法可以大大缩短浸润时间，改善基体和再生碳纤维的浸润效果，实现再生碳纤维增强体在基体中的良好分散。

再生碳纤维主要以团状模塑料的形式在热塑性复合材料中应用。不饱和聚酯树脂、低收缩/低轮廓添加剂、引发剂、内脱模剂、矿物填料等预先混合成糊状，再加入增稠剂、着色剂等，与不同长度的再生碳纤维在专用的料釜中进行搅拌、增稠，形成团状的中间体材料，最终通过模压成型工艺制成再生碳纤维增强热固性复合材料产品。

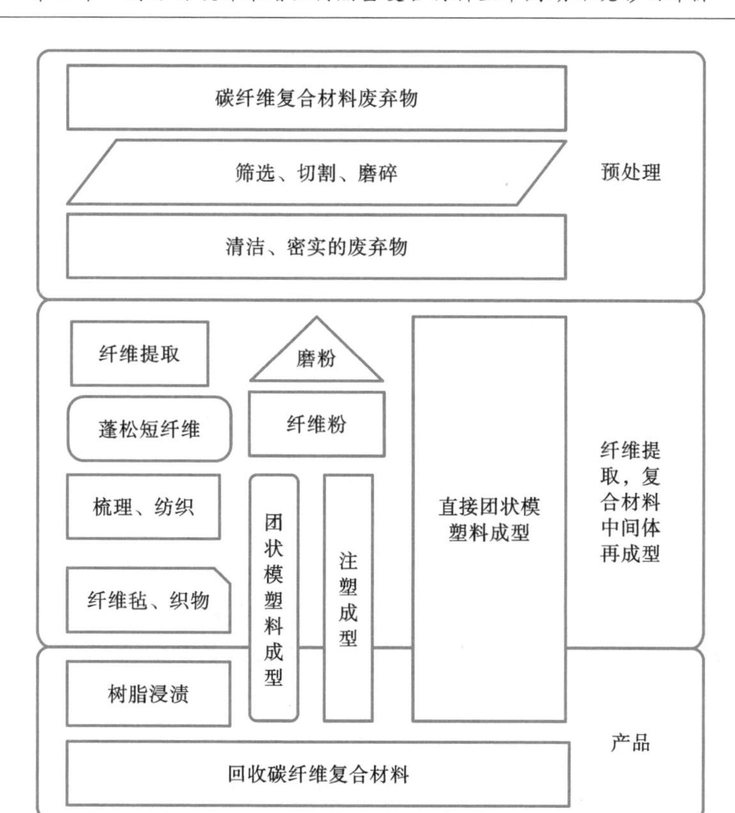

图 5-5　CFRP 再制造成型工艺

此外，再生碳纤维还以无纺毡和取向毡的形式在热塑性复合材料中应用。再生碳纤维无纺毡的制备是通过两次连续梳理操作，形成厚度均匀的再生碳纤维细网，然后将多层再生碳纤维进行细网堆叠，经两个滚筒按压最终形成再生碳纤维无纺毡。再生碳纤维取向毡的制备利用干法取向或湿法取向的方法，使再生碳纤维定向排列，形成高度对齐的再生碳纤维毡。制备的再生碳纤维无纺毡或取向毡通过树脂传递成型、模压成型等工艺制成再生碳纤维增强热固性复合材料产品。但再生碳纤维无纺毡的制备成本较大，再生碳纤维取向毡目前处于实验研究阶段，因此无纺毡和取向毡的应用相对较少。由于原碳纤维表面通常有一层上浆剂，以实现碳纤维和基体更好的界面结合，而氧化物半导体热活化回收技术和热分解回收工艺均会导致上浆剂层被去除，其中采用热分解回收工艺得到的再生碳纤维表面还会残留少量的积炭，这些因素都造成了再生碳纤维与基体界面结合的减弱，大大降低了再生碳纤维的增强效果。因此，为了使再生碳纤维与热固性树脂形成良好的界面结合，往往需要对再生碳纤维进行表面处理。

由于再生碳纤维在热固性复合材料应用中存在工艺过程复杂、生产成本高且界面结合较差的问题，因此在 CFRP 再制造阶段采用再生碳纤维与热塑性树脂注射成型的工艺方式。与原碳纤维增强热塑性复合材料相比，注射成型的再生碳纤维增强热塑性复合材料具有几乎相同的力学性能，这种快速、高效、低成本的 CFRP 再制造工艺已经在汽车领域得到了一定范围的应用。

5. CFRP 废弃物处置

目前，国内对 CFRP 废弃物的处置方式主要以填埋和焚烧为主。假定 CFRP 废弃物的垃圾填埋场的处置地点是传统的卫生填埋场，该场地一般是为了处置最终的固体废料而建造的，并将废料与环境隔离开来。在填埋废弃物之后，由于 CFRP 废弃物的惰性，废料填埋可以认为不排放任何温室气体或消耗任何能源。焚烧 CFRP 废弃物提供了另一种处理废弃物和回收能量的方法。CFRP 废弃物可以与城市废料共同燃烧并用作能源。燃烧后的残余物质被收集并运送到垃圾填埋场进行处理。废弃物焚烧产生的二氧化碳排放量是基于化学计量平衡计算的。假设 CFRP 废弃物中所有的碳都被氧化并以 CO_2 形式排放。温室气体净排放量取决于燃烧产生的直接碳排放以及通过替换传统电力和热量而避免的碳排放。

为了评价氧化物半导体热活化回收技术工业化应用的环境效益，将其与常规的填埋、焚烧处理以及工业化应用的热分解回收进行对比分析，分别建立三种不同的 CFRP 废弃物处置情景，三种情景下 CFRP 的生命周期阶段模型和系统边界如图 5-6

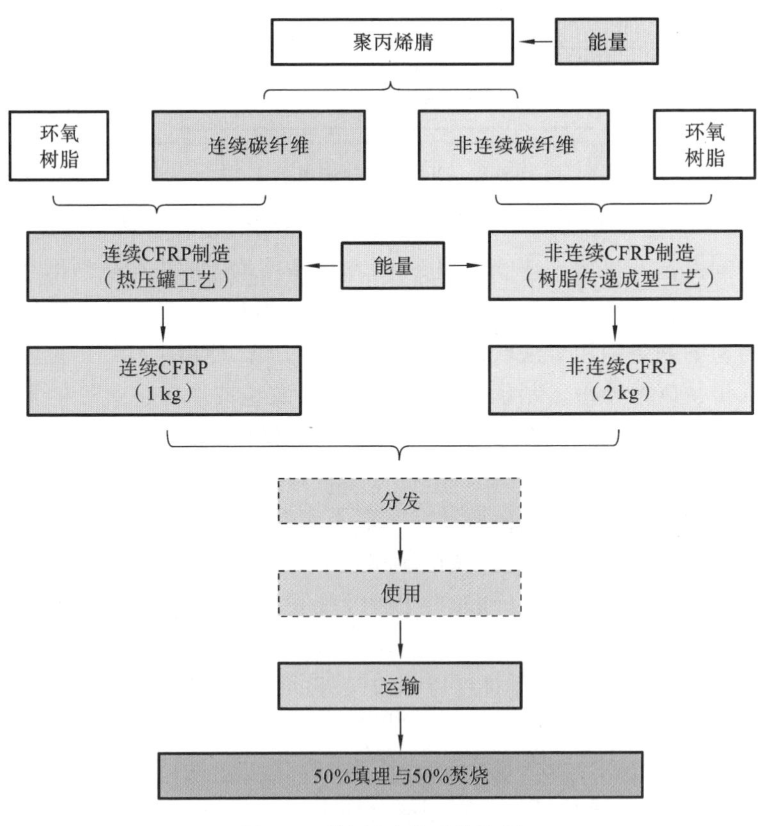

图 5-6　情景(a)的系统边界

至图 5-8 所示。情景(a):首先,丙烯腈等原材料通过聚合、氧化、碳化等一系列工艺制为原碳纤维;原碳纤维分别与热塑性树脂、热固性树脂成型为连续 CFRP 和非连续 CFRP;然后将连续 CFRP 和非连续 CFRP 分发到各自的应用领域;最后,当 CFRP 达到生命周期的终点时,采用 50%焚烧和 50%填埋方案进行处置。在情景(b)中,在 CFRP 完成服役后,其将被送至回收工厂;为了满足回收设备的要求,采用水刀切割机对 CFRP 废弃物进行分割,分割后的废弃物通过氧化物半导体热活化回收技术回收碳纤维设备获得再生碳纤维;再生碳纤维与热塑性树脂通过注射成型工艺制为再生 CFRP;为了保证碳纤维在使用阶段具有良好的力学性能,碳纤维的循环再利用只进行一次;再生 CFRP 完成服役后,其废弃物采用 50%焚烧和 50%填埋方案进行处置。为了将氧化物半导体热活化回收技术工艺与热分解回收工艺进行对比,情景(c)中除回收阶段工艺不同外,其他阶段与情景(b)的完全相同。

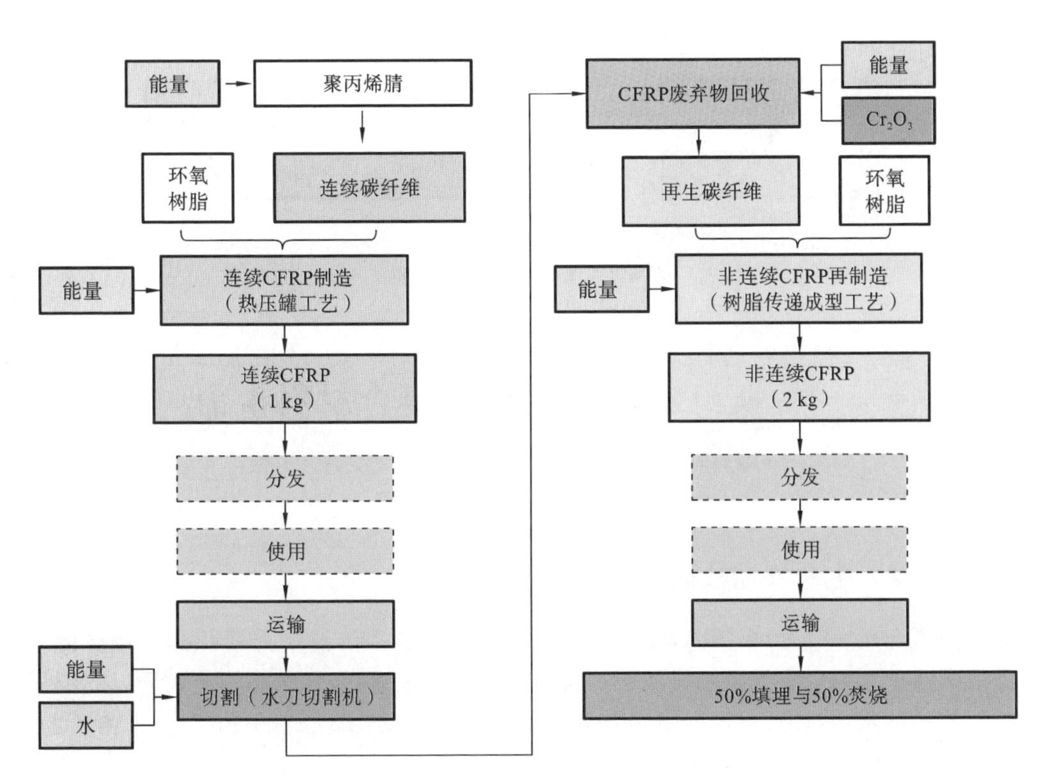

图 5-7　情景(b)的系统边界

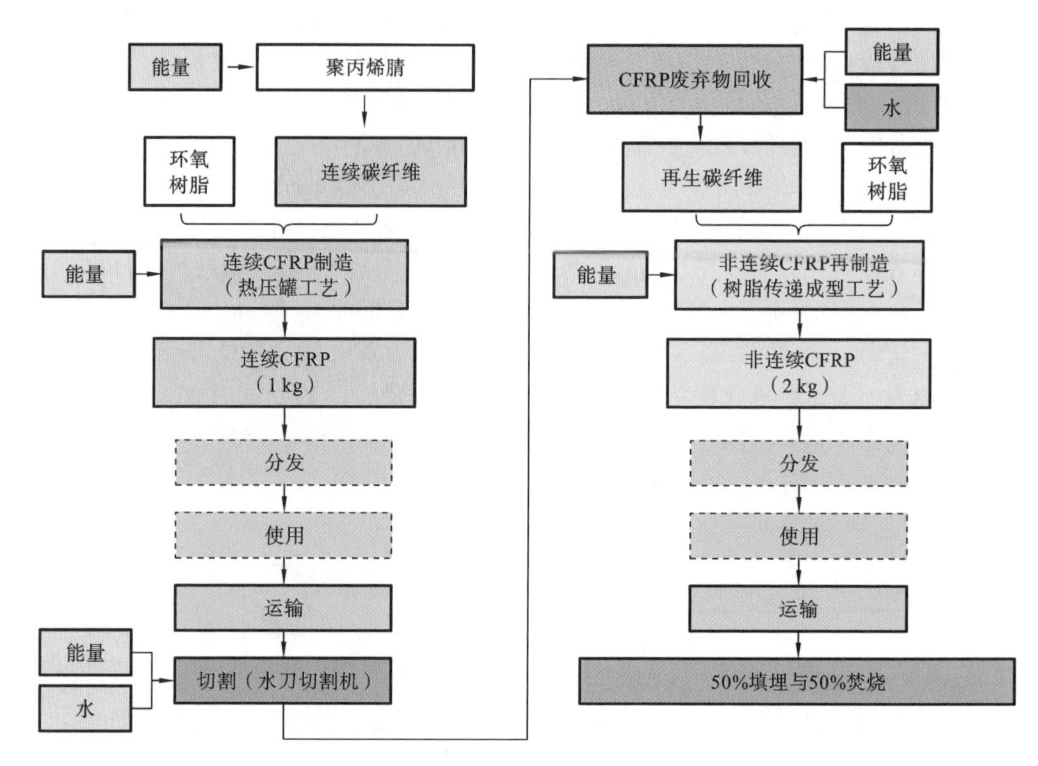

图 5-8 情景(c)的系统边界

5.4 碳纤维增强树脂基复合材料生命周期评价数据清单与评价方法

5.4.1 生命周期数据清单分析

为了开展 CFRP 的 LCA，涉及其生命周期各个阶段的清单数据是必不可少的。理想的清单数据应将能量和排放数据与各阶段的工艺参数、输入和输出物质，以及材料性能相关联。然而，材料制造的数据通常具有高度机密性，与 CFRP 制造相关的公开数据非常有限，清单数据主要来自基于实验数据的估算以及相关文献。

1. 制造阶段数据清单

制造阶段由碳纤维原材料的生产和碳纤维增强树脂基复合材料成型组成，现有文献对该阶段仅进行了少量 LCA，先前研究中报告的结果之间存在显著的不一致性。根据波音公司 2008 年的报告，碳纤维生产的能耗强度为 198～595 MJ/kg，该数据是基于工业生产的，而其他一些来源的数据(9.62 MJ/kg 和 22.7 MJ/kg)远低于这个范围。碳纤维生产需要消耗大量能量，然而，目前研究都没有将能量需求与生产参数和碳纤维性能（如碳纤维的强度与模量）联系起来。

在碳纤维生产当前可用的研究中，资源的能量组合是不一致的。Duflou 等公布了生产 1 kg 碳纤维需要消耗 162 MJ 的电力、191 MJ 的天然气，以及 33.87 kg 蒸汽。该数据集已用于与 CFRP 生产和 CFRP 回收过程评估相关的若干研究。使用该数据得出的评估结果与工业生产数据具有很好的匹配度。在 Das 等另一项碳纤维生产过程研究中，基于来自美国工业生产的数据，呈现了聚丙烯腈纤维和最终碳纤维生产的能量输入。在该数据清单中，天然气是主要的能源投入：生产 1 kg 聚丙烯腈纤维的天然气和电力消耗分别为 232.62 MJ 和 2.78 MJ，并且 1 kg 最终碳纤维转换的天然气和电力消耗估计分别为 97.62 MJ 和 72.22 MJ。Asmatulu 估算生产1 kg 碳纤维需要约 400 MJ 的总电能，其中 200 MJ 来自电力，其余来自石油。然而，这没有确切的数据来源和碳纤维制造的具体相关参数描述。基于可用行业信息、工程过程设计的标准方法和技术评审的特定生命周期库存模型，Overcash 估算了碳纤维生产的能耗。经其估算，生产 1 kg 碳纤维的总能量约为 6.99 kW · h 的电力、3.10 MJ 的蒸汽和其他能源。然而，该模型基于对过程效率的简化分析，并没有得到实际生产过程的验证。

除了上面的能耗结构数据外，其他研究还报告了原始碳纤维制造的总能耗。日本碳纤维制造商协会（JCMA）发布了聚丙烯腈基碳纤维的工业生产数据，该数据每五年更新一次。1999 年公布的总能耗数据为 478 MJ/kg（包括原材料 42 MJ，碳纤维转化为 436 MJ）。该数据在 2004 年更新为 286 MJ/kg（原材料为 39 MJ，碳纤维转化为 247 MJ），此后再未进行修订。2004 年报告的能耗比 1999 年显著降低。据 Takahashi 所述，这是因为 1999 年的碳纤维生产是小规模的，使用了一些低效的制造工艺，产生了各种类型和质量的碳纤维。Bell 等在 CFRP 的 LCA 中提出了 171 MJ/kg（主要是天然气和原油）的碳纤维能量消耗。Song 等根据 Suzuki 和 Takahashi 的数据总结了碳纤维生产的能量强度为 183～286 MJ/kg，但该报告中未指定 183 MJ/kg 的数据来源。并且这些数据都没有提供分解的能量类型或与加工参数和纤维性质相关的能耗数据。尽管存在这些限制，许多后续研究仍使用 JCMA 数据。例如，Nagai 等利用了 1999 年的初始数据，Takahashi 使用 2004 年的数据分别计算了汽车应用中 CFRP 的能耗。

碳纤维生产的质量平衡通常是基于聚丙烯腈纤维生产和碳纤维转化的质量产率来构建的。碳纤维通过聚丙烯腈纤维预制、氧化（处理温度为 230～280 ℃）、碳化（处理温度为 1000～1700 ℃）、表面处理和上浆来制造。聚丙烯腈纤维通过基于溶剂的聚合方法由丙烯腈（碳含量 68%）和乙酸乙烯酯为共聚单体制备。该步骤的总效率为 90%～95%。在碳化期间，由于 HCN、NH_3、H_2、CO_2 和 CO 的挥发，纤维质量损失约为 40%，并且最终的高强度碳纤维中含有 92%～95%的碳。碳纤维生产过程的总体效率为 45.6%～62%。

生产碳纤维的碳排放是 LCA 中衡量环境和健康影响的关键，然而相关文献对排放的描述非常有限。碳化阶段会经历碳损失，以助于在生产过程中除去氮、氢和氧，排放的气体由 NH_3、N_2、H_2O、H_2、CO、CO_2、HCN、CH_4、C_2H_4 和 C_2H_6 等组成。来自氧化过程的废气被燃烧成 H_2O，以及较低的 NO_x 和 CO_2，可以除去 95% 的 HCN 和 NH_3。

由于碳纤维生产阶段清单数据的主要局限性是缺乏碳纤维制造工艺参数的细节与碳纤维特性相关的数据关联，因此仍然需要基于工业数据的更好的系统研究来研究碳纤维生产的标准制造来源以评估其环境影响。

CFRP 生命周期模型中碳纤维选择目前应用最为广泛的聚丙烯腈基碳纤维，参考 Song 等估算的碳纤维生产过程中的物料与能量输入、输出的数据，即生产 1 kg 的原碳纤维需要 1.82 kg 聚丙烯腈纤维和 234.5 MJ 能量，并排放 CO、CO_2、CH_4 等气体。原碳纤维在应用时有连续和非连续两种形式，两者的区别在于与树脂成型为复合材料前工艺（缠绕或切割）的选择。缠绕工艺和切割工艺之间的环境影响和能量消耗差别较小，因此忽略该过程的环境影响和能量消耗差别。在 CFRP 成型阶段中，连续 CFRP 选择热压罐工艺，非连续 CFRP 采用树脂传递成型工艺。环氧树脂在 45 ℃和 0.8 MPa 的条件下将连续碳纤维完全浸润，从而得到预浸料。预浸料在 120 ℃下经 90 min 固化，最终成型为连续 CFRP。非连续碳纤维预先铺放于封闭模具的型腔中，熔融的聚醚醚酮通过一定压力注入型腔，熔融的聚醚醚酮将非连续碳纤维完全浸润后，然后冷却、脱模从而获得非连续 CFRP。原碳纤维的生产以及复合材料的成型地点假设位于南京，考虑树脂货源丰富且运送方便，环氧树脂和聚醚醚酮树脂分别由济南和济宁地区的公司提供。原碳纤维生产与复合材料成型过程的数据清单如表 5-2 所示。

表 5-2　CFRP 制造阶段数据清单

名称	类别	项目	量化值
原碳纤维制造	输入	聚丙烯腈	1.82 kg
		空气	6.95 kg
		N_2	0.94 kg
	能量	能耗	234.5 MJ
	输出	原碳纤维	1 kg
		水蒸气	0.673 kg
		CO_2	0.407 kg
		HCN	0.255 kg
		CO	0.038 kg
		N_2O	0.0007 kg

续表

名称	类别	项目	量化值
原碳纤维制造	输出	空气	6.07 kg
		H_2	0.00023 kg
		NH_3	0.023 kg
		N_2	1.183 kg
		C_2H_6	0.0078 kg
		C_2H_4	0.0073 kg
		CH_4	0.042 kg
CFRP 制造	输入	连续碳纤维	0.7 kg
		环氧树脂	0.3 kg
		非连续碳纤维	0.7 kg
		聚醚醚酮	1.3 kg
	能量	热压罐工艺能耗	40 MJ
		树脂传递成型能耗	38 MJ
	运输	济南到南京(环氧树脂)	622 km
		济宁到南京(聚醚醚酮)	504 km
	输出	连续 CFRP	1 kg
		非连续 CFRP	2 kg

2. 回收阶段数据清单

回收阶段包括切割和回收两个过程。切割的目的是使 CFRP 废弃物满足回收设备的要求。通过水刀切割机将 CFRP 废弃物切割成长度和宽度低于 30 cm 的片材,切割过程的数据来源于 Liu 等,如表 5-3 所示。由于氧化物半导体热活化回收技术工艺迄今尚未实现工业化应用,回收过程的数据主要来自理论推导和中试实验,采用氧化物半导体热活化回收技术工艺回收碳纤维的数据如表 5-4 所示。目前,国内碳纤维回收行业仍处于起步阶段,缺乏可靠的数据。因此,热分解回收工艺相关的数据采用了 Nunes 等的数据,如表 5-5 所示。此外,CFRP 废弃物的供应区域主要为南京及其周边城市,碳纤维回收工厂与废弃物之间的平均距离假设为 800 km,废弃物采用卡车运输的方式运送至回收工厂。

3. 再制造阶段数据清单

回收获得的再生碳纤维往往以非连续的形式存在,因此,采用非连续 CFRP 常用的树脂传递成型工艺进行碳纤维增强树脂基复合材料的再制造。再制造的再生 CFRP 中再生碳纤维的含量为 35%,再制造阶段的数据清单参考了非连续原 CFRP

表 5-3 CFRP 废弃物切割阶段数据清单

类别	项目	量化值
输入	CFRP 废弃物	1 kg
	不锈钢	0.0187 kg
	铝	0.0021 kg
	铜	0.0011 kg
	工业自来水	0.3972 kg
能量	水刀切割机能耗	17.64 MJ
输出	小体积 CFRP 废弃物	1 kg
运输	CFRP 废弃物至回收厂(卡车运输)	800 km

表 5-4 采用氧化物半导体热活化回收技术工艺回收 CFRP 废弃物的数据清单

类别	项目	量化值
输入	小体积 CFRP 废弃物	1 kg
	Cr_2O_3	0.0123 kg
	丙酮	0.096 kg
	硝化纤维素	0.00037 kg
	堇青石	0.000384 kg
	O_2	0.06816 kg
	316 不锈钢	0.0034 kg
	铜	0.000182 kg
	铝	0.00071 kg
	玻璃	0.0000288 kg
	岩棉	0.000044 kg
能量	氧化物半导体热活化回收技术工艺能耗	34.2 MJ
输出	再生碳纤维	0.7 kg
	N_2	0.21058 kg
	CO_2	0.10234 kg
	H_2O	0.05264 kg
运输	广岛至长崎	385 km(卡车)
	长崎至上海	810 km(轮船)
	上海至南京	310 km(卡车)
	总计距离	695 km(卡车)　810 km(轮船)

表 5-5　采用热分解工艺回收 CFRP 废弃物的数据清单

类别	项目	量化值
输入	小体积 CFRP 废弃物	1 kg
	N_2	0.94 kg
	工业自来水	1.1 kg
	不锈钢	0.1267 kg
	铝	0.0053 kg
	岩棉	0.0013 kg
	玻璃	0.0033 kg
能量	热分解工艺能耗	36 MJ
输出	再生碳纤维	0.7 kg
	焦油	0.078 kg
	H_2	0.0019 kg
	CH_4	0.0002 kg
	CO	0.0894 kg
	CO_2	0.2107 kg
	C_2H_4	0.0079 kg
	C_2H_6	0.0049 kg
	$CH_3CH_2CH_3$	0.0181 kg

树脂传递成型工艺过程的数据清单。

4. 填埋和焚烧阶段数据清单

通常，每个地区都会有相应的固废焚烧和填埋点，结合南京周边固废焚烧和填埋点的分布情况，假设 CFRP 废弃物运送至填埋场和焚烧点的平均距离为 100 km。其中焚烧阶段产生的热量可用于发电，焚烧产生的电能用于替代三种情景下生命周期系统的部分能耗。据估算，国内的热能到电能的转换效率为 25%。填埋和焚烧的数据清单主要来源于 Gabi 数据库。

结合生命周期模型和数据清单，CFRP 生命周期模型三种情景下的物料流如图 5-9 至图 5-11 所示。

5.4.2　LCA 方法

目前，复合材料 LCA 方法主要采用 LCA-CML 2001，该评价方法由莱顿大学环境科学研究所于 2001 年提出。为了减少 LCA 过程中不确定因素的限制，利用

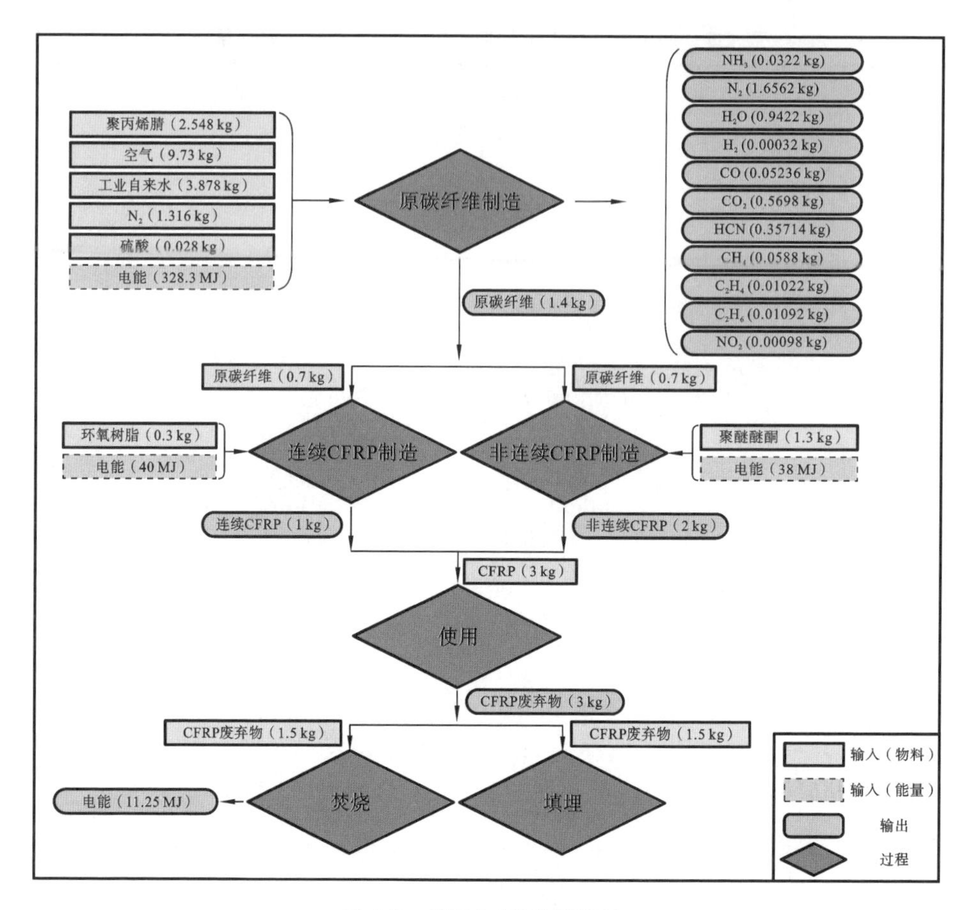

图 5-9　情景(a)的物料流动

LCA-CML 2001 LCA 方法对因果链的早期阶段进行定量建模。CFRP LCA 采用 Gabi 6.0 软件及其数据库建立 LCA 模型，通过 LCA-CML 2001 LCA 方法进行评价。基于传统的标准化 LCA 方法，通过中点方法将 11 个影响类分别与人类健康、气候变化、资源和生态系统质量联系起来。

在 LCA-CML 2001 评估方法中，主要影响类别包括：全球变暖潜能值（GWP，kg CO_2 当量）、非生物消耗元素（ADE，kg Sb 当量）、富营养化潜能值（EP，kg 磷酸盐当量）、臭氧层消耗潜能值（OLDP，kg R11 当量）、酸化潜能值（AP，kg SO_2 当量）、光化学臭氧生成潜能值（POCP，kg 乙烯当量）、非生物消耗化石（ADF，MJ）、淡水水生生物生态毒性潜力（FAEP，kg 二氯苯当量）、人类毒性潜力（HTP，kg 二氯苯当量）、陆地生态毒性潜力（TEP，kg 三氯苯当量）和海洋水生生态毒性潜力（MEAP，kg 二氯苯甲酸当量）。

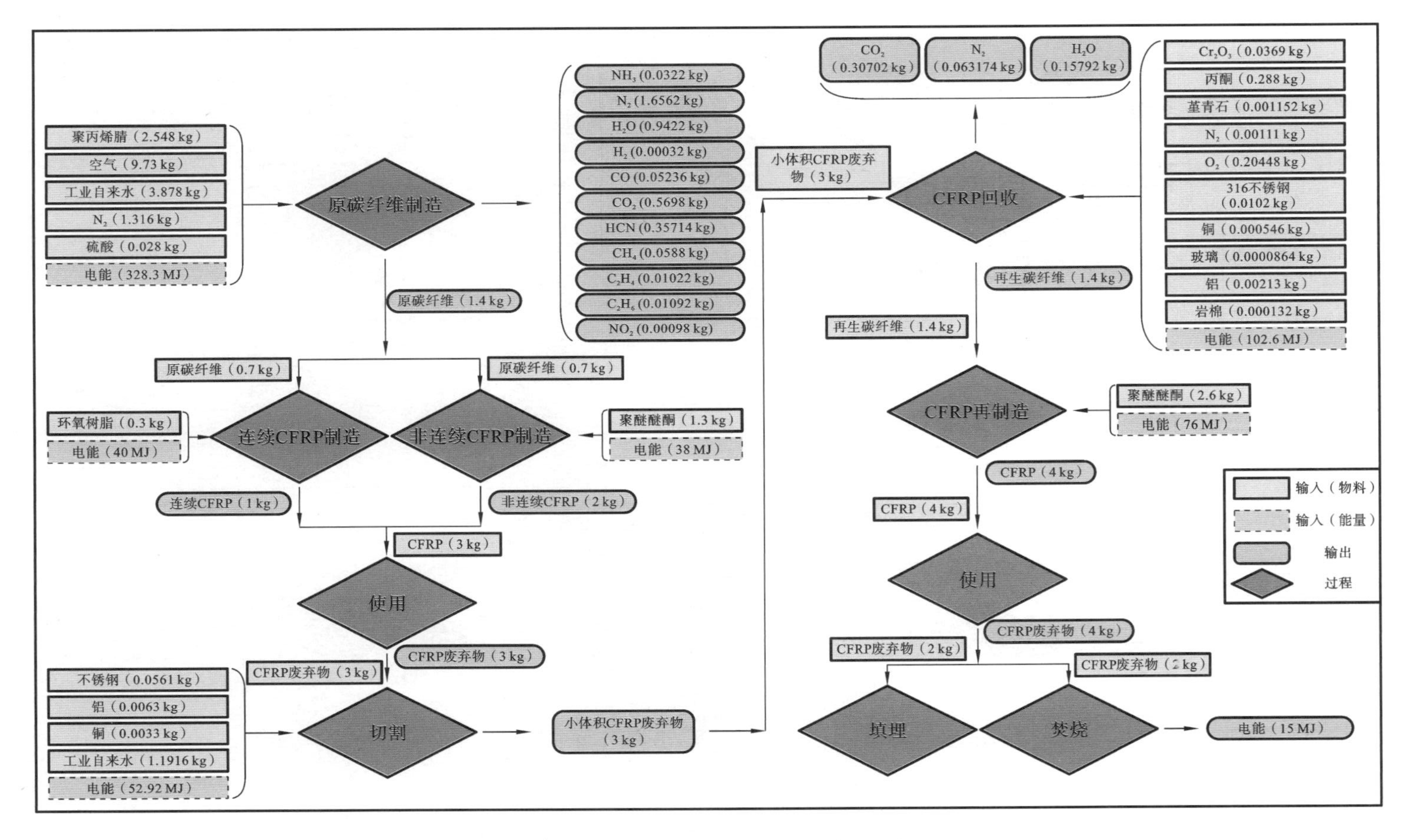

图5-10　情景（b）的物料流动

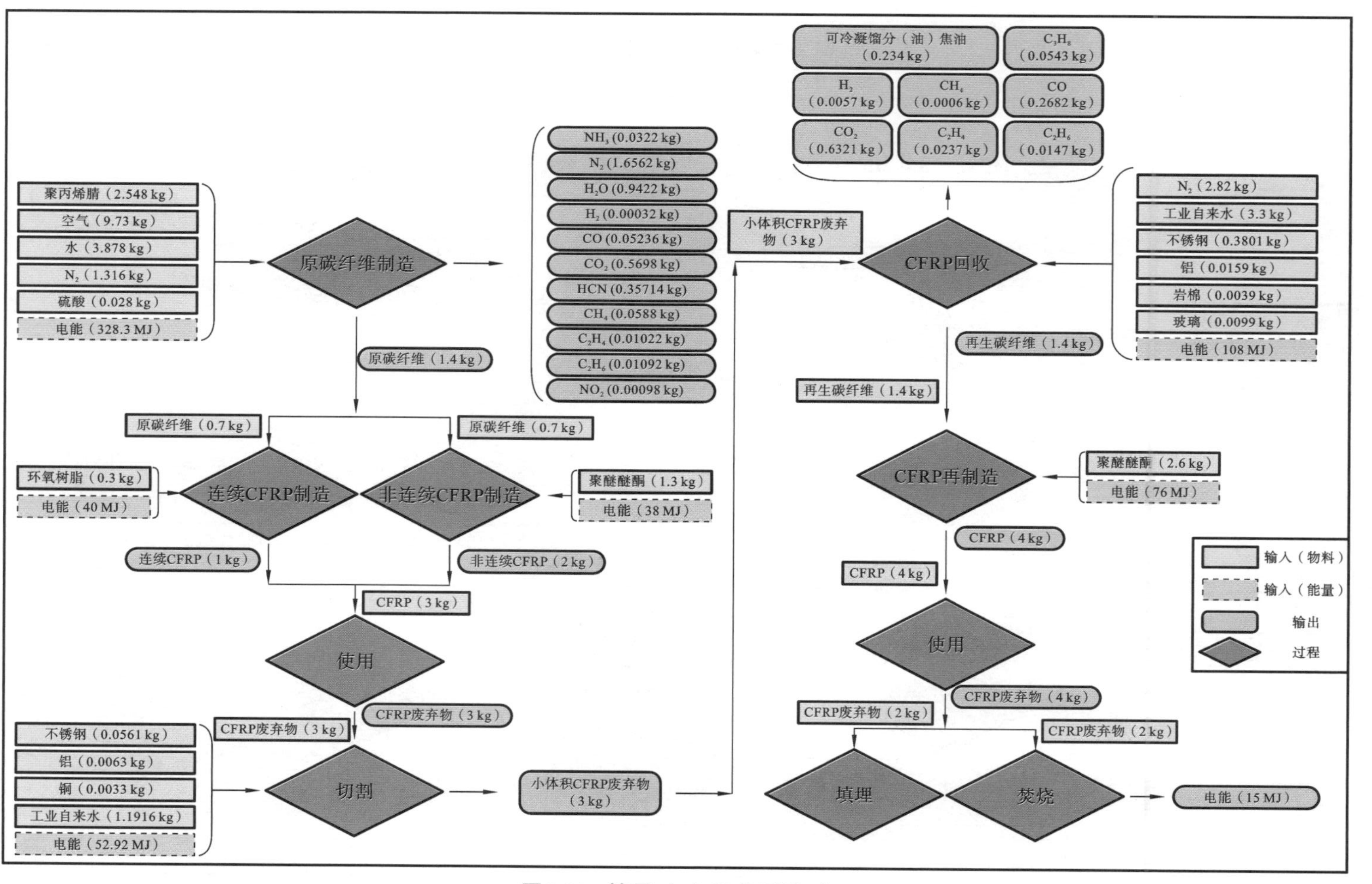

图5-11　情景（c）的物料流动

5.4.3　与填埋、焚烧处理的环境影响对比

基于 LCA-CML 2001 LCA 方法，情景(a)与情景(b)的环境影响对比如图 5-12 所示。与情景(a)相比，情景(b)中环境影响指标 GWP、AP、EP、OLDP、ADF、HTP、MAEP 和 POCP 降低了 20%以上，环境影响指标 FAEP 和 TEP 的降低程度较小(<20%)，环境影响指标 ADE 增加了约 30%。整体而言，与填埋和焚烧相比，通过氧化物半导体热活化回收技术工艺回收 CFRP 废弃物可减少对环境的危害。

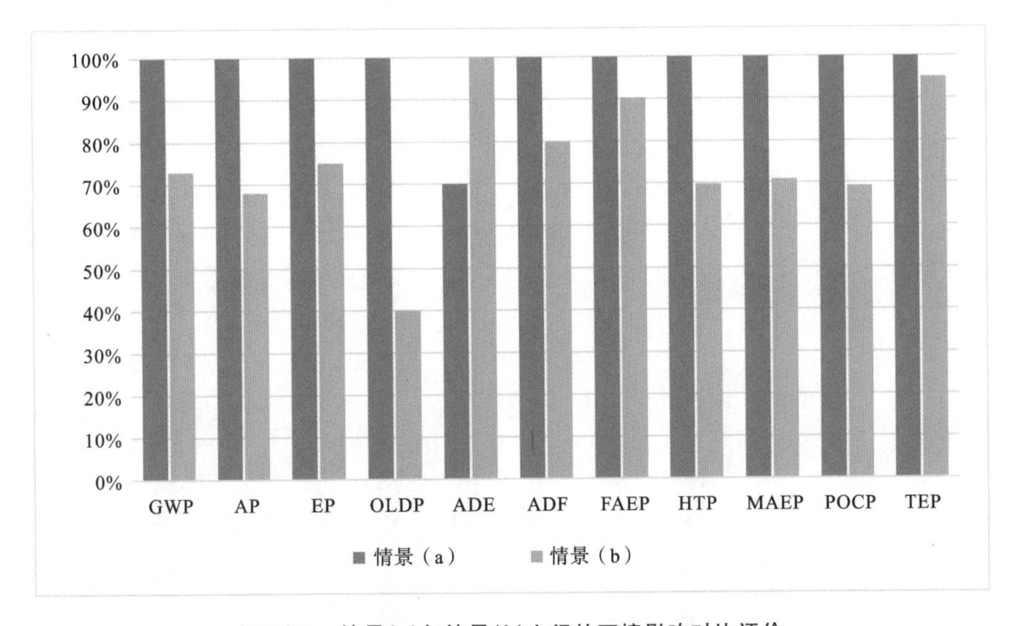

图 5-12　情景(a)与情景(b)之间的环境影响对比评价

原碳纤维的生产过程能量需求较大，且需消耗大量的原材料。目前，国内主要采用火力发电，煤炭的燃烧会产生大量的 CO_2、SO_2 等污染性气体。与原碳纤维的生产能耗相比，碳纤维的回收能耗仅为其 23%。如图 5-12 所示，与情景(a)相比，情景(b)通过碳纤维的回收与再利用减少了 35.7%的能耗。同时，碳纤维的回收与再利用也减少了丙烯腈、聚二甲基硅氧烷、二甲基甲酰胺等原材料的消耗。因此，情景(b)中环境影响指标 GWP、AP、OLDP、MAEP、ADF 和 POCP 相对较低。在情景(a)中，通过焚烧处理 CFRP 废弃物可获得一定能量，但焚烧过程会产生 CO、氮氧化物、多氯代二苯并-对-二噁英、多氯代二苯并呋喃等有害气体。因此，情景(a)中焚烧处理也是导致环境影响指标 AP、HTP 和 POCP 较高的原因之一。此外，以填埋方式处置 CFRP 废弃物也造成情景(a)中环境影响指标 EP、MAEP 较高。在情景(b)中，由于回收阶段消耗了粉末状 Cr_2O_3、丙酮、硝化纤维等原材料，因而其环境影响指标 ADE 比情景(a)增加了约 30%。综合考虑 11 个环境影响指标，与常规的填埋和焚烧处置方式相比，通过氧化物半导体热活化回收技术工艺对 CFRP 废弃物进行回收具有潜

在的环境效益。

情景(b)与情景(c)之间的环境影响对比如图5-13所示。与情景(c)相比，除环境影响指标AP、EP和GWP，情景(b)中的其他环境影响指标均降低了30%以上。其中情景(b)的环境影响指标OLDP、ADF、HTP和TEP分别仅为情景(c)的30%、42%、22%和41%。由于热分解回收工艺要求设备能承受较高的温度(600～700 ℃)，因此热分解回收设备制造过程中消耗了较多的原材料，致使情景(c)中环境影响指标ADE和ADF高于情景(b)。热分解回收工艺的副产物主要为甲苯、乙苯、苯酚等液体以及CO、CH_4、C_2H_4等气体，而氧化物半导体热活化回收技术工艺的副产物主要为CO_2和H_2O。两种回收工艺副产物的差异也是导致情景(b)对环境的影响低于情景(c)的原因之一。此外，在回收过程中氧化物半导体热活化回收技术工艺的温度(480～520 ℃)低于热分解工艺的温度(600～700 ℃)，较低的温度需求使得氧化物半导体热活化回收技术工艺在环境影响指标GWP和能耗方面有一定程度的降低。

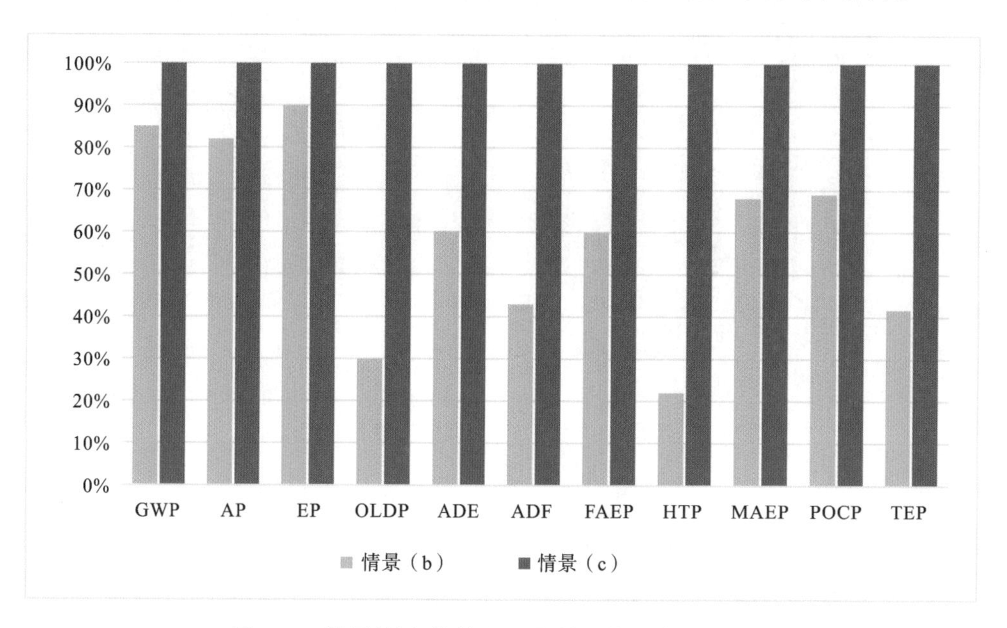

图5-13　情景(b)与情景(c)之间的环境影响对比评价

为了进一步探索情景(b)中主要环境影响的来源，对其涉及的各个阶段进行进一步分析，如图5-14所示。情景(b)中环境影响指标GWP占比最大的是原碳纤维的制造阶段。图5-15的电能衡算表明，生产原碳纤维的能耗占情景(b)总能量的58%，大量电能的消耗导致了温室气体的产生。此外，原碳纤维的制造阶段也是情景(b)中物料消耗和排放较大的阶段，这使得原碳纤维制造阶段在环境影响指标AP、ADF、MAEP和POCP中的占比最大。对环境影响指标EP、FAEP、HTP和TEP作用最为显著的是CFRP制造阶段，其影响的主要来源为环氧树脂、固化剂和PEEK等原材料的生产。CFRP废弃物回收阶段对环境影响指标OLDP的影响最大，其影响的主要原因为回收过程中使用了丙酮和硝化纤维等原材料。同时，回收设备的制造需要铜、铝、不锈钢和其他材料，且切割过程需要消耗磨料，因此在环境影响指标 ADE 中的占比也最大。

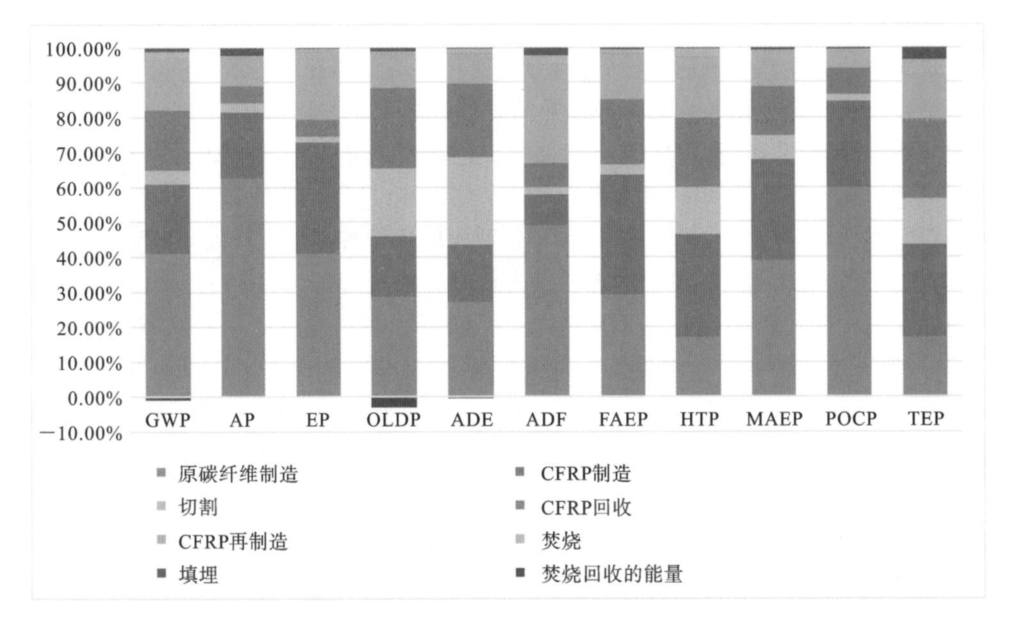

图 5-14　情景(b)中每个阶段的影响评价百分比

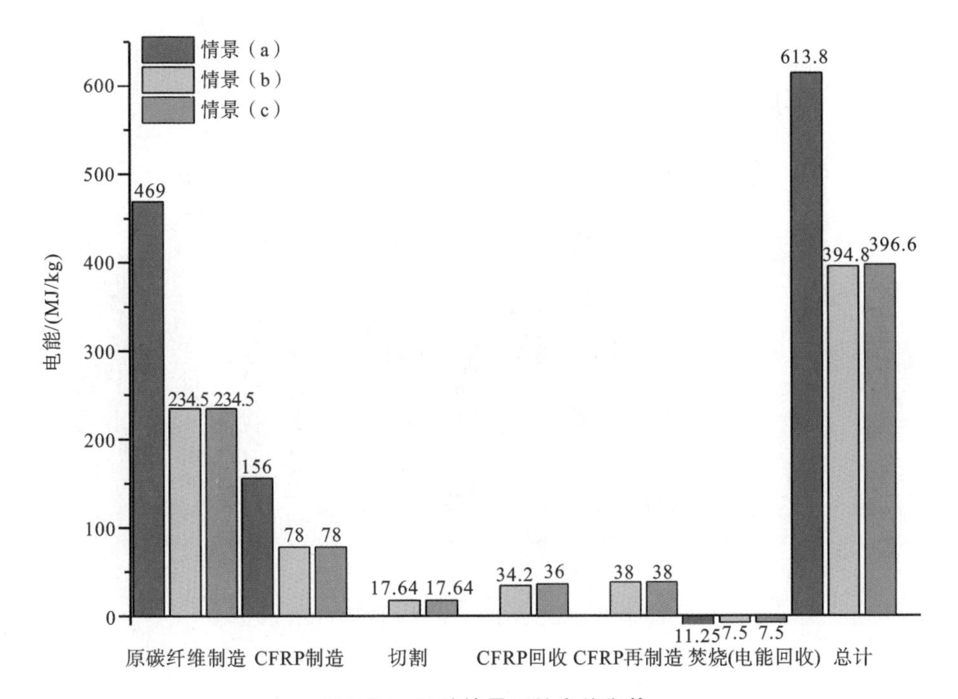

图 5-15　三种情景下的电能衡算

5.4.4 应用再生碳纤维的环境效益分析

通过氧化物半导体热活化回收技术工艺获得的再生碳纤维的单丝抗拉强度可保持原碳纤维的99%以上,因此,在一定应用情景下可采用再生碳纤维替代原碳纤维。为了探索应用再生碳纤维的环境效益,在获得相同质量碳纤维的条件下,对比分析原碳纤维生产过程和使用氧化物半导体热活化回收技术工艺回收碳纤维过程的环境影响。如图5-16所示,回收再生碳纤维过程中的环境影响指标GWP、AP、EP、ADE、ADF、FAEP、MAEP、POCP显著低于原碳纤维制造过程。再生碳纤维回收过程中的环境影响指标AP、EP、ADF和POCP分别为原碳纤维制造过程的8%、13%、17%和13%。再生碳纤维回收过程的能耗仅为原碳纤维制造过程的23%。因此,再生碳纤维回收过程的环境影响指标GWP低于原碳纤维制造过程。从物料输入角度分析,制造原碳纤维消耗的原材料主要为丙烯腈、聚二甲基硅氧烷和二甲基甲酰胺,而回收再生碳纤维主要消耗碳纤维增强复合材料废弃物和粉末状Cr_2O_3。从物料输出角度分析,制造原碳纤维的过程会伴随CH_4、HCN、NH_3、CO等副产物,回收再生碳纤维过程的副产物主要是CO_2和H_2O。物料输入与输出的差异使得回收再生碳纤维过程的环境影响指标AP、EP、ADE、ADF、FAEP、MAEP和POCP相对较低。虽然Cr_2O_3粉末使用过程比较稳定,但其生产过程具有一定的毒性,对环境影响较大。因此,与原碳纤维制造过程相比,再生碳纤维回收过程的环境影响指标HTP和TEP较高。对于环境影响指标OLDP,原碳纤维制造过程与再生碳纤维回收过程的差别较小(<20%)。综上所述,使用再生碳纤维替代原碳纤维在降低能耗和减少环境影响方面具有一定的效益。

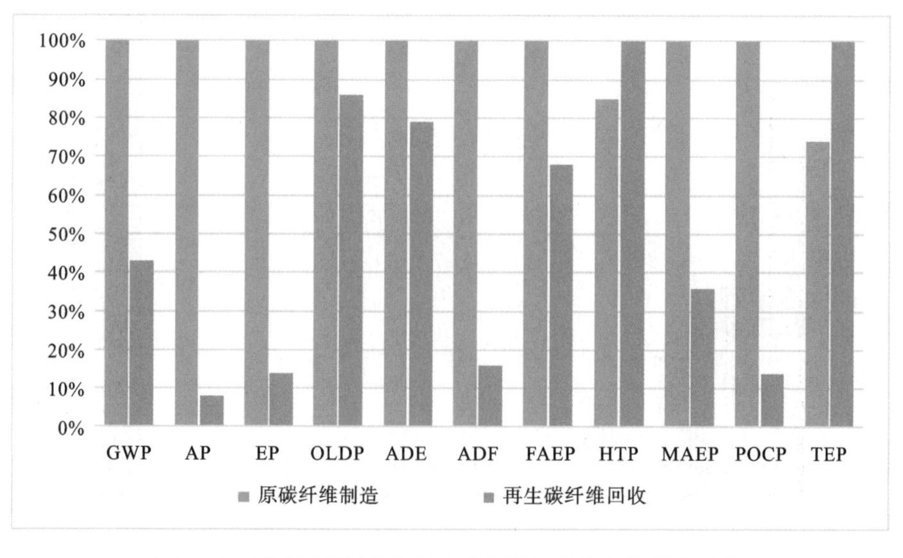

图5-16 原碳纤维制造和再生碳纤维回收的环境影响对比

参考文献

[1] 刘志峰,黄海鸿,李新宇.绿色制造理论方法及应用[M].北京:清华大学出版社,2021.

[2] 曹华军,邱城,曾丹,等.绿色制造基础理论与共性技术[M].北京:机械工业出版社,2022.

[3] CHENG H, GUO L, ZHENG L, et al. A closed-loop recycling process for carbon fiber-reinforced polymer waste using thermally activated oxide semiconductors: Carbon fiber recycling, characterization and life cycle assessment[J]. Waste Management, 2022, 153: 283-292.

[4] 蔡晓萍,段华波,马艺,等.基于生命周期分析的风机叶片环境影响评价[J].深圳大学学报(理工版),2023,40(01):40-47.

[5] AJAM A, TEHRANI-BAGHA A, MUSTAPHA S, et al. Zero-waste recycling of shelf-cured pre-impregnated carbon fiber reinforced epoxy laminae [J]. Applied Composite Materials, 2020, 27: 357-373.

[6] DONG P A V, AZZARO-PANTEL C, CADENE A L. Economic and environmental assessment of recovery and disposal pathways for CFRP waste management[J]. Resources, Conservation and Recycling, 2018, 133: 63-75.

[7] KARUPPANNAN GOPALRAJ S, KÄRKI T. A review on the recycling of waste carbon fibre/glass fibre-reinforced composites: Fibre recovery, properties and life-cycle analysis[J]. SN Applied Sciences, 2020, 2(3): 433.

[8] HE D, SOO V K, KIM H C, et al. Comparative life cycle energy analysis of carbon fibre pre-processing, processing and post-processing recycling methods [J]. Resources, Conservation and Recycling, 2020, 158: 104794.

[9] ISO. ISO 14040: 2006 environmental management—life cycle assessment—principals and framework [S]. Geneva: International Organization for Standardization, 2006.

[10] ISO. ISO 14044: 2006 environmental management—life cycle assessment—requirements and guidelines [S]. Geneva: International Organization for Standardization, 2006.

[11] KHALIL Y F. Eco-efficient lightweight carbon-fiber reinforced polymer for environmentally greener commercial aviation industry [J]. Sustainable Production and Consumption, 2017, 12: 16-26.

[12] LI X, BAI R, MCKECHNIE J. Environmental and financial performance of

mechanical recycling of carbon fibre reinforced polymers and comparison with conventional disposal routes[J]. Journal of Cleaner Production, 2016, 127: 451-460.

[13] LIU W, HUANG H, LIU Y, et al. Life cycle assessment and energy intensity of CFRP recycling using supercritical *N*-butanol[J]. Journal of Material Cycles and Waste Management, 2021, 23: 1303-1319.

[14] MENG F, MCKECHNIE J, TURNER T A, et al. Energy and environmental assessment and reuse of fluidised bed recycled carbon fibres[J]. Composites Part A: Applied Science and Manufacturing, 2017, 100: 206-214.

[15] NUNES A O, VIANA L R, GUINEHEUC P M, et al. Life cycle assessment of a steam thermolysis process to recover carbon fibers from carbon fiber-reinforced polymer waste[J]. The International Journal of Life Cycle Assessment, 2018, 23: 1825-1838.

[16] PILLAIN B, LOUBET P, PESTALOZZI F, et al. Positioning supercritical solvolysis among innovative recycling and current waste management scenarios for carbon fiber reinforced plastics thanks to comparative life cycle assessment[J]. The Journal of Supercritical Fluids, 2019, 154: 104607.

[17] PRINÇAUD M, AYMONIER C, LOPPINET-SERANI A, et al. Environmental feasibility of the recycling of carbon fibers from CFRPs by solvolysis using supercritical water[J]. ACS Sustainable Chemistry & Engineering, 2014, 2(6): 1498-1502.

[18] SONG Y S, YOUN J R, GUTOWSKI T G. Life cycle energy analysis of fiber-reinforced composites[J]. Composites Part A: Applied Science and Manufacturing, 2009, 40(8): 1257-1265.

[19] SHUAIB N A, MATIVENGA P T, KAZIE J, et al. Resource efficiency and composite waste in UK supply chain[J]. Procedia CIRP, 2015, 29: 662-667.

[20] TAPPER R J, LONGANA M L, NORTON A, et al. An evaluation of life cycle assessment and its application to the closed-loop recycling of carbon fibre reinforced polymers[J]. Composites Part B: Engineering, 2020, 184: 107665.

[21] RAMESH M, DEEPA C, KUMAR L R, et al. Life-cycle and environmental impact assessments on processing of plant fibres and its bio-composites: A critical review[J]. Journal of Industrial Textiles, 2020, 51(4): 5518S-5542S.

[22] AHMED I M, TSAVDARIDIS K D. Life cycle assessment (LCA) and cost (LCC) studies of lightweight composite flooring systems[J]. Journal of Building Engineering, 2018, 20: 624-633.

[23] HERMANSSON F, EKVALL T, JANSSEN M, et al. Allocation in recycling of composites—the case of life cycle assessment of products from carbon fiber composites[J]. The International Journal of Life Cycle Assessment, 2022, 27(3): 419-432.
[24] MENG F, OLIVETTI E A, ZHAO Y, et al. Comparing life cycle energy and global warming potential of carbon fiber composite recycling technologies and waste management options[J]. ACS Sustainable Chemistry & Engineering, 2018, 6(8): 9854-9865.